실크로드,
길이 아니라 사람이다

'실크로드에 사는 사람들이 쓴 중국 신장 이야기'

카인

초판발행   2012.6.11.

지은이   중국 신장 도시연구 동우회

배포처   캄인출판사

출판등록   제25100-2010-000003

등록   2010년 7월 22일

주소   경기 의왕시 내손동 791

전화   070-7093-1202

이메일   upmacms@naver.com

디자인   주)이가상상(igasangsang@gmail.com)

ISBN : 9788996504474 93980

실크로드, 길이 아니라 사람이다

'실크로드에 사는 사람들이 쓴 중국 신장 이야기'

중국 신장 도시연구 동우회

이 책에서 사용한 한글 표기에 관하여

본래 신장 지역의 지명은 주요 소수민족 언어인 위구르어, 카작어, 몽골어로 대부분 이루어져 있다. 청나라의 지배 이후 한어를 사용한 지명이 새로 만들어 졌으며 사회주의 중국지배 이후 한어 지명이 공식적으로 사용되었다. 하지만 대부분의 소수민족들은 여전히 자신들의 언어로 된 지명을 사용하기 때문에 신장의 많은 지역은 두 개 이상의 지명을 가지고 있다. 이 책을 쓰면서 가장 고민된 부분중의 하나는 이러한 지명의 사용문제이었다. 이 책의 여러 저자들의 생각을 모은 결과 다음과 같은 원칙을 가지고 각 지명을 표기하기로 하였다. (이 원칙은 지명 외에 사물의 명칭을 표기하는 데도 사용했다)

1. 두 개 이상의 지명이 존재할 경우 공식적인 지명보다는 더 많이 사용되는 지명으로 표기한다. 그래서 때로는 한어 지명을, 때로는 소수민족어 지명을 사용했다.
2. 한국에서 일반적으로 널리 사용되는 지명은 가능한 그대로 사용한다. (예: 천지, 남산등) 하지만 지명의 일부로 사용된 경우는 예외로 했다.
3. 행정단위는 한글 발음 표기법을 사용한다. (예: 성, 자치주, 자치현, 시, 현, 구, 촌, 향등)
4. 그 외의 경우 한어 발음 표기법을 사용한다.
5. 한어 발음을 한글로 표기할 때 국립 국어원의 원칙에 따라 표기하지만 실제 발음과 차이가 많이 나는 일부 자음은 실제 발음에 맞춰 된소리를 사용해 표기한다. (예: ㄲ, ㄸ, ㅃ)
6. 위의 1, 2에 해당하는 명칭의 일부를 좌측의 표에 제시하였다. 표에는 한어표기, 한어발음, 소수민족어발음을 표기했다. 한어발음과 소수민족어발음 중 굵은 글씨가 책에 사용된 표기단어이다. 필요한 경우 한어를 함께 병기하였다.
7. 이 책에 사용된 모든 한자는 중국에서 사용하는 간자체로 표기하였다.

한어 (병음)	한어발음	소수민족어	기타표현
지명들			
阿克苏 (Ākèsū)	아커쑤	악수	
阿拉尔 (Ālā'ěr)	아라얼	아랄	
阿勒泰 (Alètài)	아러타이	알타이	
巴音郭楞 (Bāyīnguōlèng)	바인궈렁	바인골린	
柏孜克里克 (bǎizīkèlǐkè)	바이쯔커리커	베제클리크	
拌面 (bànmiàn)	빤몐	라그맨	래그맨
博尔塔拉 (Bó'ěrtǎlā)	보얼타라 (보얼)	뵈르탈라	
昌吉 (Chāngjí)	창지	산지	
哈密 (Hāmì)	하미	쿠물	
哈萨克 (Hāsàkè)	하싸커	카작	
和田 (Hétián)	허톈	호톈	호탄
喀喇昆仑 (Kālǎkūnlún)	카라쿤룬	카라코룸	카라코람
喀什 (Kāshí)	카스	카쉬가르	캐쉬캐르
烤肉 (kǎoròu)	카오로우	카왑	
羊肉串 (yángròuchuàn)	양로우촨		
克拉玛依 (Kèlāmǎyī)	커라마이	카라마이	
克孜尔 (Kèzīěr)	키질	키즈얼	
克孜勒苏 (Kèzī lèsū)	커즈러쑤	키질수	
库车 (Kùchē)	쿠처	쿠차	
楼兰 (Lóulán)	로우란	누란	
馕 (náng)	낭	난	
莎车 (Shāchē)	사처	예켄	야르칸트
鄯善 (Shànshàn)	산산	피찬	
塔城 (Tǎchéng)	타청	타르바가타이	
塔里木 (tǎlǐmù)	타리무	타림	
塔什库尔干 (Tǎshìkù'ěrgàn)	타스쿠얼간	타쉬코르간	
吐鲁番 (Tǔlǔfān)	투루판	투르판	
托克逊 (Tuōkèxùn)	튀커쉰	톡순	토크순
维吾尔 (Wéiwú'ěr)	웨이우얼	위구르	우이구르
乌鲁木齐 (Wūlǔmùqí)	우루무치	위림치	우룸치
伊犁 (Yīlí)	이리	일리	
伊宁 (Yīníng)	이닝	굴자	
于田 (Yútián)	위톈	케리야	
抓饭 (zhuāfàn)	좌판	폴로	폴루
准噶尔 (Zhǔngá'ěr)	준가얼	준가르	오이라트

| 차 례 |

Part 1 신장 실크로드의 세 갈래 길이 지나던 곳, 중앙유라시아의 허브로

Part 2 우루무치 아름다운 초원에서 신실크로드의 심장으로

"신장에 대한 매우 유용한 안내서이자 지침서"

'신장'은 우리나라의 일반인들에게는 비교적 생소한 단어이다. 중국에서 가장 서북변에 위치해 있고 경제적으로도 매우 낙후된 지역이기 때문에, 요즘 세계의 많은 사람들이 관심을 갖고 주목하는 중국의 경제적 발전과 관련된 뉴스에서도 거의 언급되는 일이 없는 실정이다. 간혹 매스컴을 통해 '신장 위구르 자치구'라는 긴 이름이 소개될 때는 거의 틀림없이 중국 정부의 민족정책에 반대하는 시위를 벌이거나, 그것이 격화되어 관공서나 상점들에 대한 방화, 약탈, 폭탄테러와 같은 사건이 터졌을 때이다. 그래서 신장이라는 지역은 한족들도 가기를 꺼려 하는 곳이 되었다.

이렇게 지리적으로도 멀고 현실상황도 열악한 곳에 소수의 한국인들이 살고 있다는 사실 자체가 놀라운 일이 아닐 수 없다. 그것도 돈을 벌기 위해

파견된 기업체 주재원도, 학위를 위해 현지조사를 하는 학생도 아니라, 오로지 신앙적 동기에 이끌려 신변의 위협까지 각오하며 온갖 간난을 마다하지 않고 그곳에 있는 사람들이다. 이들은 신장에서 여러 해 지내면서 그곳의 역사와 문화를 공부하게 되었고, 또 현지인들이 고민하고 있는 문제를 같이 가슴으로 느끼면서 알게 되었다. 그리고 이렇게 해서 알게 된 지식들을 체계화하고 종합하여 하나의 책으로 엮기로 결심하였으니, 그렇게해서 탄생한 것이 이 책이다.

이 책은 신장에 대한 매우 유용한 안내서이자 지침서라고 할 수 있다. 각 장절의 집필자들은 전문 학자가 아니다. 따라서 이 책이 '학문적' 인 깊이를 갖춘 것이라고 말하기는 힘들다. 필자들이 애초부터 그런 의도에서 이 책을 쓴 것도 아니었다. 다만 자신들이 그곳에 오랫동안 살면서 갖게 된 지식들을, 신장에 대해 알고자 하는 일반인들을 위해 체계적으로 정리한 것일 뿐이다. 그런데 내가 보기에 그러한 목표는 충분히 그리고 아주 훌륭하게 달성된 것으로 보인다.

이 책은 모두 네 부분으로 이루어졌는데, 제1부는 신장에 대한 개괄적인 설명으로서 지리, 역사, 민족, 정치, 사회, 국제관계 등이 다루어졌다. 나머지 세 부분은 신장의 중요한 세 도시, 즉 우루무치·카쉬가르·이닝을 하나씩 설명한 것이다. 우루무치는 신장이라는 성의 수도에 해당되는 곳이고 한족이 많이 살고 있는 21세기형 대도시인데, 신장을 가려는 사람이라면 대부분 그곳을 들르게 된다. 반면 이닝(일명 쿨자)은 러시아와 접경하고 있는 도시로서 과거 유목민이었던 카자흐인들이 상당수 사는 곳으로 그야말로 궁벽한 곳이다. 마지막으로 카쉬가르는 전통적으로 위구르인들이 다수를 이루고 있는 도시이며 이슬람의 체취를 물씬 느낄 수 있는 곳이다. 이렇게 몇 개의 도시를 샘플로 골라 설명함으로써 오늘날 신장이 처해 있는 현실의 단면을 보여주려 한 것으로 보인다.

이처럼 이 책은 신장에 관한 매우 다양한 내용들을 평이하게 정리해주고 있다. 이 책의 필자들과 같은 신앙적 동기를 갖고 가려는 사람들에게는 물론 당연히 필독의 도서가 되겠지만, 관광이나 답사의 목적으로 신장을 방문하려는 사람들에게도 이 책은 상당히 유익한 정보를 제공해 주리라고 확신한다.

이 책의 기획과 편집과 제작에 큰 역할을 담당한 하진광 선생이 내 연구실을 찾아와 출판의 취지를 설명하고 추천서를 부탁했을 때 나는 흔쾌히 승낙을 하였다. 그 이유는 이 책이 갖고 있는 실질적인 유용성을 높이 산 것도 있었지만, 무엇보다도 이 책을 만든 사람들의 헌신과 이상이 내게 감동을 주었기 때문이었다. 신장에 관해 내가 과거에 쓴 이러저러한 글들이 그 분들에게 약간의 도움이 되었다는 말을 들었을 때, 내가 그곳에서 직접 활동을 하지는 못하지만 나에게 맞는 또 다른 방식으로 기여를 했구나 하는 생각이 들기도 했다.

이 책의 출판이 이제까지 잘 알려져 있지 않던 신장이라는 지역에 대해 우리나라에서 관심을 갖고 있는 사람들이 좀 더 한발 다가갈 수 있게 된다면 아주 뜻 깊은 일이 되리라고 생각하며, 나의 이 글이 보다 많은 사람들이 이 책을 열어보게 하는데 조금이라도 도움이 되었으면 하는 심정으로 추천사를 맺는다.

2012년 5월 26일 늦은 오후

서울대학교 동양사학과 교수 김호동

| 서 문 |

"실크로드,
 길이아니라사람이다"

중국의 장안(지금의 서안)을 출발하여 지중해 연안에 이르는 실크로드는 하서 회랑을 통과한 후 중국 신장을 앞두고 세 갈래 길로 나뉜다. 중국 신장지역 은 그 세 갈래 실크로드가 지나가는 곳으로 널리 알려져 왔으며, 중국의 실 크를 실은 수많은 카라반이 페르시아와 로마제국과 유럽을 향해 나아갔던 교역의 길이자 인도와 페르시아를 통해 불교와 기독교, 이슬람교가 중국 에 전래되었던 길로 기억된다.

또한 그 과정에서 험난한 사막과 광활한 초원을 통과해야만 했고 사나운 유목민족의 공격을 감수해야 했던 사람들의 애환을 때로는 떠올리기도 한 다. 그리고 그 길을 지나던 상인이나 군인들이 휴식을 취하고, 자신들의 안 녕을 기원하기도 했던 곳으로서 오아시스 도시였던 둔황의 막고굴이나 투르판의 베제클리크 석굴, 쿠차의 키질 석굴 등은 이 실크로드가 험난할수록 번성했으며, 오늘날 세계적인 역사 유적으로서 관심을 받아왔다.

이렇듯 실크로드는 주로 정주 문명 사이의 교류를 잇는 길로 여겨져 왔다. 반면에 동쪽의 중국과 서쪽의 페르시아 및 로마의 정주 문명 사이에 위치해 있던 신장 지역과 그 안의 사람들에 대한 관심과 이해는 부족했다. 과거 실크로드가 번성했을 때, 그 안에 살던 유목민들과 오아시스 주민들은 자신들의 국가를 이루고 거대 제국을 건설하기도 했으며, 그들만의 독특한 문화를 발전시켰는데도 말이다.

그래서 서울대 역사학과 김호동 교수는 이 지역을 관통하는 실크로드를 동아시아나 서아시아 혹은 유럽의 역사 주체들이 교류했던 길로만 바라보는 것은 '주류 문명 중심의 사관' 이라고 비판했다. 그는 동아시아와 서아시아 및 유럽 문명에 엄청난 영향을 주었던 실크로드에 대한 객관적 성찰은 "실제로 실크로드를 장악하고 관리했던 주체가 중국인도 아랍인도 유럽인도 아니었고, 바로 중앙유라시아 초원의 유목민과 사막의 오아시스 주민들이었다." 고 말했다.

그런 면에서 신장에 대한 이해는 신장을 그냥 '지나가는 길' 로만 인식해서는 안 되고, 오랜 세월 동안 그 길을 지배하고 관리했던 '사람들' 에 대한 이해를 반드시 수반해야 한다. 아니 실크로드를 알기 위해서는 반드시 그 지역과 그 안의 사람들을 이해해야 한다.

현재 신장 땅을 밟는 분들 중에는 과거 실크로드의 길을 걸으면서 역사와 자연을 즐기려는 분들이나 신 실크로드를 따라 사업구상을 하는 분들이 많다. 말하자면 여전히 계속해서 '길' 에 대한 관심이 크다. 또 최근에는 중국과 중동, 유럽 국가들을 잇는 신 실크로드의 부활을 이야기하기도 한다.

이제 실크로드는 실크를 실은 카라반이 아니라 어마어마한 양의 공산품을 실은 트럭이 그 길을 달린다. 하지만 우리가 진정으로 현재의 실크로드를 이해하려면 새롭게 열리는 여행 코스나 경제적 교류에만 관심을 두지 말고 그 안에서 변화하면서 갈등하는 민족들에 주목해야 한다.

과거 실크로드 상에 살았던 대부분의 민족들은 지금 자신들의 국가를 이루고 살고 있다. 카자흐스탄, 키르기즈스탄, 우즈베키스탄, 투르크메니스탄, 아제르바이잔 등이 그렇다. 그러나 중국 신장의 실크로드 지역에 살아왔던 민족들은 지금 초강대국 중국의 국민이 되어 자신들의 정체성을 찾기 위해 고민하고 있다.

"실크로드, 길이 아니라 사람이다"라는 제목은 위와 같은 관점에서 붙인 것이다. 이 책은 중국 신장 지역을 단순히 '길'로만 여기는 이러한 주마간산(走馬看山) 식의 시각을 뛰어넘을 수 있는 내용들을 독자들과 나누기 위해 쓰여졌다. 그래서 기존에 나온 실크로드, 특히 신장 지역 관련 책들과 비교해서 다음과 같은 차별성을 갖추려고 노력했다.

첫째, 한어는 물론 위구르어와 카작어 등 중국 신장의 각 소수민족 언어를 구사할 수 있는 한국인 필자들이 직접 현지조사를 통해서 정보를 얻고 이를 정리하여 쓴 글이라는 점이다. 필자들이 중국 정부의 통계자료를 참고하였지만, 그 모든 자료들을 현지 소수민족의 입장에서 분석하여 쓰려고 노력했다. 왜냐하면 소크라테스와 함께 동시대를 살았던 소피스트들의 말처럼 '정의란 강자의 이익'이 되기 쉽기에, 그리고 대부분의 역사는 강자의 이야기가 되는 경향이 있기 때문이다. 다수의 이야기는 들으려고 하지 않아도 쉽게 들리지만, 소수의 이야기는 애써 경청하지 않으면 제대로 들을 수 없다. 그래서 이 책의 필자들은 소수의 이야기에 귀를 기울임으로써 이미 많이 알고 있는 다수의 이야기에 치중하지 않고 보다 중립적인 자세를 가지려고 노력하였다.

둘째, 이 책은 신장 지역에서 살아가는 민족들의 이야기를 전체적으로 이해할 수 있도록 하려고 노력하였다. 정치, 경제, 사회, 문화, 교육 등 다각적인 면에서 신장과 이 지역 사람들을 다루었다. 한국에서 중국의 신장에 관해 보도하는 내용들의 대부분은 테러, 폭동, 시위 등 다수민족인 한족과 소수민족인 위구르 민족의 갈등에 관한 것이다. 그러한 방식의 이해는 한쪽으로 매우 치우친 것이다. 반면에 이 책은 신장 지역에 사는 사람들에게 영향을 미치는 새로운 역학관계를 종합적으로 묘사하고, 지금 이 땅에서 살아가는 여러 민족들의 다양한 삶의 모습을 소개함으로써 독자로 하여금 이 지역 상황을 다방면에서 이해하도록 돕는 역할을 하려고 했다.

셋째, 기존의 신장을 소개하는 책들 대부분은 여행가이드처럼 관광지를 소개하고 여행 정보를 수록한 것들이다. 우리가 '아는 것만큼 볼 수 있다'고 한다면 그러한 책을 가지고 다니는 분들은 주로 '사람' 이 아니라 '길' 을 보게 될 것이다. 우리는 관광지만이 아니라 신장 땅과 그 안에 사는 사람들을 볼 수 있게 되기를 바라는 마음에서 이 책을 썼다. 욕심이 있다면 이 책을 읽고, 현지에 와서 이 땅에서 살아가고 있는 사람들을 직접 만나면서 경험하고 느낀 독자들의 마음 속 이야기들이 덧붙여지기를 바라는 것이다. 비록 실크로드의 이야기가 과거로부터 지금까지 '타자에 의해서 기록된 역사' 라는 기본 틀을 벗어날 수는 없을지라도, 이 곳을 살아가고 있는 이들의 마음을 느껴보고 그들의 삶을 들여다보려 했던 나그네들에 의해 새로운 이야기가 쓰여질 때, 그것은 낙타가 다니는 길도, 트럭이 다니는 길도 아닌, 민족과 언어와 나라를 초월해서 서로 이해하려고 노력하는 사람들의 뜻이 소통되는 길이 될 것이기 때문이다.

이 책은 네 부분으로 구성되어 있다. 첫째 부분은 신장지역에 대한 부분이고, 그 다음의 세 부분은 신장의 대표적인 세 도시와 그 속의 사람들을 소개하는 것이다. 그 세 도시는 신장의 수도인 우루무치와 북신장의 대표적인 전통 도시인 이닝, 그리고 남신장의 고도인 카쉬가르이다. 그 세 도시를 선택한 이유는 역사적인 실크로드 상의 도시라는 점뿐만 아니라 현재 새롭게 부상하는 신 실크로드의 중심도시로 성장하고 있기 때문이다. 그 안에 사는 민족들의 삶을 살펴보는 것은 신장에 불어 닥친 새로운 변화의 바람이 그들에게 어떤 의미가 있는 지를 밝혀줄 것이다.

이 책은 15명이 쓴 공동작업의 결과물이다. 우리는 모두 현재, 자신들이 쓴 글의 일부가 되어 살아가고 있는 사람들이다. 저자들 모두가 전문적인 연구자들은 아니지만 이 책 안에 수록된 정보와 이야기들은 모두 직접 눈으로 보고 발로 다니며 현지인들과 직접 만나서 이야기를 나눈 것들이다. 대부분의 사진도 직접 찍었다. 그 과정에서 이 신장 땅과 민족들을 더 사랑하게 됐고 그들의 아픔을 함께 아파했다. 이처럼 우리가 그들을 이해하려고 노력했을 때 실크로드는 길이 아니라 사람으로 어느덧 우리에게 더 다가와 있었다.

저자들을 대표하여

하 진 광

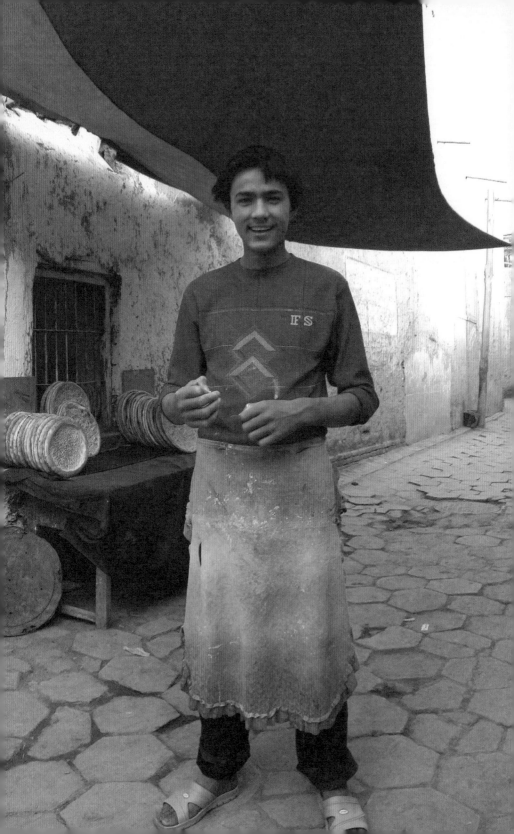

PART

I

신장

실크로드의 세 갈래 길이 지나던 곳, 중앙유라시아의 허브로

신장의 지리와 자원 · 신장의 역사 · 신장의 민족
신장의 정치 · 신장의 사회문제
신장 소수민족의 문학과 예술 · 신장의 전통문화
신장의 이슬람 · 신장의 국제교류

01

신장의 지리와 자원

하람·정찰

중국은 한반도의 40배가 넘는 큰 영토를 가진 나라이다. 우리나라의 도(道)
에 해당하는 23개의 성(省)이 있고, 성과 같은 개념이지만 주로 소수민족이
거주하는 5개의 자치구, 그리고 4개의 직할시와 2개의 특별행정구가 있
다. 이 중 우리가 일반적으로 '신장'이라 부르는 "신장위구르자치구(新疆维
吾尔自治区)"는 위구르민족이 많이 사는 곳으로 중국의 가장 서북쪽에 위치
하며, 중국 전체의 6분의 1, 남한 면적의 17배나 되는 166만 5,000㎢로 하
나의 자치구이지만 이란보다도 영토가 크다.

신장의 지리
신장은 가운데를 가로지르는 천산산맥을 포함한 높은 산맥과 초원과 고
원, 분지와 사막, 산맥과 오아시스 등 다양한 지형을 갖추고 있다. 신장의

신장위구르와 주변국(성)
(주요도시)

영토 중 사람들이 살아갈 수 있는 녹지는 단지 4.3%에 불과하지만, 이곳에서 전체 인구의 90%가 살아가고 있다.

신장은 역사적으로 중요한 전략지역이었기 때문에 수많은 강대국들의 각축장이었다. 현재도 여덟 개 나라와 국경을 접하고 있는데, 몽골, 러시아, 카자흐스탄, 키르기즈스탄, 타지키스탄, 아프가니스탄, 파키스탄, 인도가 접해 있다. 또한 동쪽과 남쪽으로는 중국 내의 내몽고자치구, 간쑤성, 칭하이성, 시장장족(티베트)자치구와 경계하고 있다.

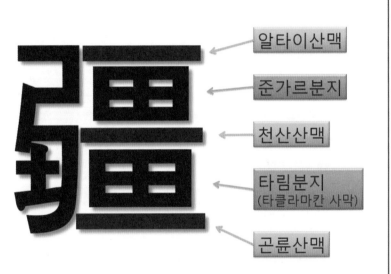

알타이산맥
준가르분지
천산산맥
타림분지
(타클라마칸 사막)
곤륜산맥

신장(新疆: Xinjiang)의 장(疆) 자는 신장의 지리를 이해하는데 도움을 준다. 이 글자는 오른편에는 산맥을 상징하는 세 개의 '一' 자와 넓은 땅을 상징하는 두 개의 '田' 자로 구성되어 있다. 아래 그림에서 알 수 있듯이 첫 번째 '一' 자는 신장 가장 북쪽의 알타이 산맥을, 두 번째 '一' 자는 중간의 천산 산맥을, 세 번째 '一' 자는 남쪽의 쿤룬 산맥을 연상시킨다. 한편 두 개의 '田' 자는 각 산맥 사이의 준가르 분지와 타림 분지를 표현한다.

신장을 남북 신장으로 가르는 천산산맥

중국인들은 '新疆之最(신장의 최고)'라는 단어를 사용해서 신장의 독특한 지리적 여건을 설명하려고 한다. 그 중에서 우리가 주목할 만한 몇 가지를 알아보면 다음과 같다.

1. 세계에서 바다로부터 가장 멀리 떨어진 대도시: 우루무치는 세계에서 바다가 가장 먼 대도시로 4대양에서 가장 가까운 거리가 2,300km.

2. 세계에서 가장 큰 분지: 타림 분지는 70만km² 이상의 면적으로 세계에서 가장 큰 분지.

3. 중국에서 제일 큰 사막: 세계에서 유동성 사막으로는 두 번째로 큰 타클라마칸 사막은 면적 32만km²로 신장 면적의 22%.

4. 중국에서 가장 큰 내륙 담수호: 보스텅호(博斯騰湖), 면적 1,100km², 가장 깊은 수심 17m.

5. 중국에서 가장 낮은 지역: 투르판 분지의 아이딩호(艾丁湖) 해발 -154m, 사해 다음으로 낮은 세계 제2의 저지대.

신장은 천산산맥을 기준으로 남신장(南疆)과 북신장(北疆)으로 나누고, 천산산맥의 동쪽 투르판과 하미지역을 동신장(东疆)이라고 따로 구분하기도 한다. 북신장의 주요 도시는 우루무치를 비롯해서 이닝, 스허즈, 카라마이, 알타이 등이 있고 남신장은 카쉬가르, 호탠, 악수, 쿠얼러 등이 대표적이다. 북신장과 남신장은 상대적으로 뚜렷한 대비를 이루는데, 북신장에 상대적으로 한족이 많은 반면, 남신장에는 위구르족이 주를 이룬다. 북신장이 산업화와 도시화가 많이 되어 있는 것에 비해, 남신장은 아직 농촌이 많고 전통적인 모습이 더 많이 남아 있다. 강수량이 1년에 100mm도 되지 않아 매우 건조한 남신장에 비해서 상대적으로 강수량이 많은 북신장에는 초원과 수목이 발달되어 있다. 지리적 요인이기도 하지만, 북신장에는 위구르민족을 제외한 카작족이 많은 반면, 키르기즈 민족과 타직족은 대부분 남신장에 거주한다.

신장을 지나는 세 갈래 실크로드 /위키피디아

실크로드

'실크로드' 하면 우리는 짐을 잔뜩 실은 낙타의 무리가 끝도 보이지 않는 사막을 건너는 모습을 주로 떠올리곤 한다. 이 그림이 그려지는 곳이 바로 신장이다. 신장은 동서양을 연결하는 실크로드의 중심부에 자리하고 있다. 이 길은 총 6,400km로 서안에서부터 시작하여, 하서회랑 – 둔황 – 옥문관을 거쳐 신장으로 들어온다. 옥문관에 도착하면 길이 두 갈래로 나뉘는데, 대상들은 타클라마칸을 우회할 때 이 가운데 하나를 선택해야 한다. 그 중에 하나인 북쪽 길은 사막을 따라 하미(쿠물)에 도착하며 거기서부터 천산산맥 이남 기슭을 끼면서 타클라마칸의 북쪽에 점점이 박혀 있는 오아시스 도시들 즉, 투르판(吐魯番), 쿠얼러(库尔勒), 쿠차(库车), 악수(阿克苏), 카쉬가르(喀什)에 이르게 된다. 남쪽 길은 티베트의 북쪽과 곤륜산맥 북쪽 경사면과 타클라마칸사막의 남쪽 가장자리 사이를 빠져 나가면서 루오챵(若羌), 체모(且末), 민펑(民丰), 호탠(和田), 예켄(莎车) 등의 오아시스 도시를 거쳐 카쉬가르에 도착하게 된다. 그러면 위에서 말한 북로와 카쉬가르에서 만나게 된다. 카쉬가르에서부터 실크로드는 더 서쪽으로 뻗어 세계의 지붕인 파미르를 넘어 중앙아시아의 중요한 거점 도시들인 코칸트, 사마르칸트, 부하라를 거쳐 페르시아와 이라크의 영토를 지나 지중해 연안에 도달하게 된다.

이 실크로드를 통해서 상인, 성지순례자, 승려, 사제, 공인, 노예, 학자, 모험가 등 많은 사람들의 왕래가 있었다. 또한 실크로드는 무역 통로로서의 역할 뿐만이 아니라 동서양 대화의 길로서 문화, 사상, 종교가 전파된 길이다. 이 길을 통해 불교와 이슬람교, 기독교(경교), 조로아스터교, 마니교가 들어왔고 신장과 중국 내륙에 전파되었다. 불교가 인도에서부터 신장에 들어온 이후로 위티엔(于阗:현재의 호탠), 치우쓰(龟兹:현재의 쿠차), 투르판(吐魯番)이 불교의 3대 중심지가 되기도 했었고, 이슬람화 된지 천 년이 넘은 지금까지도 신장에는 많은 불교 유적들이 남아 있다.

신장의 인구

신장의 인구 규모와 변화

신장위구르자치구의 인구는 2010년 말 기준으로 약 2,181만 명이다. 40
여 년 전에 비해 두 배 이상 인구가 증가되었는데, 한족의 이주로 인해서 앞
으로 더 빠른 속도로 인구가 증가할 것으로 예상된다. 다음의 표와 그림에
는 신장 위구르자치구의 전체 인구규모와 한족과 소수민족의 인구비율이
나타나 있다.

단위: 만 명, %

연 도	총 인구	한 족	%	소수민족	%
1964	727.01	232.12	31.93	494.89	68.07
1982	1308.15	528.4	40.39	779.75	59.61
1990	1515.6	569.5	37.5	946.1	62.42
2000	1845.95	748.99	40.57	1096.96	59.43
2010	2181.33	874.61	40.10	1306.72	59.90

단위: 만 명, %

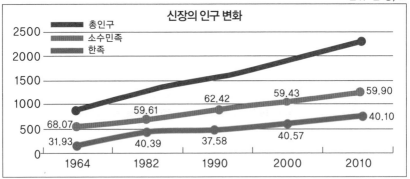

신장의 민족별 인구

신장위구르자치구의 13개 주요 민족에 대해서 1980년부터 현재까지의 인구를 도표와 그래프를 통해 살펴보자. (2006년 이후 민족별 인구를 발표하지 않음)

단위: 만 명

구 분	1980년	1990년	2000년	2006년
한족	531.03	574.66	725.08	812.16
위구르족	576.46	724.95	852.33	941.38
카작족	87.68	113.92	131.87	143.50
회족	56.56	68.89	83.93	90.96
키르기즈족	10.89	14.44	16.47	17.59
몽골족	11.32	14.28	16.20	17.46
시보족	2.59	3.42	4.05	4.19
러시아족	0.06	0.75	1.09	1.14
타직족	2.41	3.44	4.09	4.47
우즈벡족	0.79	1.14	1.36	1.60
타타르족	0.31	0.40	0.48	0.47
만주족	0.50	1.66	2.31	2.52
다우르족	0.40	0.56	0.66	0.66
기타	2.24	6.65	9.48	11.91

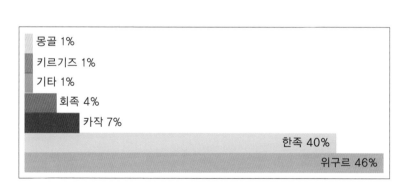

2006년 현재 신장위구르자치구의 47%는 위구르족이고, 한족이 40.3%, 카작족이 7.2%이며, 나머지는 그 외의 민족이 차지하고 있다. 1986년과 2006년의 민족별 인구 비율은 거의 비슷하고, 큰 변동은 없는 것으로 보인다.

오히려 한족과 위구르족만을 비교해 본 경우에 위구르족의 인구 증가폭(63% 증가)이 한족의 증가폭(53% 증가)보다도 높은 것으로 드러난다.

구 분	1980년	2006년	26년간 인구증가 비율
한족	531.03	812.16	53%
위구르족	576.46	941.38	63%

그런데 이들의 인구 증가율을 10년 단위로 분석해 보면 재미있는 결과가 나온다.

구 분	1980년	1990년	10년간 인구증가 비율
한족	531.03	574.66	8%
위구르족	576.46	724.95	26%

즉 위의 표에서 보듯이 1980년대 한족의 증가율은 위구르족의 3분의 1(8% : 26%)에 해당했다. 이는 중국 정부가 당시 '한 가구 한 자녀' 정책을 펴면서 소수민족인 위구르족에게는 한 가족 두 명의 자녀를 허용했던 것과 관련이 있다고 볼 수 있을 것이다.

한편 다음의 표에서 보듯이 1990년에서 2000년까지의 증가율은 그 앞의 10년과는 전혀 다른 결과를 보여준다.

구 분	1990년	2000년	10년간 인구증가 비율
한족	574.66	725.08	26%
위구르족	724.95	852.33	18%

1980년대와 1990년대의 인구 증가율을 비교해 보면 위구르족의 인구 증가율은 조금 둔화된 반면에 한족은 이전 10년에 비해서 3배(80년대 8%에서 90년대 26%)가 넘는 증가율을 보인다. 왜 이런 결과가 나온 것일까? 중국 한족의 '한 가정 한 자녀 갖기 운동'이 실패한 것은 아니다. 다만 출산을 통한 증가가 아닌, 내지의 한족들이 대거 신장으로 유입되었던 것이 원인이다.

또한 2000년에서 2006년까지의 인구 증가율도 동일한 모습을 보인다. 즉 한족들이 내지에서 신장으로 지속적으로 유입되는 과정을 보여준다.

구 분	2000년	2006년	6년간 인구증가 비율
한족	725.08	812.16	12%
위구르족	852.33	941.38	10%

이상의 분석을 통해서 예측할 수 있는 것은, 위구르족 인구의 자연 증가율보다도 더 많은 한족의 인구가 신장에 유입됨으로 인해 신장의 한족 인구가 머지 않아 위구르족 인구를 추월할 것이라는 점이다.

신장 주요 지구, 도시 별 인구

다음은 신장위구르자치구의 2006년 각 지구(地区 또는 自治州)별, 시(市) 별 인구 수이다. 지구 안에 시 인구가 포함되어 있다. 예를 들면, 투르판 지구의 총 인구 58만 9,600명 중 투르판 시의 인구는 26만 3,200명이다. 한국으로 말하자면, 경기도 전체 인구 안에 수원시의 인구를 따로 표시한 셈이다.

지명	인구
신장위구르자치구(新疆维吾尔自治区)	2050
우루무치시(乌鲁木齐市)	201.84
카라마이시(克拉玛依市)	26.22
스허즈시(石河子市)	64.24
투르판지구(吐鲁番地区)	58.96
투르판시(吐鲁番市)	26.32
하미지구(哈密地区)	54.18
하미시(哈密市)	42.05
창지회족자치주(昌吉回族自治州)	159.94
이리카작자치주(伊犁哈萨克自治州)	424.78
이닝시(伊宁市)	43.36
타청지구(塔城地区)	97.89
타청시(塔城市)	16.09
우쑤시(乌苏市)	21.15
알타이지구(阿勒泰地区)	63.78
알타이시(阿勒泰市)	22.87
보러타라몽골자치주(博尔塔拉蒙古自治州)	46.45
보러시(博乐市)	25.43
바인궈렁몽골자치주(巴音郭楞蒙古自治州)	118.94
쿠얼러시(库尔勒市)	44.74
악수지구(阿克苏地区)	231.02
악수시(阿克苏市)	59.95
키질수키르기즈자치주(克孜勒苏柯尔克孜自治州)	48.43
아투스시(阿图什市)	21.72
카쉬가르지구(喀什地区)	376.27
카쉬가르시(喀什市)	42.72
타쉬코르간현(塔什库尔干县)	3.45
호탠지구(和田地区)	185.76
호탠시(和田市)	27.93

신장의 자원

신장은 중국 내 최대 자원의 보고이다. 석유와 석탄 매장량은 각각 중국 대륙의 30%, 40%에 달하는 209억 톤과 2만 1,900톤이나 되며, 천연가스는 중국 대륙 총 매장량의 약 55%에 이르는 것으로 추산된다. 이곳에서 생산되는 천연자원은 중국 경제의 중심지 상하이와 선전(深圳) 같은 동부로 이동된다. 신장의 자원이 13억 인구의 중국 경제를 떠받치는 동력이라고 해도 과언이 아닌 셈이다.

토지자원

신장의 면적은 166만 km²로 농용지 면적이 38.1%를 차지한다. 주요 경작지가 409.18만 헥타르, 공원 16.82헥타르, 임업지 656.6만 헥타르, 목초지 5,139.77만 헥타르, 수역지 117.57만 헥타르, 황지 면적이 1,992.7만 헥타르이다. 이 중 개발 가능한 면적이 883.7만 헥타르이다. 목초용으로 가능한 품종이 2,930종이나 되어 목축업 발전에 좋은 조건이 된다.

수자원

신장은 연평균 강수량이 145mm로 건조지대에 속하지만 타클라마칸사막 주변을 제외한 신장 북쪽은 강수량이 매우 풍부한 초원지대로 신장의 실제 가용 수자원 총량은 945억m³로 전국 12위이다.

신장에는 크고 작은 570개 하천이 있고, 그 중 타림 강은 2,179미터의 길이로 중국 최장 내륙 하천이다. 호수가 139개가 있고 해발 3,000미터 이상 고지대에 1만 8,600개의 빙하(冰川)가 있어 담수 량이 1조 9,087억m³에 달해, 매년 하천의 수량의 19%인 171억m³의 물을 공급한다.

기후자원

신장에는 풍부한 풍력 자원과 태양열 자원이 있다. 연 일조시간이 2,550~3,500시간으로 전국 1위이며, 1년간의 복사열을 석탄으로 환산하면 3,200억 톤에 상당하는 에너지이다. 이러한 풍부한 일조량은 농업의 중요한 자원이다. 풍력 자원이 매우 풍부하여 아시아 최대 풍력단지가 조성되었다.

광산자원

신장지역에서 발견된 광물은 138종이 있다. 에너지용 광물이 7종, 금속광물이 43종, 비금속광물이 84종, 지하수가 4종이 있다. 특히 천연가스정은 86개가 발견되어 중국의 28%이고 석유는 중국의 20%, 석탄은 중국의 40.6%의 자원을 가지고 있다. 이외에 철, 동, 니켈, 희귀금속, 암염, 석재, 옥 등 중국의 중요 지하자원 보고이다.

농업자원

신장은 식량의 창고로 소맥, 옥수수, 쌀이 식량 작물의 90%을 차지한다. 또한 경제작물로는 면화의 주요 산지이다. 신장은 "과일의 고향"이라 불릴 정도로 포도, 하미과, 수박, 사과, 배, 살구, 복숭아, 석류, 앵두, 무화과, 호도, 아몬드 등 수백 종의 과일이 있다.

관광자원

신장에는 풍부한 자연관광 자원과 인문관광 자원이 있다. 웅대한 산, 광활한 사막, 아름다운 고산호수, 실크로드의 유적, 다양한 소수민족의 풍취와 문화예술이 있어 많은 여행객을 흡입하고 있다.

세계 두 번째 저지대 호수 아이딩호(艾丁湖), "죽음의 바다"라는 세계 두 번째로 큰 이동사막 타클라마칸사막(塔克拉瑪干沙漠), 우루무치 천지(天池), 북신장의 카나스호(塔克拉瑪干沙漠), 싸리무호(賽里木湖), 바인부르크초원(巴音布鲁克草

신장의 대표적인 관광지 중의 하나인 카나스호

原) 의 톈어호(天鵝湖) 등 고산호수, 온천, 빙하천의 특색 있는 자연경관과 고

창고성(高昌古城), 교하고성(交河古城), 누란유적(樓兰遺址) 등 다양한 유적지가

있다.

02

신장의 역사

하진광

'신장'의 의미

'신장(新疆)'은 새로운 영토라는 뜻을 가지고 있다. 신장이라는 지명은 청나라가 신장을 점령한 후 처음 사용되기 시작했다. 청나라는 그 전에는 북신장을 준가르부(准部), 남신장을 회장(回疆:무슬림의땅)이라고 불렀으며, 고대 중국인들은 신장을 서역(西域)이라고 불렀다. 한편 투르크인들은 동투르키스탄이라고 불렀다. 청나라의 입장에서 볼 때 새로운 영토인 이 지역에 대해 '신장'이라는 이름을 붙인 것을 이해할 수 있더라도 그것을 가치중립적인 개념으로 보아서는 안 된다.

'동양'이나 '지리상의 발견'이라는 말이 서구 중심적인 용어이듯이 '새로운 영토'라는 말도 중국 중심의 명칭이다. 신장은 결코 새로운 땅이 아니다. 그 자체로 오래되고 찬란한 역사를 지닌 곳이다. '신장'이라는 용어는

신장에서 발견된 고대 미이라(신장자치구 박물관 소장)

'미지의 땅, 야만의 땅'으로 치부되었던 땅을 새롭게 문명화시키기 시작했다는 함의를 풍김으로써 실제 신장 역사에 대한 오해를 만들어 내기에 충분하다. 사실 신장 역사에 대한 이해가 없다면 우리는 부지불식간에 이러한 인식을 이어받게 될 것이다.

고대 신장의 역사

신장 땅에는 인류가 석기 시대부터 살았던 흔적이 있으나, 석기와 청동기 문화 사이의 연속성이 없다. 청동기 시대의 시작인 기원전 2000년 전부터 외부 민족들의 유입이 이루어졌다. 신장지역의 최초 거주자는 인도·유럽계 민족이었다. 신장자치구 박물관에 있는 기원전 1800·1000년경에 생존했다고 추정되는 '누란(楼兰)의 미녀' 미이라도 그 당시 인도·유럽계 민족이 이 시기에 살았음을 보여준다.

북신장에는 샤카(스키타이), 월지, 오손 등 인도·유럽계 유목 민족이 거주하

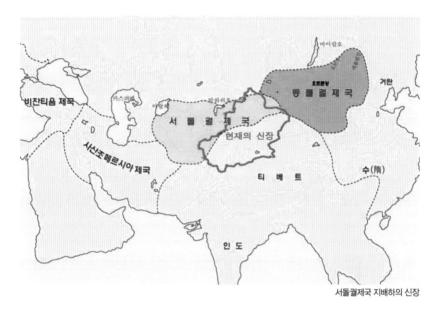

서돌궐제국 지배하의 신장

다가 투르크 · 몽골계 민족으로 대체되었다. 남신장은 이란계 오아시스 거
주민이 주류를 이루다가 투르크계 민족의 이주로 말미암아 투르크화가 진
행된다.

위구르족과 신장의 투르크화

원래 인도 · 유럽계 민족이 살았던 신장에 어떻게 현재와 같은 투르크계 민
족이 주류를 이루게 되었는가? 신장의 투르크화에 가장 큰 영향을 미친 위
구르족의 역사를 간단히 살펴보자. 고대 투르크계 9개 부족연합체인 위구
르인들이 돌궐제국을 계승하여 744년 몽골고원 중앙지역에서 위구르제
국을 세운 후, 유목지역에 최초로 도시를 건설하고 당(唐) 나라에 영향력을
행사하였다. 그러나 키르기즈족의 공격으로 840년 멸망한 후 흩어진 주류
가 천산산맥을 따라 이주하여 투르판 근처에 고창(高昌) 왕국(9~13세기)을 세
운다. 이때 투르크계 유목민들이 직접 오아시스 지역에 정착하기 시작하

면서 유목민의 정주화가 진행된다.

고창 위구르세력 서쪽에 다른 몽골고원 출신의 투르크 민족의 집단이 정착했다. 그들은 지금의 탈라스·이리·카쉬가르(喀什) 지역에 부족연합체를 만들어 현재의 키르기스스탄 이식쿨 주변을 근거로 카라한 왕조를 열었다. 카라한 왕조(840~1211)는 960년대에 이슬람으로 개종하였다. 카라한 왕조는 9세기 말 카쉬가르, 11세기 초 호탄(和田), 그리고 11세기 중기 쿠차(庫车)를 지배하면서 남신장의 투르크화와 이슬람화에 큰 영향을 미치게 된다. 이렇게 위구르인을 비롯한 여러 투르크계 민족이 유입되고 원거주민과 융합하면서 11세기 후반에는 원래 이란계였던 오아시스지역 주민들이 투르크어로 대화할 정도로 투르크화가 진행되었다.

그런데 주목할 것은 남신장지역의 오아시스 거주자들은 19세기~20세기 초까지만 해도 위구르라고 불리지 않았다는 점이다. 북신장의 고창 왕국을 세운 자들이 위구르족이라고 불렸는데, 이 위구르족의 원조는 남신장에 주류를 이루고 있던 무슬림 위구르와는 달리 마니교, 불교 혹은 기독교(경교)를 믿는 자들이었다. 지금처럼 신장의 오아시스주민 전체를 아우르는 '위구르'라는 민족 명칭은 20세기 초부터 사용되었으며, 이 명칭은 그전까지 지역별로 분리되어 있었던 전체 위구르인들의 민족의식 형성에 기여하였다.

신장의 이슬람화

현재 신장의 민족들이 주로 믿고 있는 이슬람교는 언제부터 받아들여지게 되었는가? 10세기부터 이슬람교를 받아들이고 신장을 통치했던 카라한 왕조의 영향으로 남신장 지역은 11세기부터 이슬람화가 진행되었다. 한편 북신장과 동신장의 이슬람화는 보다 나중에 진행된다. 12세기 이슬람에 적대적이었던 카라키타이(서요), 13~14세기 다종교적이었던 몽골지배 시기를 거치면서 15~16세기 차카타이칸국 시절에 이르러서야 신장 전체가 이슬람화 된다. 투르판 지역에는 1450년대까지도 불교사원이 있었으나, 이 지역이 별도로 무슬림 토착 지배자에게 속하면서 16세기 초에 이슬람화가 되었다. 신장의 이슬람교는 주로 토착 지도자들의 개종에 의해 받아들여졌다.

신장 주민의 이슬람 신앙의 특징은 샤머니즘 등 전통적인 신앙과 결합된 형태의 '민속이슬람' 이라는 것이다.(신장지역 이슬람교의 특징은 08장 신장이슬람을 참조할 것) 도처에 산재해 있는 이슬람 성자들의 묘는 이곳에서의 이슬람 신앙의 특징을 잘 보여준다. 이처럼 신장의 이슬람은 공식적으로 대부분 수니파지만 민속이슬람의 성격이 강하며, 타쉬코르간 타직족의 이스마엘파, 예켄(莎车) 의 시아파(17세기 편잡 이주자들의 후손)도 존재한다.

몽골제국 시대 차카타이칸국 지배하의 신장

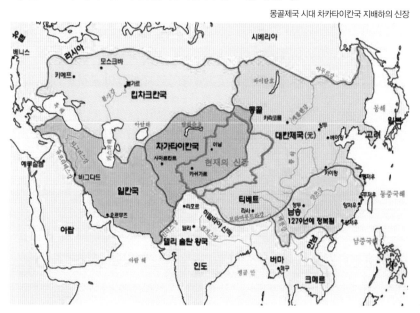

중국의 신장 지배 역사

신장 오아시스지역은 역사상 주로 중국과 유목 국가 사이의 갈등의 장이었다. 신장을 지배하며 중국 세력과 경쟁하였던 흉노·돌궐·위구르·카라키타이·몽골·준가르 등의 유목 국가는 이곳을 자원 동원의 기지로 삼았고, 중국은 유목 세력이 자원 동원을 못하도록 견제하기 위해 이 지역을 지배했다. 역사상 중국에게 신장 자체의 경제적 가치는 크지 않았으며, 주로 정치 군사적인 목적으로 신장을 지배하였다. 예를 들어 청나라의 신장 지배는 몽골인(준가르)들을 정복하기 위해 나섰다가 덤으로 얻게 된 것이었다고 할 수 있다.

중국의 신장 지배 역사를 세 단계로 나누어 보면, 첫째 중국 고대 왕조의 군사적 지배이다. 한나라는 북신장의 투르판 인근 지역에 군사기지(屯田)를 세워 영향력을 행사하였고, 당나라는 남신장 쿠차에 도호부를 세우고 지배를 확대했지만 오래 지속되지는 못했다.

둘째, 청나라의 지배와 성(省)의 설치이다. 1760년대 이후 20세기 초까지 150년간 이루어진 청나라의 지배는 역사상 처음으로 중국 내지와 같이 성을 설치하고 한족을 본격적으로 이주시킴으로써 이전의 군사적 지배 방식에서 더 나아간 것이었다. 그러나 청나라의 신장 지배를 한족의 지배라고 할 수는 없다. 1911년 청나라가 붕괴되었을 때 몽골, 티베트, 신장의 주민들이 자신들이 복속하던 만주족이 지배하는 국가가 없어졌다며 모두 독자적인 국가수립을 추진했던 것도 바로 이런 배경에 의한 것이다.

셋째는 1950년대에 시작된 사회주의 중국의 신장 지배이다. 이때 중국 내지의 정권이 신장에 대한 확고한 정치군사적 지배권을 세웠을 뿐만 아니라, 경제적으로 내지와 통합해 나가고 인구 문화적으로 한족화를 진행시

신장과 한국사

신장 지역에 발을 들여놓은 한민족 최초의 역사적 인물은 바로 '왕오천축국전' 의 저자 신라의 고승 혜초이다. 혜초는 불경을 구하러 중국에 갔다가 723년 광저우(广州) 에서 배를 타고 천축(인도)에 도착하여 불교 성지들을 둘러보고 파미르고원을 넘어 727년 구자국(지금 신장의 쿠차)에 이른다. 장장 4년간의 서역기행 여정을 남긴 '왕오천축국전' 에서 유일하게 행적의 시간을 밝힌 곳은 쿠차라고 한다.

거의 동시대에 고구려 출신 고선지 장군은 쿠차에 주둔하던 당나라 안서군의 중급 장교였던 아버지를 따라 쿠차에서 시간을 보냈다. 고선지는 751년에 절도사로 승격해 다섯 차례 서역원정을 단행했는데 그 출발지가 바로 쿠차였다. 그의 서역원정은 당시 중국 변경이 확대되는 데 기여했을 뿐만 아니라 동서문화 교류에 많은 영향을 주었다.

혜초와 고선지 장군의 흔적이 남아 있는 이 실크로드 상의 오아시스 도시 쿠차에 최근 족적을 남긴 인물이 바로 중국의 피카소로 불리는 한낙연 선생이다. 그는 1898년 용정(龙井)에서 태어났으며 독립유공훈장이 추서된 항일운동가이면서 천재적인 화가로 이름을 남겼다. 그는 1940년대 중반 둔황(敦煌)과 키질(克孜尔) 석굴벽화의 발굴 및 복원 작업에 헌신함으로 실크로드 고대문화의 복원에 기여했다. 특히 1946년과 1947년 두 번 키질석굴을 탐사해서 많은 업적을 남겼다. 그가 남긴 문화 보존에 대한 애정이 담긴 글은 지금도 키질석굴 10번 굴에 보관되어 있다.

실크로드가 지나는 신장과 한국사의 관계에 대해서 문명교류 학자인 정수일 박사는 실크로드가 연장되면 한반도에까지 이른다며 보다 적극적으로 실크로드가 우리 민족사와 밀접한 관계가 있다고 주장한다. 그는 "한반도에서 발견된 여러 가지 서역 및 북방계 유물과 관련 기록은 일찍부터 한반도와 이들 지역 간에는 문물이 교류되고 인적 내왕이 있었음을 실증해준다. 그렇다면 분명한 것은 이러한 교류를 실현 가능케 한 공간적 매체로서의 길이 있었을 진대, 그것은 다름 아닌 중국(신장~필자)을 관통한 실크로드의 동쪽 구간, 즉 한반도로 이어지는 길이라는 사실이다."라고 말한다. 실제로 1950년대 불국사에서 발견한 네스토리우스 십자가는 이러한 문화교류의 한 중요한 증거이다.

한낙연 선생이 그린 위구르족 여인

한낙연 선생 자화상

킴으로써 명실공히 신장에 대한 한족 지배가 이루어졌다.

청나라 지배하의 신장

17~18세기 북신장에 근거를 두고 신장 전체를 지배하면서 중국 내지의 청나라와 대결하였던 마지막 유목제국, 서몽골 계열의 준가르제국이 청나라 (건륭제)에 의해 멸망되고, 준가르제국이 지배하던 남신장을 청나라가 물려받음으로써 처음으로 신장 전체를 중국이 완전히 지배하게 된다. 청나라는 준가르의 영토를 넘지 않고, 인근 유목집단 및 국가와는 조공무역형태의 관계를 취했다. 이 시기에 신장 지역의 민족 구성의 틀이 만들어졌다.

준가르는 비옥한 이리계곡에서 농사를 짓도록 남신장의 위구르족을 이주시켰으며(타란치라고 불림), 청나라는 준가르를 몰아낸 후 카작족, 위구르족, 한족, 회족, 시보족을 천산 북부에 정착시켰다. 이로써 청나라 시대가 끝나갈 때, 신장의 민족 분포는 복잡한 성격을 지니게 되었다. 위구르는 남신장

지역에서 지배적이었고, 투르판 지역에는 위구르족, 한족, 회족이 거주하였다. 카작족과 함께 위구르족, 회족, 한족이 이리계곡에 정착했고, 위구르족과 한족이 우루무치와 주변지역에 거주하였다

청나라의 국력이 쇠퇴하면서(예, 1840년 아편전쟁) 우즈벡족 중심의 코칸드 왕조의 침입과 이 기회에 잃어버린 권력을 회복하려는 호자들의 반란(1826~1857)이 일어나면서, 코칸드 출신의 야쿱벡 정권(1865~1871)이 신장의 상당 부분을 지배하기도 하였다.

청나라는 1875년 주어종탕(左宗棠) 휘하에 원정군을 보내서 야쿱벡 정권을 몰락시키고 신장을 재 정복하였다. 청나라는 1884년 신장에 내지와 같은 성을 설치하고, 만주족 장군(伊犁將軍)이 아닌 한족 출신 성장관이 우루무치에서 통치함으로써 한족의 지배가 시작되었다.

청나라 멸망 후 사회주의 중국의 지배까지

1911년 청나라 멸망 후 신장은 한족 군벌이 이어서 통치하는 군벌시대가 되었다. 양정신(杨增新)-진수런(金树仁)-성스차이(盛世才)로 이어진 신장의 군벌은 내지의 중국 정부와 거리를 두고 거의 독립적인 통치를 했다. 그러나 이 시기는 외세의 영향력이 강해진 때였으며 탐험가들, 선교사들, 외국 정부의 요원들(러시아, 영국, 미국, 일본 등)이 비교적 자유롭게 활동하던 시기였다. 중국 군벌이나 투르크계 민족주의자 모두 외세의 영향을 피할 수 없었는데, 러시아의 영향력이 강해서 특히 성스차이 정권 하 1934~1941년의 신장은 소련의 식민지와 같았다. 1944년 성스차이의 실각 이후 국민당이 이 지역을 지배하였다.

이 시기 중국 내지로부터 재정 보조의 단절로 인한 가혹한 세금 징수, 현지

종교문화에 대한 경시, 한족 이주에 대한 반발 등 내적인 요인에다가 투르크 민족주의 운동 및 신 이슬람교육 운동, 소련 등 외세의 영향이 가세하여 토착민의 반란과 민족, 종파간의 충돌이 일어나게 되었다. 이 와중에 1933년 반란군에 의해 점령된 카쉬가르에 동투르키스탄 이슬람공화국이 성립되었고(1933~34), 소위 3구(區) 혁명의 와중에 이닝에서 동투르키스탄 공화국(1943~49)이 세워지기도 하였다.

사회주의 중국 이후의 신장

1949년 인민해방군의 신장 진주 이후 군정이 실시된다. 군정은 공산당에 협조적인 지역관료를 육성하고 토지개혁과 농업 집단화를 실시하면서 이 과정에서 토착 엘리트들을 제거했다. 이슬람 세력의 약화를 위해 이슬람 세 폐지, 사원토지 수용, 이슬람(샤리아)법 금지를 진행하고 북경의 이슬람협회를 통한 종교 조직의 국가 통제를 실시한다.

1955년 민족자치의 개념 하에 '신장위구르자치구'가 탄생하였다. 그런데 신장이 13개 민족의 땅이라는 주장 하에 지역을 나눠서 다시 카작족, 몽골족, 회족, 키르기즈족 등의 민족자치구역을 설치함으로써 실상은 위구르족의 영향력을 약화시켰다. 또한 한족이 대부분인 병단(兵團)과 같은 지방행정체계 밖의 기구의 존재는 소수민족 행정조직의 자치기능을 약화시켰다.(자세한 내용은 04장 신장의 정치를 참조할 것)

신장 경제의 발전: 한족화를 넘어서 내지화로

사회주의 중국 성립 이후 신장 경제는 외형적으로 많이 발전했다. 1955년부터 2010년까지 55년 사이 신장의 GDP는 12.31억 위안에서 5,437.33억

우루무치 런민광장(人民广场)에 있는 인민해방군 진주기념비

위안으로 442배 증가했다. 그에 따라 1인당 GDP도 1955년 241위안에서 2010년 2만 5,057위안으로 늘어났다. 1인당 GDP의 연평균 성장률은 1956~2010년 사이 5.2%였는데 그 중 1979~2010년 사이가 8.4%로서 개혁개방 이후 경제가 빠르게 성장했다는 것을 알 수 있다.

여기에는 중국 정부의 정책이 큰 역할을 했는데, 특히 1992년 북서부 개방 정책, 특히 2000년의 서부 대개발 프로젝트 등에 의해 기반시설 등에 막대한 투자가 이루어지게 된다. 1994년 란저우-우루무치 간 철도의 복선화가 이루어지고, 1999년 카쉬가르까지의 철도 건설이 완성되었다. 2011년에는 카쉬가르에서 호탠까지 기차가 이어졌고, 우루무치에서 이리계곡의 이닝, 북신장 알타이 근처의 베이툰까지 철도가 개통되었다. 이러한 사회간접시설 확충과 경제발전 과정은 신장과 중국 내지와의 경제 통합을 진행시켰다.

중국의 서부 대개발의 의미

중국은 2000년 1조 1,206억 위안이 들어가는 서부 대개발 계획을 발표, 세계의 관심을 모았다. 서부 대개발 정책은 개혁개방 이후 경제발전에서 소외된 서부지역을 발전시킴으로써 균형 성장을 모색하고, 이 지역에 대한 투자와 막대한 자원의 개발을 통해 중국의 새로운 성장 동력을 얻으려는 것이었다. 그 안에는 동남부 연안과 서부의 경제 격차에 따른 정치적 불안을 해소하겠다는 정치적 목적도 포함돼 있다.

2001년 시작된 제10차 5개년계획의 중점 사업으로 확정된 서부개발 사업은 서부내륙 연결철도 부설, 석유화학단지 조성, 황하(黃河) 대수로 건설 등의 대규모 프로젝트를 포함하고 있다. 서부지역의 천연가스를 상하이까지 연결하는 '서기동수(西气东输)', 수력발전소를 건설, 전력을 동부 연안지역에 보내는 '서전동송(西电东送)', 양쯔강 수로를 황하로 연결하는 '남수북조(南水北调)' 칭하이성과 티베트를 잇는 1,118㎞ 고원 철도 '칭짱철도(青藏铁道)', 환경 보호를 위해 농지에 나무를 심는 '퇴경환림(退耕还林)' 등이 있다.

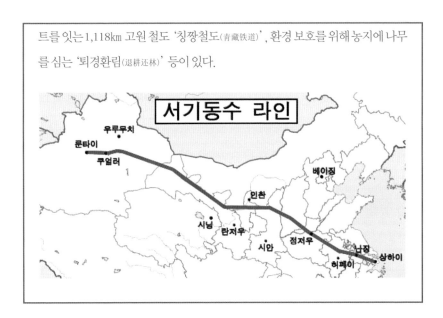

서부 대개발 정책에 따른 중앙정부의 투자와 막대한 지하자원의 개발을 바탕으로 최근 2001~2010년 10년간 신장은 연평균 10.3%의 경제성장률을 기록했다. 하지만 서부 대개발의 이익이 누구에게 가는가가 중요한 문제일 것이다. 그런데 예를 들어 2005년도 석유 생산으로부터 얻은 조세 수입 중 2억 4,000만 위안을 제외한 145억 위안 이상의 수입은 중국 중앙 정부가 가져갔다고 하는 사실은 서부 대개발의 이익 분배가 어떻게 이루어지는지를 볼 수 있는 대목이다.

중국 정부는 공산당 통치 이후 신장의 경제발전을 선전하고 있지만 그것은 신장 전체의 통계일 뿐이다. 그것이 민족 간에 어떤 효과를 보였는지, 얼마나 경제적 격차를 나타내는지 기본적인 지표조차도 발표하지 않고 있다. 중국의 소득불평등 수준을 나타내는 지니계수는 2008년 민란 발생수준인 0.45를 이미 초과해서 중국 정부는 더 이상 수치를 발표하지 않고 있는데, 신장의 민족간 소득불평등 수준은 더욱 심각할 것으로 생각된다.

신장의 경제발전은 한족 이주 혹은 한족화를 수반하였다. 특히 1990년 이후 한족 이주는 그 전에 국가의 정책에 따른 계획적 이주보다 시장에 의한 자발적인 이주 흐름으로 변화되면서 더 가속화되었다. 그 결과 신장의 민족 구성 및 인구 분포가 급격하게 변했다. 1949년 75% 수준이었던 위구르 인들의 비율은 2008년 현재 47%까지 낮아졌다. 인구 분포도 1949년에는 남신장 거주 인구가 70%를 넘었지만 현재는 절반 이상이 북신장에 거주하고 있다. 경제의 중심도 위구르족이 많이 사는 남신장에서 한족이 많이 거주하는 북신장으로 이전되었다.

중국 정부가 최근 들어 우루무치를 인구 500만 명의 도시로, 카스와 이닝을 각각 인구 100만 명의 도시로, 현재에 비해 두 배 규모로 성장시키려고 계획하고 있다. 이렇게 되면 주요 도시의 모습이 내지에 있는 도시처럼 변모될 것이며, 이는 신장이 한족화를 넘어서 내지화로 나아가는 것을 의미한다.

민족간 갈등의 역사

한족들이 신장에 진출하기 시작한 지난 100여년 이상 동안 신장에서 한족과 위구르족 등 소수민족의 갈등이 계속되어 왔다. 주로 한족이 위구르족 등 소수민족을 압제하였지만 그렇다고 한족이 피해를 입지 않은 것은 아니다. 야쿱벡 정권시절 무슬림들이 우루무치를 점령한 때와 신장에서 두 번의 동투르키스탄(이슬람) 공화국이 세워졌을 때 한족을 집단 살육한 것이 그 대표적인 예이다. 물론 한족들이 다시 통제력을 회복했을 때 이러한 살육에 대한 보복 역시 처참하게 이루어졌다.

이처럼 이 땅은 피 흘림과 증오의 뿌리가 깊은 곳이다. 사회주의 중국 설립 이후에도 위구르족이나 다른 소수민족과 한족의 충돌은 끊이지 않았다. 커다란 시위나 폭동사태 외에도 중국 공안은 지난 수십 년간 수백 건의 테러사건이 있었다고 말한다. 이 결과로 많은 한족들이 피해를 입었고, 이와 연관되어서 수많은 위구르족이 죽거나 수감되었다.

이러한 역사적인 갈등의 배후에는 정치적인 원인이 있지만 상호간에 문화를 이해하거나 존중하지 못했던 부분도 많다. 예를 들어 한족은 위구르족의 문화가 낙후되었다고만 생각하고, 위구르족은 한족이 돼지고기를 먹는 더러운 사람들이라고 무시하는 경향이 있어 왔다.

중국 정부는 한편으로는 무력으로 갈등을 통제하려고 하지만, 동시에 다른 한편으로는 경제발전과 투자를 통해서 신장 거주민의 생활조건을 향상시키는 것을 신장의 갈등 문제에 대한 장기적인 해답으로 보고 있다. "오직 경제를 성장시켜 소수민족의 생활을 개선해야만 소수민족들이 충심으로 기쁘게 심복하고 반란을 일으키지 않는다."는 덩샤오핑의 지적은 경제발전을 중심으로 한 개혁개방 이후의 민족 정책을 잘 설명하는 것이다.

그런데 문제는 경제발전과 이에 수반되는 도시화 과정에서 민족 및 사회 집단 간의 양극화가 증가한다는 것이다. 한족과 위구르족 사이의 전통적인 민족적, 문화적 갈등과 더불어 도시와 농촌 간에 증가하는 경제적 차이가 문제를 야기하고 있다. 위구르족 지역의 주요 도시들은 한족이 장악하게 되었지만 점점 상대적으로 낙후되고 있는 위구르족 농촌지역에서 분리주의 운동이 증가하고 그 지역에서 이슬람이 점차 정치화되고 있다. 결국 중국 정부의 기대와는 달리, 발전과 동시에 갈등도 커져 가는 양상이 이루어지고 있다.

신장의 국제화와 실크로드의 부활

1991년 구소련의 해체는 19세기 이래 존재해 왔던 중국의 신장 통치에 대한 경쟁과 위협이 사라지는 것을 의미했다. 그 결과 19세기 말에서 20세기 중반까지 러시아와 소련의 영향력이 신장에 미쳤던 것과는 반대로, 20세기 말부터는 중국 정부가 신장을 통해 구소련 중앙아시아 지역을 넘어, 서남아시아 국가들에게까지 정치 · 경제적 영향력을 행사하고 있다.

중국 정부는 미국에 대항하는 전략적 협력 파트너로서, 그리고 에너지 공급과 중국의 상품 및 노동력 시장으로서 중앙아시아와 중동의 이슬람지역과의 교류를 강화하고 있다. 국가 간 도로 및 항공망이 확충되면서(우루무치–알마티간 철도, 파키스탄으로 이어지는 카라코룸 도로, 우루무치의 국제항공망 등) 중국 신장과 주변 국가와의 인적, 경제적 교류가 더욱 활성화되어 가고 있다.

이렇게 냉전시대의 종식과 중앙아시아 국가들의 독립, 중국의 적극적인 국제전략 및 세계화의 물결 하에서 중국과 중앙아시아, 서남아시아 등을 잇는 실크로드의 부활과 함께 신장은 다시 중앙유라시아의 허브로 새롭게 부상하고 있다.

서북공정과 신장의 역사 전쟁

현재 많은 국가에서 과거의 역사를 두고 해석 전쟁이 벌어지고 있다. 현 영토 내에 수많은 민족의 역사와 거주지를 포함하고 있는 중국에서 한족 이외의 민족사에 대한 해석의 문제는 더욱 첨예화된 주제이다.

최초의 통일 왕국인 진(秦) 왕조가 출현한 기원전 221년부터 마지막 청나라가 멸망한 1911년까지 2000여 년 동안 중국의 일부 혹은 전체가 북방 민족의 지배에 들어간 기간은 절반에 달한다. 특히 한족 왕조로 분류되는 수당조도 북위와 같이 건국 세력이 북방계 혼혈로 간주되고 있다.

이 같은 북방 민족의 지배에 대한 일반적 해석은 이들이 한족에게 동화되어 결국 한족중심 국가로 변모되었다는 한족중심 동화론(정복민족 설포함)이었다. 그 뒤 사회주의 중국은 이러한 '한족중심주의'를 배격하고 '중화민족론'을 내세우며 이 북방 민족들도 한족과 함께 중국의 역사를 발전시켜 온 '중화민족'이라고 주장한다. 다시 말해 고대의 흉노족, 선비족, 여진족, 몽골족, 만주족 등도 모두 중화민족의 일부라는 것이다. 한족중심주의가 중화민족중심주의로 바뀐 셈이다.

이런 논리로 현 중국 영토 내의 모든 민족사를 중국사의 일부로 편입시키고 있다. 고구려를 중국사에 포함시키려는 동북공정이나 티베트의 역사를 중국사의 일부로 간주하는 서남공정, 신장 민족의 역사를 중국사에 집어넣으려는 서북공정 등이 바로 이러한 배경에 의한 것이다.

예를 들어 신장의 역사 연대를 기술할 때 철저히 중국 왕조의 연대 서술방식을 빌려서 기술하고 있다. 즉 서기 몇 년이 아니라, 중국 왕의 즉위연도를 쓴다. 그러나 위구르족 등 다른 민족의 민족주의적 역사가들은 신장의 역사를 자민족 중심으로 서술하고 있으며, 이에 대해 중국 정부가 탄압을 하고 있어 보이지 않는 역사 전쟁이 벌어지고 있다.

03

신장의 민족

김한수·이슬기·야성일

현재 신장 지역에 거주하는 소수민족은 모두 49개이며, 그중 주요 민족은 13개 민족으로 한족 외에 위구르족, 회족, 카작족, 만주족, 시보족, 몽골족, 키르기즈족, 타직족, 타타르족, 우즈벡족, 러시아족, 다우르족이 있다.

위구르족

신장을 대표하는 민족인 위구르족은 약 940만 명(2010년)이 신장 내에 살고 있으며, 중국 내 다른 지역에 약 40만 명이 살고 있다. 주로 남신장과 동신장 지역에 많이 살고 있으며, 대부분 농업에 종사하는 인구가 많다.

8세기 중반 오늘날의 몽골 지역에 위구르제국을 설립하여 번성하던 위구르족은 서기 840년경 북쪽에서 공격해 온 키르기즈족을 피해 현재의 신장 지역으로 이주하였다. 이후 통일된 왕국을 건립하지 못하고 각 지역별 소

위구르족 여인

왕국 형태로 지냈다.

위구르어는 투르크어의 일종으로 우즈벡어, 카작어, 그리고 키르기즈어와 관련이 있다. 위구르 제국 시기에는 샤머니즘을 숭배했었다. 신장 지역으로 이주한 뒤 불교를 받아들였고, 지금도 대규모 불교 유적이 남아 있을 정도로 매우 융성했었다. 또한 북신장을 중심으로 네스토리안교가 번성하기도 했다. 하지만 9세기 이후 들어오기 시작한 이슬람에 밀려나기 시작해 15세기 무렵 모든 위구르족이 이슬람으로 개종하게 된다. 이들의 이슬람 안에는 기존에 믿었던 샤머니즘과 불교의 영향이 크게 남아 있어 미신과 결합된 민속이슬람교를 신봉한다.

한족 전통 복장을 입은 한족들

한족

현재 신장 내에 약875만 명(2010년)의 한족이 살고 있으며, 그중 우루무치에 175만 명 정도가 살고 있다. 기록으로 보면 한나라 때부터 실크로드를 유지하기 위한 군인과 상인들을 중심으로 정착해 살기 시작했으며, 청나라 때에 이 지역을 정복하고 신장성을 설치한 뒤 많은 수가 이주해 왔다. 공산화 이전 이곳에 이주해 온 한족은 대부분 중앙아시아와 교역을 하던 상인들과 영향력을 유지하기 위한 군인들과 관리들이 대부분이었으며, 공산화 이후 문화대혁명이 끝날 때까지 많은 지식인들이 신장으로 강제 이주(유배) 당해 들어왔다. 이 시기까지 한족들은 신장에서 매우 소수였으며, 개인적으로 지식과 문화 수준이 높아 다수를 차지하던 원 거주민들(소수민족)의 문화를 존중하며 큰 갈등 없이 정착할 수 있었고, 실제로 이 시기에 한족과 소수민족간의 결혼이 이루어지기도 했다.

하지만 개혁개방이 이루어지고 서부 대개발 발표 이후 국가가 주도한 경제발전이 이루어지고 중국 내지에서 돈을 벌기 위해 수많은 이주민들이

카작족의 전통의상

유입되었다. 이들 대부분은 농민 출신으로 기존의 한족들과 달리 신장의
문화에 적응하기보다 한족의 문화를 고수했다. 이러한 한족들의 숫자가
급격하게 불어나면서부터는 소수민족과 한족간의 갈등이 커졌다. 처음에
는 주로 대도시 위주로 정착했지만 현재는 신장 대부분의 지역에서 한족
을 쉽게 발견할 수 있다.

카작족

중앙아시아와 더불어 현재 중국 내에서는 신장위구르자치구 북부의 이리
카작자치주와 동부의 무레이(木壘) 카작자치현, 바리쿤(巴里坤) 카작자치현
을 중심으로 약 130만 명의 카작족이 살고 있다. 1916년과 1920년 사이에
공산 러시아정부의 경제정책을 피해 비교적 부유한 카작족들이 중국으로
이주하였다. 하지만 중국 공산화 이후 중국에 있는 카작족들은 전통적인
유목생활을 버리고, 목축 또는 정착생활을 하도록 강요받았고 1962년 중
국·소련간의 관계가 악화되었을 시기 6만 명의 카작족들이 다시 국경을

넘어 소련(지금의 카자흐스탄)으로 돌아갔다. 그 규모는 당시 중국에 있는 카작족의 10분의 1 이상에 달하였다.

카작어는 투르크어의 일종으로 카자흐스탄의 카작족은 키릴 문자를 사용하며, 1980년 이래로 중국에 있는 카작족은 개량된 아랍어 문자를 사용하고 있다. 카작족은 유목민으로 오랫동안 살아왔다. 오늘날 카작족들은 스스로를 무슬림으로 생각하고 있지만, 종교의식 가운데는 심령술, 마술, 정령숭배, 그리고 샤머니즘이 한데 어우러져 있다.

회족

회족

회족은 7세기 중엽 페르시안 상인들이 돈을 벌기 위해 중국으로 이주한 것을 시작으로 오랜 기간 아랍에서 이주해 정착한 이들로, 주로 농업과 상업에 종사하며 중국 전역에 흩어져 살았다. 장인, 학자, 관원 그리고 종교 지도자로서 그들은 중국 전역에 거주했었는데 이들이 오늘날 회족의 조상이다. 닝샤회족자치구가 있지만 신장에도 91만 명 정도가 살고 있다. 그들은 회족 사원을 중심으로 소수 집단을 이루고 사는 특징이 있다. 신장에는 회족 자치지역으로 창지회족자치주와 옌치회족자치현이 있다.

회족은 한족에 동화되어 그들의 외모와 언어를 잃어버렸으며 현재 모든 회족은 한어를 사용한다. 대부분의 회족은 수니파 무슬림이다.

만주족

만주족

만주족은 중국 전체에서는 두 번째로 큰 소수민족이지만 신장에서는 약 3만 명 정도의 작은 소수민족이다. 대부분 청나라가 신장 정복을 위해 보낸 군인들의 후손이다. 민족적·언어적·문화적으로 이미 한족에 동화되었다.

만주어는 사실상 사멸했다. 1,000명 내외의 소수의 만주족이 만주어를 사용한다고 조사되었고 그것도 한어 억양으로 만주어를 말한다. 만주어는 문자를 가진 유일한 퉁구스어이지만 문자도 지금은 사라졌다. 본래 만주족은 정령 숭배자들로 알려졌었다. 이러한 의식들이 일부 남아 있지만 오늘날 대부분의 만주족은 종교가 없는 것으로 간주된다.

시보족

시보족

신장의 시보족은 본래 중국 동북지역에 살고 있던 민족으로 청나라가 준가르제국을 무너뜨린 이후 변경 수비를 위해 1764년 신장으로 보낸 3,000여 명의 군인과 그 가족들의 후손이다. 현재 중국의 동북지역에 약 18만 명이, 신장위구르자치구에 약 4만 2,000명이 살고 있다. 신장에 살고 있는 시보족 대다수가 이리지구 차푸차얼 시보자치현에 살고 있다. 활을 잘 쏘는 민족으로 북경올림픽에서 시보족 선수가 양궁 금메달을 획득하기도 했다.

일반적으로 한어, 카작어, 위구르어, 러시아어, 몽골어 등 여러 언어를 사용할 수 있어서 민족간 통역 역할을 하기도 했다. 시보족은 수정된 만주 문자를 사용하며, 3분의 1 정도만 그들의 고유 언어를 사용할 수 있다고 한다. 시보족의 주요 종교는 샤머니즘이다.

몽골족

몽골족

약 600만 정도의 몽골족이 중국 전역에 흩어져 살고 있다. 현재 신장에 살고 있는 몽골족은 주로 오이라트계(서몽골)로 약 17만 명이 바인궈렁몽골자치주, 보러타라몽골자치주, 허부커싸이얼(和布克赛尔) 몽골자치현, 허징(和静), 우쑤(乌苏) 등에서 주로 살고 있고, 우루무치에는 9,500명 정도가 살고 있다. 몽골족은 신장 역사의 많은 부분에 영향을 끼쳤던 민족으로, 우루무치 등 현재 사용되는 신장의 여러 지역 이름이 몽골어임을 볼 때 그 영향을 쉽게 알 수 있다.

몽골어는 9개의 방언으로 구성되어 있고, 알타이어 계통으로 우리말과 흡사하지만 독특한 발음들이 많다. 그리고 문자는 위에서 아래로 쓰는 전통적인 몽골 문자를 사용하고 있는데, 이 문자는 투르크계 민족인 위구르족으로부터 전해진 것이다.

일반적으로 이들의 종교는 라마불교라고 하는데, 그 이전부터 샤머니즘을 신봉하고 있었고 자연과 조상신을 숭배하고 있다.

키르기즈족

키르기즈족

고대 몽골 고원의 위구르 제국을 멸망시켰던 민족으로 중앙아시아에 널리 퍼져 살고 있다. 대략 19만 명이 신장위구르자치구에 살고 있고, 그 중 대부분이 키질수키르기즈자치주에 살고 있다. '키르기즈' 란 이름은 '40명의 여성' 이란 뜻으로 키르기즈족은 그들이 40명의 처녀로부터 내려왔다고 믿는다.

키르기즈어는 투르크어의 일종으로 8세기까지 예니세이라 불리는 자신의 문자를 사용해 왔지만 오늘날 이 흔적은 남아 있지 않다. 표면적으로 이슬람교도이긴 하지만 사실상 샤머니즘의 영향력이 매우 큰 무슬림들이다.

타직족

타직족

중국에 살고 있는 타직족은 약 3만여 명으로 싸리쿠얼 (撒里庫而) 타직족과 와한 (瓦罕: 아프가니스탄 바다흐샨주에 있는 지방이다. 지리적으로 볼 때 아프가니스탄의 동쪽 끝 부분이며 중국과 연결되어 있다) 타직족으로 나눌 수 있다. 싸리쿠얼타직족과 와한타직족은 각각 자신의 언어를 사용하며, 두 언어를 사용하는 타직족끼리는 의사소통을 위해서 위구르어를 쓸 정도로 서로 다른 언어이다. 타쉬코르간 타직자치현에는 싸리쿠얼타직족이 살고 있는데,

그들은 중앙아시아에 살고 있는 타직족과는 다른 종족이다.

타직족은 페르시아계의 밝은 피부를 가진 백색 인종으로, 많은 수가 푸른 눈을 갖고 있으며 금발이다. 그들은 인도·유럽어족에 속하는 페르시아어를 쓴다. 중국의 타직족은 문자가 없고, 일부 사람들은 위구르 문자를 빌려 사용한다. 시아파 이슬람을 믿고 있지만 사원이 없는 대신 집에서 예배를 드린다. 와한타직족은 이슬람과 함께 정령숭배를 하며, 부적을 목에 두른다.

타타르족

이들은 중국의 공식 소수민족 중에서 4번째로 인구가 적은 민족이다. 신장에 약 5,000명 정도가 살고 있으며 창지회족자치주 치타이현 (奇台县) 따촨향(大泉塔尔族乡)에 타타르 민족 마을이 있다. 순수 타타르족(부모가 모두 타타르족인 경

타타르족

우)만이 자신의 언어를 사용하고 나머지는 위구르어를 주로 사용한다. 중국에 사는 타타르족은 수니파 이슬람교도들이다.

우즈벡족

우즈벡족은 중앙아시아에서는 가장 큰 종족이지만 신장에는 1만 5,000명 정도가 살고 있다. 우즈벡어는 위구르어와 매우 가까워 위구르어도 구사할 수 있는 우즈벡족이 많다. 이슬람 신앙은 그들의 일상생활 모든 영역에 스며들어 있고, 수세기 동안 이슬람 성직자들은 우즈벡 어린이들의 종교, 일반 교육을 책임져 왔다.

우즈벡족

러시아족

러시아족

대부분이 신장위구르자치구 북쪽 이닝, 타청, 알타이, 우루무치 등에 살고 있다. 중국 내 대부분의 러시아인들은 1917년 내전 패배 후 러시아에서 도피해 온 군인들의 후손들이다. 이들은 수십 년간 자신들의 글자를 사용할 기회가 거의 없었고, 오늘날 젊은 러시아족들은 한자만 사용한다. 어떤 자료에 의하면 중국에서 사용되는 러시아어는 한어와 퉁구스어의 영향으로 인해 러시아에서 사용되는 것과는 발음과 어휘 면에서 차이가 있다고 말한다.

다우르족

다우르족

다우르족은 흑룡강, 내몽고, 신장 지역에 분포한 소수민족으로, 특히 신장 지역에 있는 사람들을 서부 다우르족이라고 말한다. 타청시 근처에 아시얼(阿西尔) 다우르민족 마을이 있다. 그들은 1763년 만주에서 보낸 거란 민족의 후예인 팔기군의 후손이다. 몽골어와 관련이 있는 이들의 언어는 쇠퇴하고 있고 사멸 위기에 있다. 종교는 다신교이며 다섯 개의 하늘 신을 숭배한다. 모든 인간들과 동물들은 사무스라는 영혼을 갖고 있으며, 그것은 죽을 때 육체를 떠나 지하세계의 주인에게 바쳐진다고 믿는다. 착하게 살았던 영혼들은 신이 되고, 나쁜 행적이 남아 있는 영혼들은 저주받아 영원한 지옥에 간다고 믿는다.

04

신장의 정치

하진광

신장과 정치

중국에서 가장 이국적인 곳 중의 하나인 신장위구르자치구에 오면 전형적인 중국인과 얼굴 모습부터 다른 무슬림 민족들을 만나게 된다. 머리에 히잡을 두르고 다니는 여인네들, '난'이라고 불리는 피자 형태의 빵과 양고기를 굽고 있는 거리의 식당들, 초승달이 걸려 있는 탑을 가진 모스크들… 이런 문화적 요소들이 중국의 여타 지역과 다른 문화적 풍취를 이곳에서 느끼게 해 준다.

그러나 이곳에 살고 있는 외국인들이 느끼는 충격은 문화적인 것보다는 오히려 정치적인 것이라 할 수 있다. 신장은 중국 정부가 가장 정치적으로 주목하고 있는 지역으로서 아마도 중국의 어느 지역보다 길거리에서 많은 경찰과 감시카메라를 볼 수 있을 것이다. 8개국과 국경을 마주하고 있는

신장 각처에서 휘날리는 오성홍기와 그 옆의 마오쩌둥 동상(카쉬가르)

전략적인 위치에 소련의 이리 점령이나 무슬림 독립정부 수립 등의 역사적인 정치적 사건들이 있고, 현존하는 위구르족 저항운동과 신장 지역의 막대한 자원 등은 중국 정부가 신장에 정치적 중요성을 두는 이유이다. 이 때문에 신장의 정치적 안정을 경제적 발전보다 우선한다는 것은 이 지역을 대하는 중국 정부의 일관된 정책 노선이다.

신장의 공식 명칭:
신장위구르자치구 = 위구르족이 스스로 다스리는 구역?

중국은 한국의 도(道)에 해당되는 성(省)을 최대 행정구역으로 하고 있는데, 그 중 소수민족이 밀집되어 있는 지역에 소수민족의 자치를 부여한다는 의미로 성 대신 5개의 소수민족 자치구를 설치하였다. 그 중의 하나가 신장위구르자치구이다. 이 명칭은 신장 지역 내에서 위구르족이 자치를 한다는 뜻이다.

신장의 자치제 실시 역사를 보면, 중국 공산당은 국민당과의 전쟁 및 중일전쟁 시절에는 소수민족 구역의 독립 허용 가능성까지 제시하였었다. 그러나 공산당 지배 이후엔 한 국가내의 자치제도를 제시하였는데, 그 목적은 영토 분리를 막음과 동시에 한족 중심주의에 대한 반발을 막기 위한 것이었다. 자치제는 소련이 '공화국(republic)' 의 수립과 연방제를 실시한 것과는 달리 국가 내의 자치를 의미한다. 신장위구르자치구는 1955년에 성립되었다.

지리적 분할 지배제도: 자치구 내의 다른 민족자치구역

'위구르자치구' 라는 명칭과 그 정부의 수반이 위구르족이라는 사실이 신장에서 위구르족의 실질적 자치를 의미하는가? 이 점은 두 가지를 통해 살펴볼 필요가 있는데, 첫째는 자치구역의 범위이고 둘째는 권력 행사의 가능성을 보는 것이다. 우선 법률에 근거한 자치 제도는 성 단위뿐만 아니라 하급 행정단위에도 적용되며, 그래서 한 민족 자치구역 내에서 다른 민족의 자치구역이 존재할 수 있다. 법률에서는 자치구역의 설치 기준에 대한 규정이 따로 없어서 이 결정은 주로 공산당에 의해서 이루어지고 있다.

공산당은 신장이 위구르족 외에 13개 민족의 땅이라는 주장 하에 지역을 나눠서 다시 카작, 몽골, 회, 키르기즈족(이상자치주), 시보, 타직, 카작족(이상자치현) 등의 자치구역을 만듦으로써 실상은 위구르족의 영향력을 약화시켰다. (신장의 행정구역은 자치구-지구-현-향의 순서이며, 도시는 우루무치, 스허즈, 카라마이와 같은 지구급 시와 이닝, 카쉬가르 등의 현급 시가 있다) 각급 자치구역의 수반 역시 해당 소수민족이 맡

민족 단결을 강조하는 신장자치구 성립 50주년 기념 포스터

소수민족 자치제도

현재 소수민족 자치제도는 중국의 헌법과 1984년 제정된 '소수민족 지역자치에
관한 법률'에 근거한다. 이 법은 소수민족 집중지역에서 자치 정부를 수립할 수
있으며, 언어와 문화를 보존할 수 있는 권리를 제공한다. 심지어는 국무원의 비
준 하에 지역경찰까지 자체적으로 둘 수 있다. 이 자치 제도의 핵심은 자치 정부
의 수반은 해당 소수민족이 반드시 담당하도록 함으로써 자치를 보장한다는 것
이다. 그래서 신장위구르자치구 인민정부의 수반(主席)은 위구르족이다. 이처럼
중국의 소수민족 자치제도는 '공산당의 지도와 영토분리 금지'라는 전제 하에서
해당 소수민족을 행정수반으로 삼고 일정한 행정적, 경제적, 문화적 결정권을 부
여하는 제도이다.

기 때문이다. 신장자치구 내의 13개 지구 중 다른 소수민족 자치구역이 설
치되지 않은 곳은 5곳에 불과하다. 위구르족 외의 민족자치구역은 신장 전
체의 50%를 넘는다.
예를 들어 몽골족은 신장 전체 인구의 3% 미만인 데도 신장 전체 면적의

약 3분의 1을 차지하는 '바인궈렁몽골자치주'가 설치되었고, 그 자치주 내의 몽골족은 자치주 전체 인구의 6.3%에 불과하다. 또한 키르기즈족 자치구역인 '키질수키르기즈자치주' 인구 중 위구르족이 64%인 반면 키르기즈족은 29%에 불과하며, 자치주 수도인 아투스시의 위구르족 비율은 80%에 이른다. 카작족의 자치구역인 '이리카작자치주'는 독특하게도 그 안에 3개의 지구(이리, 타청, 알타이지구)를 포함함으로써 준 자치구 성격을 가지고 있으며, 위구르자치구보다 빠른 1954년에 설치되었다. 하지만 이리카작자치주 수도인 이닝시의 카작족 비율은 5%에 불과하다(반면 위구르족은 46%). 그리고 카작자치주 내에 몽골족과 시보족 자치구역을 둠으로써 카작족 자치를 약화시키고 있다.

한 소수민족 자치구역 내에 또 다른 민족의 자치구역을 두는 이러한 제도는 중국의 전통적인 '이이제이(以夷制夷, 오랑캐는 오랑캐를 통해 제압한다)' 전략의 현대판이라고 할 수 있다. 이 제도는 해당 소수민족의 입장에서는 권익을 신장시키는 제도가 되겠지만 위구르족의 입장에서는 자신들의 자치를 신장의 일부 지역에 국한시키는 제도라고 할 수 있을 것이다. 주류 소수민족의 지리적 영향력을 감소시키는 이러한 전략은 신장뿐만 아니라 티벳족 지역을 쓰촨성과 칭하이성에, 몽골족 동부지역을 흑룡강성에 편입시키는 등 다른 소수민족 자치지역에도 사용되고 있다.

신장의 실질적 정치권력

이제 두 번째의 문제로서 누가 권력을 행사하는가 하는 문제를 생각해 보자. 이 점은 중국의 실제 권력기관이 어디인가를 생각하면 쉽게 해결된다. 중국은 경제적으로는 지난 수십 년간 엄청나게 변화되었지만 중국 공산당의 통치라는 정치시스템은 수십 년째 거의 변화 없이 유지되고 있다. 중국의 헌법은 모든 권력이 국민(인민)으로부터 나온다고 하지만 실제로는 공산당으로부터 나온다. 공산당 영도라는 통치 개념은 공산당에게 초법적인 지위를 부여하였다. 그것은 단순히 이념적이거나 법적인 것만이 아니다. 수천만 명의 당원이 존재하며 이들이 당과 정부, 군대 더 나아가 기업과 사회조직의 최고위층을 형성하고 있다.

사회의 파워엘리트들은 거의 당원이다. 중국 사회는 모든 행정조직과 나란히 당 조직이 존재하며 행정조직은 당 조직의 지도를 받도록 되어 있다. 중국에도 공산당 외에 다른 당파가 있지만 그것마저도 공산당이 통치하고 다른 당은 협조하는 것이다. 당의 결정은 인민회의(의회)나 정치 협상회의처럼 공개적인 토론 방식으로 이루어지는 것이 아니다. 소수의 당 지도부에 의해 일종의 밀실 형식으로 의사결정이 이루어지며 그 결정은 철저히 상명하달 식으로 전달된다.

중국 공산당이 중국 내 최고 권력기관인 것처럼 신장위구르자치구에서도 최고 권력기관은 자치구 정부나 인민회의(지방 의회)가 아니라 '중공신장위원회' 이다. 신장의 최고 실력자인 당 위원회의 서기는 위구르족이 아니라 '한족' 이다. 공산당 조직에서는 소수민족의 자치에 관한 법률이 적용되지 않는다. 1955년 자치구 설립 이후 인민정부의 주석(성장)은 항상 위구르족이었지만 당 위원회 서기는 항상 한족이었다.

공산당 서기는 모든 행사에 항상 정부 주석보다 앞선 서열을 배정받는다. 당 서기와 정부주석의 권력 관계는 정부 주석이 공산당 위원회의 부서기로서 위원회 서기의 지시를 받는 자리에 있다는 점에서 쉽게 알 수 있다. 행정기관의 책임자가 당 위원회의 부서기가 되는 것은 자치구뿐만 아니라

신장 당서기 장춘셴(한족)　　신장 자치구 주석 누얼베어커

하급 행정기관에서도 마찬가지로 적용된다.

2011년 새로 구성된 자치구 당상무위원회에는 한족 서기 밑에 3명의 부서기가 있는데 그들을 서열대로 나열하면 자치구 정부주석(위구르족), 병단당위 서기(한족), 당 조직부장(한족)이다. 그리고 15명의 당상무위원회의 전체 구성을 보면 한족 10명, 위구르족 4명, 카작족 1명으로 압도적으로 한족이 많다. 자치구 정부 내에서도 위구르족과 한족이 같은 비율로 주석단에 배치되어 있음으로써 위구르족 중심의 행정 집행을 할 수 있는 여건이 아니다. 게다가 신장자치구 정부부처 내에서 재정, 경제, 공안 등의 주요 전략적 부서는 대부분 한족이 수장이다.

결국 법률에 의해 보장된 자치제도의 적용을 받는 정부는 공산당의 지시를 받는 하부기관에 불과하며, 위구르족 자치구의 실질적인 권력은 위구르족이 아니라 한족에 의해 행사되고 있다는 것을 알 수 있다.

신장건설병단(新疆建設兵团) : 자치구 속의 자치구?

신장위구르자치구에는 일반 행정조직 외에도 특수한 조직이 있다. 그것은 '신장건설병단(약칭 병단)'이다. 1954년 창설된 병단은 현재 중국에서 유일하게 남아 있는 독특한 형태의 준 군사기구로서 변경지역 수비라는 군사적인 임무와 생산기능을 일체화한 조직으로서 지역 행정조직의 간섭을 받지 않는 자치권을 가지고 있다. 예를 들어 병단 소속의 도시는 형식상으로는 자치구 산하의 도시지만 병단의 정치위원이 도시의 당위원회 서기를, 그리고 병단의 지도자가 도시의 시장을 겸임한다. 병단은 신장의 거의 모든 지역에 설치되어 있어서 신장의 정치, 경제, 군사에 많은 영향력을 행사하고 있다.

병단의 역사를 간단히 살펴보면 병단은 원래 신장에 주둔했던 17만 명가량의 인민해방군을(8만 명의 국민당 군 포함) 현지에서 전역시킨 후 신장지역에 정착시켜 국영 농장을 설립한 것에 기인한다(길게는 한, 당 시절의 둔전제의 유산이다). 병단은 이후 경지 확대, 경제발전과 한족 정착기지로 기능하였다. 병단을 통해서 한족 이주자가 대거 들어오기 시작했고, 한족 거주지가 국경지대까지 확대되었다. 말하자면 한족 이주의 첨병 역할을 한 것이다. 문화혁명 기간인 1976년부터 1982년까지에는 병단이 해체되었다가 등소평에 의해 다시 부활되었다.

신장의 병단 분포

병단은 14개 사단(师) 및 그 산하의 185개의 농목단장(农牧团场)으로 구성되어 있다. 병단은 군사와 당 조직을 제외하고는 자치구 정부가 아니라 중앙정부의 관리를 받고 있다. 그 자체적으로 행정기구나 사법기관을 두고 있으며 학교, 은행, 상업기구, 방송국, 심지어 감옥까지 운영하고 있다. 본부는 우루무치에 있다. 경제적으로 병단은 그 자체가 한 법인기업으로서 대우를 받아 각종 경제 사업을 진행할 수 있다.

그래서 현재 병단의 별칭은 중국신건설그룹(中国新建集团公司)이며, 병단 최고지도자의 공식 직함은 그룹 이사장(中国新建集团公司董事长)이다. (과거에는 병단 사령관이 최고지도자였는데, 이렇게 바뀌었다. 군사분야보다는 경제분야를 강조하는 조치인 것 같다)

얼핏 보면 대기업 총수 같지만 그는 수백만 명을 거느리는 지도자요, 병단

당위원회 서기이자 신장자치구 당 상무위원회 제2 부서기이다. 병단은 준군사기구로서 유사시 10개의 사단으로 즉시 편성되어 정규군과 작전을 수행할 수 있다. 그 군사 기능은 주로 신장 내부에서 발생하는 소요사태에 대비하는 것으로 알려져 있다. (병단 2인자의 직함은 병단 사령관이다)

구성원의 약 90%가 한족인 병단 인구는 2010년 현재 257만 명 정도로서 전체 신장 인구의 12% 정도를 차지하며, 남·북 신장 전체에 걸쳐서 신장 전체 면적의 42%에 분포되어 있다. 병단은 막강한 경제력을 지니고 있다. 427개의 독립적인 공업·교통·건설·상업, 기업 및 여러 개의 사회사업체가 있다. 병단 소속의 14개 기업이 상장했다. (신장 전체 상장기업의 36%를 차지한다.) 2010년 병단의 GDP는 770억 위안으로 신장 전체의 14%을 차지한다(신장 전체는 5,437억 위안). 병단의 일인당 GDP는 2만 9,948위안으로서 주로 농촌지역에 거주함에도 불구하고 신장 전체 2만 5,057위안보다 20% 가량 높다. 2009~2010년도 경제성장률은 13.9%로서, 신장 전체 10% 수준보다 훨씬 높다. 특히 농업분야에서 병단의 비중이 크다. 병단은 신장에서 20%의 농지를 차지하고, 신장 면화 생산의 절반 이상을 담당하며, 병단 농장에서 생산하는 토마토는 세계 토마토 케첩 원료의 4분의 1을 제공한다.

병단에서 운영하고 있는 병단 제2중학교는 신장에서 가장 저명한 고등학교의 하나이며, 병단 소속 스허즈대학은 전국 중점대학 중의 하나로서 신장에서 가장 취업률이 높은 대학이다.

위구르 분리 저항운동

신장은 국제적으로 위구르족의 분리 독립운동과 이에 대한 중국 정부의 탄압으로 유명하다. 1990년대에 들어서는 1990년 바렌 사태, 1997년 이닝사태와 같은 대규모 유혈 충돌사태 등 크고 작은 시위 사태나 테러 등이 빈번하게 발생하였다. (자오용천(趙永琛) 공안부 반테러국 부국장은 2005년 한 회의석상에서 "지난 10여 년 동안 신장위구르 분리독립운동단체들에 의한 테러가 260여 차례 일어나 사망 160여 명, 부상 440여 명 등 인명손실이 발생했다"면서 "ETIM를 비롯한 신장위구르 분리독립 세력은 중국을 위협하는 주요 테러집단"이라고 비판했다.)

그 주요 원인 중 외부요인으로는 1980년대 대외개방을 통해 들어온 이슬람의 영향, 1980년대 말 소련 붕괴의 영향, 1990년대 초 중앙아시아 국가 독립을 통한 민족주의 영향, 최근 급진 이슬람 세력의 지원 등에 힘입은 국제적인 위구르 저항운동 조직의 활동을 들 수 있다.

내부적 요인으로는 개혁개방 이후 이슬람 종교 조직이 성장하였고, 1980년대 종교 및 소수민족 정책에 관용적이었던 분위기에서 1990년대 접어들면서 억압적인 분위기로 반전되어 산아제한, 민족저술 억제나 종교탄압 등이 이루어진 점이다. 여기에 개혁개방의 심화에 따른 경제격차 확대, 한족 이주에 대한 반발 등이 작용했다.

중국 정부는 압도적인 무력으로 시위를 진압하고 통제함과 동시에 중앙아시아 국가들에 압력을 넣어서 위구르 저항운동 조직에 대한 국제적인 공조 탄압을 하고 있다. 특히 9.11사태 이후 중국 정부는 위구르 분리운동을 국제 테러리즘과 연계시킴으로써 탄압의 국제적 명분을 얻게 되었다. 그 전까지는 암암리에 탄압을 했지만 이제는 저항세력을 '테러리스트'라고 부른다든지, '동투르키스탄 분리주의자' 등과 같이 터부시했던 용어까지 사용하면서 보다 공개적으로 탄압을 하고 있다.

2009년에는 '우루무치 7.5사태'라는 사회주의 신장 역사 이래 최대의 폭동 사태가 발생함으로써 위구르족 저항운동을 효과적으로 통제하고 있다

소공탑

는 중국 정부의 자신감에 찬물을 끼얹었다. 이를 통해 신장에 대한 정부의 정책 변화와 함께 위구르족의 저항운동은 새로운 국면에 돌입했다.(2부 우루무치7.5사태를 참조할 것.)

위구르족의 불만을 촉발시킨 국가 정책들

신장 지역에 시행된 정책들은 다음과 같이 위구르족의 반감을 샀다.

한족 이주: 과거에는 병단을 통해 한족들이 대규모로 소수민족 지역에 들어가서 주요 농지와 초지를 차지하였다. 최근에는 서부 대개발 정책의 일환으로 한족들이 대거 들어오고 있다. 도로나 철도 같은 기반시설의 건설은 한족들의 진출을 위한 포석이라고 본다.

산아 제한 : 무슬림 민족들에게 산아제한 자체가 민족말살 정책이고, 또한 신에 대한 도전이라고 생각한다.

언어: 이중 언어 정책을 노골적인 한족화로 받아들인다. 민족주의적 색채의 역사, 문학서들을 저술하거나 발행하는 것을 금지하고 있다.

고창고성

문화: 중국 정부는 위구르족의 문화를 진흥시켰다고 선전하지만 대표적인 위구르족 문화유산들이 방치되고 있다. 예를 들어 위구르족 전통 왕조의 수도이자 실크로드 최대의 성곽도시였던 고창고성은 방치하면서, 그 옆자리에 위치하고 있는 청에 협조했던 위구르 지도자들과 연관된 유적인 소공탑은 잘 관리하고 있다. 게다가 위구르인들의 역사가 담긴 천년고도 카쉬가르 고성이 재개발을 이유로 철거되고 있는 형편이다.

관료 충원: 상급 관료로 갈수록 한족이 우세하다. 전 자치구 당서기인 왕러촨은 신장의 관료 수준이 떨어진다고 내지에서 인재들이 올 것을 호소하였다. 2000년에는 심지어 내지의 퇴직 군인들 100명을 당 간부로 앉혔다.

종교: 이슬람을 관변 종교로 전락시키고, 코란학교 폐쇄, 이슬람 사회조직인 메쉬라프(사적 종교교육) 금지, 공무원과 교사, 학생들에 대한 종교 활동 참여 금지, 하지 통제 등의 조치를 취함으로써 종교적인 위구르인들의 반발을 많이 일으켰다.

핵문제: 신장의 롭노르 사막에서 1996년까지 수백 회의 핵실험이 있었다

고 전해진다. 주변 지역에 직접적인 피해가 있었고, 핵물질은 지하수를 오염시키고 먼지를 통해 신장 전역에 퍼졌다.

자원문제: 위구르인들은 석유나 천연가스 등 신장의 자원을 보상 없이 가지고 간다고 생각하고 있다.

불공평의 문제: 정부 관료들이 위구르족에 대해서 한족보다 불공평하게 일을 처리한다고 생각한다. 예를 들어 위구르족에게는 여권 발급이 쉽지 않아 해외여행이 어렵다. 2008년 베이징올림픽 때는 이미 발급된 위구르족의 여권을 몰수하기도 했다.

시장경제의 확산과 소수민족의 소외

심화되고 있는 시장경제 체제는 정부 정책과는 별도로 위구르족 등 소수민족에게 불리한 환경을 만들어내고 있다. 시장경제는 기본적으로 가진 자를 더 가지게 하며 경제적 약자에게 불리한 제도이다. 게다가 시장경제의 운용 과정에서 한족에게 편향적인 제도를 실행하고 있다. 예를 들어 은행에 대출 제도가 있지만 소수민족은 대출을 받기가 어려운 관행이 있고, 이로 인해 자본이 없는 소수민족의 사업 진출은 매우 어렵다. 게다가 민족기업에 대한 정치적인 감시가 계속되어, 기업 활동에 한계가 있다.

또한 실력에 의해 고용을 한다고 하지만 한족 기업은 한족들을 선호한다. 내지 출신의 대학 졸업생 젊은이들이 몰려오면서 위구르족이나 카작족 대학 졸업자들은 더욱 일자리를 잃었다. 이곳에서 일자리를 차지하는 내지 출신의 한족 학생은 어려운 곳에 와서 희생적 행동을 했다고 칭찬받지만, 그들로 인해 직장을 얻을 희망이 없어진 소수민족 학생들의 마음은 어떠할 것인가? 중국이 아직 사회주의 체제라는 것도 그리 도움이 되지 못하는 것 같다. 정부는 고용 시장이나 은행 대출 등에서는 친자본주의적 정책을 내세우다가도 자원이나 토지에 대해서는 사회주의적 잣대를 들이댄다. 이 잣대를 소수민족이 전통적으로 지니고 있던 토지를 수용하는 데 사용해 왔다.

이러한 과정들을 통해 사회의 모든 영역에서 한족은 주인이 되고, 소수민족은 종업원으로 전락하고 있다. 단순히 정부 기구나 한족 기업에서 뿐만 아니라 위구르족 민속공예품이나 전통상품을 파는 바자르(시장)에서도, 면화나 밀 재배를 하는 농장에서도, 민족적 색채를 띤 호텔이나 식당에서도, 초원이나 오아시스의 관광지에서도 주인은 한족이고 종업원은 소수민족이 되고 있는 것이 현실이다.

사회 통합의 길 : 어떻게 더불어 살아야 하는가?

한족은 낙후된 신장에 많은 투자를 하고 있고, 그들이 이주하면서 신장의 기반시설 등 생활여건이나 경제사정이 좋아졌다고 생각한다. 한족들은 희생하며 기여하고 있는데, 소수민족이 왜 불만을 지니고 있는지에 대한 의구심을 갖고 있다. 오히려 소수민족이 고마워해야 한다고 생각하고 있다. 그러나 소수민족은 오히려 한족의 진출로 인해 자신들의 삶이 파괴되고 있다고 본다. 물가의 폭등, 소수민족의 주변화와 일자리의 부족을 호소한다. 그렇다고 무조건 위구르족을 포함한 신장의 소수민족들의 주장에 편을 들 수는 없다. 소수민족은 신장 지역의 경제가 오랫동안 중앙정부의 재정 보조에 의해 지탱되고 있다는 점을 기억해야 한다. 특히 교육이나 의료의 면에서 중앙정부의 지원으로 기회가 많아지고 질이 좋아졌다는 사실을 인정할 필요가 있다.

신장은 점점 한족과 위구르족 등 소수민족이 공존하는 곳으로 변모하고 있다. 갈등과 반목을 넘어서 서로 더불어 사는 법을 배워야 한다. 이를 위해 중요한 것은 서로를 이해하려는 노력을 하는 것이지만 이것이 부족하다. 서로에 대한 정보가 제한되어 있고, 공개적이고 자유로운 토론의 장이 부족하다. 실제로 한족들은 정부에서 발표하는 내용만 듣고 있고, 위구르족은 때로 출처가 불분명한 소문에 휩쓸린다. 학자들마저도 민족문제를 언급하는 것은 금기로 삼고 있다. 사실 자유로운 토론과 상호이해는 공산당의 의견이 곧 공론이라는 중국의 정치문화가 바뀌지 않으면 어려운 일이다. 이는 장기적으로 중국 사회의 민주화과정과 함께 기대할 수 있는 부분이다.

하지만 위구르족이나 소수민족도 모든 것을 한족 탓으로만 돌려서는 안되며, 주류사회의 일원이 되기 위해 노력해야 한다. 한어도 지배자의 언어라기보다는 공용어로 이해할 필요가 있다. 미래의 변화를 기대하면서 실력을 쌓아야 한다. 이를 위해 인재를 양성하고 내적으로 사상적 기반을 이루어야 하며, 위구르족 사회문제에 대한 자구적인 해결 노력이 필요하다.

위구르족을 비롯한 신장의 소수민족은 기본적으로 두 가지 언어 이상, 심지어 4~5가지 언어를 구사하는 사람들이 많다. 국제화 시대에 이러한 언어적 능력을 활용할 기회가 높아지고 있고, 중앙아시아를 비롯한 투르크 문화권이나 이슬람권과 연계된 교류나 비즈니스에 한족보다는 쉽게 참여할 수 있다. 중국 정부도 정치적 색깔의 안경을 벗고 부작용이 있더라도 이들의 해외진출과 국제교류를 격려할 필요가 있을 것이다.

〈참고문헌〉

신장통계연감, 병단통계연감, 2011

Rahman Anwar, *Sinicization beyond the Great Wall, China's Xinjiang Uighur Autonomous Region*, Leicester:Cromwell Press. 2005

Starr, Frederick D. ed. *Xinjiang China's Muslim Borderland*, Armonk:M.E.Sharp.2004.

05

신장의 사회문제

전진·하람

신장 지역에는 중국의 다른 지역과 마찬가지로 많은 사회 문제가 존재한다. 빈부격차, 부패문제, 취업, 환경문제 등은 다른 지역과 다를 바가 없다. 여기서는 이러한 공통적인 문제보다는 신장에 독특하고 두드러진 사회문제를 소개하였다. 그것은 위구르족의 이혼과 마약, 에이즈 문제이다.

위구르족 이혼문제

위구르족의 높은 이혼율

중국의 전국 인구센서스에서 파악된 위구르족의 이혼율(조이혼율 crude divorce rate : 1년간 발생한 총 이혼건수를 당해연도의 주민등록에 의한 연앙인구로 나눈 수치를 1,000분비로 나타낸 것)은 1980년 6.54, 1990년 6.28이었고, 2000년에는 5.63로 줄어들었지만 중국 전체 이혼율이 1990년 0.86, 2000년 0.96인 것에 비하면 매우 높은 수치이다. 2000년 통계로 볼 때 전국 평균의 약 6배에 달해서 위구르족의 이혼율은 전국 최고수준이다. 아래의 그림을 보면 한족보다 신장의 이혼율이 훨씬 높다. 한족이 신장 인구의 절반가량을 차지하고 있지만 이렇게 이혼율이 높은 이유는 위구르족의 이혼율이 높기 때문이다.

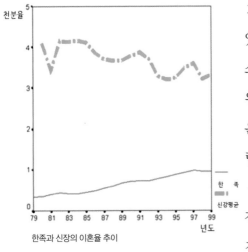

한족과 신장의 이혼율 추이

2000년 소수민족 이혼율이 1.39였다는 점을 생각하면 위구르족은 소수민족 평균보다도 4배나 높다. 위구르족은 카작족보다 5배나 높은 이혼율을 보이는 등 다른 무슬림 민족보다도 이혼을 많이 한다.

신장 위구르족의 이혼율은 동신장이나 북신장보다, 위구르족이 집중적으로 거주하고 있고 이슬람의 영향력도 강한 남신장 지역에 높게 나타나고 있다. 위구르족은 주로 3개의 지역 즉, 카쉬가르, 호탠, 악수지구를 포함한 남신장에 74.38%가 몰려 살고 있다. 그중 위구르 이혼 인구의 58.54%가 이 3개 지역에 살고 있으며 농촌지역에 집중되어 있다. 위구르인의 이혼율을 조사한다고 할 때 남신장 농촌지역의 표본은 실제적인 위구르의 이혼율을 대표한다고 볼 수 있다. 위구르족의 이혼 연령대는 15~29세가 주류를 이루고 있다.

남신장 지역 이혼율 - 세계 1위 수준

대표적인 위구르 도시인 호탠지구의 1995년의 이혼 수는 결혼 수의 57.8%, 1999년의 이혼 수는 결혼 수의 48.5%, 1995년과 1999년 이혼율은

6.83와 6.29이었다(표1). 이는 중국을 넘어서 세계 최고수준이다. 카쉬가르 예켄현(莎车县) 아러러향(阿热勒乡)과 호탠 모위현(墨玉县) 자와향(扎瓦乡)의 조사에 의하면 성년 위구르인 이혼 경력자는 약 75%였고, 일생 동안 결혼을 3.5번 하는 것으로 나타났다.

〈표1〉신장 호탠지구 결혼과 이혼 상황

연도	총인구	결혼 (쌍)	결혼률 (쌍)	재혼 (인)	복혼 (쌍)	사후 등록	위반 사례				이혼 (쌍)	전체 합산 이혼율 (천명당)
							중혼	조혼	근친 결혼	종교 간섭 결혼		
1995	1,504,800	18,299	12.2	16,698	982	231	6	2	6	0	10,582	6.83
1996	1,528,200	19,387	12.3	16,787	1,099	4		10	3	0	11,349	7.43
1997	1,553,708	21,805	14.0	19,839	724	2,929		8	12	2,912	9,871	6.35
1998	1,580,898	20,500	13.0	19,314	473	26		5	6	23	10,794	6.82
1999	1,584,873	20,507	12.9	19,232	823	326		5	3	21	9,954	6.29

악수지구(阿克苏地区)에서 조사된 82명의 80세 이상 위구르 장수 노인 중 1번 결혼한 사람이 17.1%이고, 남성 평균 결혼 수가 5.7번, 여성은 2번으로 나타났다. 1993년 남신장 지역 72명의 100세 이상 위구르 노인에 대한 조사 결과 남성 평균 결혼 수는 5번, 여성은 2.6번이었다.

1999년 호탠시 라쓰쿠이진(拉斯奎镇) 바스라쓰쿠이촌(巴什拉斯奎村)의 18세 이상 인구 중 이미 결혼한 남녀는 1,325명으로 18세 이상 인구중 91.1%이다(표2). 그중 이혼 경력이 있는 40여명의 남녀 중 남성은 평균 3.8번의 결혼, 여성은 2번의 결혼, 최대는 12번의 결혼(그중 전처와의 결혼 3회)을 한 것으로 나타났다. 신장과 호탠지구의 이혼율은 장기간 큰변화가 없으며, 국내 변화의 추이와 반대이다. 1980년부터 20년간 전국 각 지역의 이혼율은 계속 상

〈표2〉호탠시 라쓰쿠이진 바스라쓰쿠이촌 이혼 상황

총 인구	18세 이상	미혼		기혼 (이혼 경험 없음)		이혼 1번		이혼 2번		이혼 3번		배우자 사별	
		수	%	수	%	수	%	수	%	수	%	수	%
1,961	1,439	114	7.9	80	5.6	1081	75.1	88	6.1	37	2.6	39	2.7

산아 제한을 위해 부부의 책임을 강조하는 위구르어,한어 선전물

승하나, 위구르족의 이혼율은 더 증가하지는 않고 완만하지만 감소 추세이다(표1). 기타 지역의 이혼율 변동의 원인은 정치·경제·법률 등 사회변화 원인이 많지만 위구르인들에게 이러한 영향에 따른 큰 변화는 없다.

종교문화, 혼인제도는 높은 이혼율의 주요 원인

1) 이슬람 종교 풍습

위구르인은 호탠지구를 포함한 남신장 농촌지역에서 절대 다수를 차지하고 그들의 신앙은 이슬람교이다. 자연히 그 민족의 종교문화와 혼인제도는 상관관계가 있다. 비록, 혼인법이 있고 개혁개방 이후 여러 가지 삶에 여러 가지 변화의 기회들이 있었지만 위구르족의 혼인제도와 사회관습은 이슬람 신앙을 중심으로 정형화되어 변하지 않고 있다.

위구르 민족의 종교인 이슬람교는 남자가 최대 4명의 아내를 얻는 것을 허용한다. 코란 4:3은 "당신은 당신을 기쁘게 하는 여인을 원하는 대로 선택할 수 있다. 각각 2명, 3명, 4명의 처와 만약 평등하게 대할 자신이 없다면 당신은 1명의 처만 있으면 될 것이다.” 그리고 이혼은 단지 남편이 입으로 ‘탈락’(Talak, 塔拉克 나는 너와 이혼한다는 의미)이라고 3번 선포하면 된다. 비록 일부다처제를 법령이 금지하고 있지만, 이전부터 이미 이슬람 교리와 풍습이 위구르인의 의지뿐만 아니라 그들의 혼인행위를 구속하고 있는 것이다.

1990년 한족은 19세, 위구르족은 17세가 되어야 혼인할 수 있도록 법을 개정한 이후에도 법정 연령 이전에 결혼한 비율은 여성이 25%를 차지하고 있고 남성도 8%를 차지하고 있다.

2)조혼제와 정혼제

이슬람교는 남성은 만12세, 여성은 만9세를 성년으로 보고 있다. 성인은 여러 가지 종교적인 책무를 짐과 동시에 결혼의 권리도 갖게 된다. 이슬람교는 대체적으로 빨리 결혼함으로써 순결을 잃어버리게 되는 것을 면한다는 생각을 가지고 있다. 이는 위구르족도 마찬가지이다.

또한 여성이 초경 전에 아직 정혼하지 않으면 가정과 주변 사람들의 관심을 받게 되는 부담 또한 있다. 1990년 인구조사 당시 위구르 부녀자들의 평균 결혼 연령은 도시를 포함해서 19세였다. 이는 전국에서 가장 이른 결혼 평균 나이였다. 1984년 호탠지구의 모위현에 사는 110명의 14세 미만 소녀 중 미혼자 수가 전체의 34.5% 뿐이었다. 카쉬가르지구 예켄현 아러러향의 경우에도 남성의 최저 연령 결혼 나이가 14세였고 여성은 12세였다. 20세 이후 결혼한 비율은 약 50% 정도였다. 일찍 결혼시키는 이유 중에 하나는 경제적인 부담도 있다고 보고되고 있다. 이렇듯 여러 사정으로 위구르 여성들은 부모로부터 조혼, 정혼을 강요받는다.

"저와 그는 초등학교 선생님의 소개로 만났는데 당시 선생님은 그 남자의 삼촌이었어요. 결혼 등록은 양가 부모님께서 대신해 주셨고요. 저는 그때 겨우 13살이었고, 그 남자는 16살이었어요. 결혼 후 저는 남자와 성관계 갖는 것을 원치 않았어요. 4개월 후에 우리는 헤어졌어요. 1년 후에 이웃으로부터 20살의 남자를 소개받았어요. 하지만 저는 아직 나이가 어렸어요. 또 여전히 성생활은 익숙해지지 않았어요. 13일째 되던 날 집으로 도망 나왔어요." (27세 농민, 초등학교 학력의 여성)

"저와 그는 학급 친구였어요. 평소에는 같이 놀고 지냈던 사이였고요. 어느 날 부모님이 결혼 수속을 하셨더라고요. 당시 저는 12세였고 남자는 14세였어요. 저희들은 부모님이 결혼 수속을 했다는 것조차 몰랐어요. 시어머니는 제가 결혼한 후에 당연히 학교를 그만두라고 했어요. 하지만 저는 원치 않았어요. 그래서 너무나 장난처럼 집으로 도망쳐 왔고, 1년 후 집안사람들은 우리들을 위해서 이혼을 성사해 주었어요. 실제로 매일 잠은 시어머니와 잤고, 남편과 동거해 본 적이 없어요." (38세 농민, 초등학교 학력의 여성)

J는 위구르족 여성으로 우루무치에서 대학을 졸업하고, 시골의 고향으로 내려간 지 1년이 조금 지나서 결혼했다. 학교에 다닐 때, J를 따라다니던 남자들이 있었으며, 결혼하기 전에도 J와 결혼하겠다고 따라다닌 남자가 있었다. 특히 고향 근처의 도시에 살았던 한 남자는 심할 정도로 J에게 집착을 했고, 그것을 알게 된 J의 어머니는 그 남자와 결혼시키기로 마음을 먹었다. 남자 쪽 부모와 상견례를 하고, 결혼 날짜를 잡고, 예단을 준비하던 중에 이 남자의 무례함을 참지 못한 J의 큰오빠는 파혼을 시켰다. 위구르 문화에서 결혼하기로 하고서 파혼을 하게 되면, 여자는 쉽게 좋은 혼처 자리를 구할 수 없다. J와 결혼하기로 했던 남자는 파혼을 했음에도 계속 J를 따라다니며 괴롭혔다. J의 어머니는 빨리 결혼을 시켜야 더 이상 그 남자가 괴롭힐 수 없다는 것을 알았다. J의 둘째 언니는 친정에서 그리 멀지 않은 곳에서 시집살이를 하고 있었다. 그 언니에게 시동생이 있는데, 어릴 적 눈을 다쳐 한쪽 눈을 실명한 뒤, 학교 공부를 전혀 하지 않은 농부다. 하루는 J가 시내에

나갔다가 걸어서 집으로 돌아오는데, 언니의 시동생이 자전거를 타고 집으로 가다가 J를 발견하고서는 자전거에 태워 집까지 데려다 주었다. 그런데 이 광경을 J의 언니의 시어머니가 목격했다. 결혼에 대해서 J가 가지고 있는 약점을 알고 있던 언니의 시어머니는 두 사람을 결혼시켜야겠다고 생각하고서는 J의 어머니에게 중매쟁이를 보냈다. J의 어머니는 그 결혼 요청을 거절할 수 없는 입장이었다. 자신의 딸이 그 집에서 시집을 살고 있는데, 거절을 하게 되면 그 딸이 어려움을 겪을 것이 뻔했기 때문이었다. J의 어머니는 아무런 답변을 하지 못했다. 위구르 사람들에게 있어서 답변을 하지 않는다는 것은 암묵적으로 그 결혼에 동의한다는 의미다. J는 어머니의 이 결정에 어떠한 의사도 표현할 수 없었다. 언니를 위해서도 그 결혼을 거절할 수 없었다. 언니의 시어머니는 중매쟁이를 통하여 결혼지참금을 보냈다. 누군가 J를 좋아하고, J와 그 어머니도 마음에 드는 사람이 결혼하겠다고 나서지 않는 이상은 이제 어쩔 수 없이 J는 결혼해야 한다. J의 오빠들과 언니들은 이 결혼을 반대했다. 우루무치의 대학에서 공부를 했는데, 시골에서 전혀 학교도 다니지 않은 농부와 결혼을 한다는 것이 말이 되지 않았기 때문이다. 하지만 관습에 따라 결국 J는 결혼을 했고, 아이를 낳고 유치원 교사를 하며 살아가고 있지만 결혼 생활은 당연히 순탄할 리가 없다. (25세 유치원교사, 대졸 학력의 여성)

이렇듯 위구르 사회에는 최근 2000년대까지 조혼, 정혼의 풍습이 지속적으로 남아 있으며, 결혼이 부모와 이웃들에 의해 결정되는 것이 대부분이다. 이혼 또한 이슬람 풍습에 따라 이혼의 절차가 복잡하지 않고, 말 한마디로 결정될 수 있을 만큼 간단하다. 최근 결혼 연령이 다소 높아졌지만 대다수 위구르인들이 살고 있는 농촌지역에서는 여전히 조혼과 정혼이 행해지고 있다.

이혼 가정과 자녀 문제

양육 자녀가 있는 경우 이혼율이 감소하는 것으로 나타났다. 2000~2005년 사이 269쌍의 이혼자 중 18~25세 사이의 이혼자가 89.9%였다. 이혼

부부 중 1명의 자녀를 가진 부부가 27쌍이었고 비율은 약 10%였다. 2명의 자녀를 가진 부부가 2쌍이었고 약 0.7%였다. 대부분 이혼 가정은 자녀가 없는 가정으로, 양육 자녀의 유무가 이혼 결정에 영향을 미치고 있다.

문제는 자녀를 둔 이혼 가정에서 사회적 약자인 여성의 자녀부양 비율이 높다는 것이다. 그리고 남성의 경우 자녀 양육비 부담 비율이 현저하게 떨어진다. 아래의 법원 판례에서도 여성의 자녀부양 비율이 높다(표3 참조). 이는 자녀들이 부모로부터 쉽게 방치될 수 있다는 점을 시사하고, 실제로 통계에는 드러나지 않지만 재혼, 삼혼, 혹은 복혼을 거치면서 부모 있는 고아들이 나타날 수 있다는 것을 의미한다. 실제로 부모 있는 고아들을 주변에서 발견하는 것은 어렵지 않다.

한 가지 특이사항은 위구르인들이 초혼 시 피임이 권장되지 않음에도, 자녀가 적은 까닭은 양육비의 이유로 낙태를 쉽게 결정하고 짧은 시간에 이혼을 경험하기 때문이다. 신장 위구르족의 평균 결혼생활 기간은 약 5년으로 나타나고 있다.

위구르인들의 결혼은 기본적으로 이슬람 풍습에 속한 결혼 방식으로 여성

〈표3〉 이혼가정의 자녀양육 관련 법원 판례

자녀부양 현황	재판 수	남자 쪽 양육비 부담 (건)		여자 쪽 양육비 부담 (건)		양육비 부담 평균 (위안)	
		无	有	无	有	男	女
미성년자녀 없음	64						
남자가 양육 1명	10			9	1		10
여자가 양육 1명	13	5	8			30	
여자가 양육 2명	2	1	1			75	
남녀 각 1명	7		1			50	
남 1명, 여 2명	2					70	
남 2명, 여 2명	2			2			
합계	100	6	11	11	1	39	10

농촌지역의 위구르족 부녀자들

과 아이들에게는 평등하지 않다. 여성들은 결혼 후에도 3개월 간 처녀인 것을 확인하는 절차를 겪고, 이혼 후에도 자녀가 있는 이혼녀인 경우 상대 남편이 자녀를 원치 않는 사례도 쉽게 발견된다.

 그리고 이혼 후 당사자뿐만 아니라, 이혼가정의 자녀에 대한 배려는 거의 발견되지 않는다. 또한 이혼 후 재혼하는 중간기가 짧기 때문에 복혼자 가정의 자녀는 가정적으로나 사회적으로도 여러 가지 스트레스를 겪는다.

조혼, 정혼 그리고 잦은 이혼으로 인한 삶의 악순환

 이슬람 관습의 영향으로 인한 조혼과 정혼 풍습은 위구르 농촌사회에 악순환을 가져오는 것처럼 보인다. 10대 때의 결혼은 조기에 교육을 포기하게 만들고, 가족을 부양하기 위해 일해야한다는 것을 의미한다. 이러한 현상은 저소득층으로 전락하게 하는 필연적 요소이다. 여기에 2~4차례로 이어지는 이혼과 재혼은 악순환의 고리를 만들고 복합적인 가정문제를 발생시킨다.

 이러한 위구르 가정의 조혼, 정혼, 이혼 현상은 위구르인들의 가장 근본적인 사회문제라 생각된다. 문제는 이 지역이 정치적으로 민감한 지역이기 때문에 이러한 사회문제에 대한 연구가 미흡하고, NGO나 구호단체의 접근이 차단되어 있어 이런 현상이 그대로 방치되고 있다는 점이다.

 중국 정부에서는 외적인 부분의 개선을 중시하여 많은 인력과 재정을 투입하고 있긴 한데, 이와 병행하여 더 많은 인력과 재정을 위구르의 이슬람 전통문화의 폐단을 개선하고, 여성과 어린이 문제를 해결하는 데 집중해야 할 필요가 있다.

마약과 에이즈 문제

신장의 마약 상황

중국 정부가 중국 내 마약 유입의 근거지로 골머리를 앓고 있는 지역은 중국 남부 윈난(云南) 지방과 국경을 맞대고 있는 이른바 '골든트라이앵글'로 불리는 '황금 삼각주'와 아프가니스탄, 파키스탄, 이란을 따라 초생달 모양으로 형성된 '황금 초생달(Golden Crescent)' 지역이다. 과거 중국 경내로 유입되는 헤로인 중 90%가 황금 삼각주를 통해 들어왔었는데, 정부의 강력한 단속 활동으로 2004년부터 상황이 역전되었다.

최근에는 오히려 황금 초생달 지역과 국경을 접한 신장으로 유입되는 마약이 점차 증가하고 있다. 이는 이 지역 마약의 순도가 높고 가격이 보다 저렴하기 때문이라고 한다. 신장 지역은 중국 내지와 홍콩 및 넓게는 아시아와 태평양 지역으로 유통되는 마약의 중요한 밀수통로이다.

정부 통계에 의하면 신장 지역 상습 마약 투여자가 2004년 기준 2.5만 명 정도라고 한다. 하지만, 마약 중독자들의 증언들을 토대로 추산해 보면 실제로는 18만 명이 넘을 것이라고 한다. 이들 중독자의 75%가 35세 이하 청년들이며, 대부분 국경 도시 이닝(伊宁)과 수도 우루무치에 집중되어 있다. 더 큰 문제는 이들의 70%가 일회용 주사기를 이용한 정맥주사 방식으로 마약을 투여하는데, 이 주사기의 61%가 다른 사람에게 재사용되면서 마약투여로 인해 AIDS 역시 빠르게 확산되고 있다.

중국 정부는 2007년 영국의 수차례 선처 요청에도 불구하고, 영국 국적 마

유흥가의 선전물

약사범을 외교적 부담을 감수하면서까지 사형시킬 만큼 단호하게 대처를 해오고 있지만, 중국으로의 마약 유입량과 상습마약 투여자는 줄어들지 않고 있다. 오히려 신장 지역이 황금 초생달 지역과 민족과 언어, 문화적으로 유사하며 지리적으로 가깝기 때문에 신장 지역에서 마약 밀매는 더욱 늘어나고 있는 현실이다.

신장의 AIDS 상황

중국에서 AIDS 역시 빠르게 그 환자가 늘어나고 있다. 신장 지역은 HIV 감염자 수가 전국의 10%로 4위에 해당하는데, 감염 증가율은 전국 평균의 2배나 된다. 이는 통계에 잡히는 경우이고, 실제로는 이보다 더 심각할 것으로 전문가들은 예상한다. 신장의 인구가 약 2천만 명이고 그중 위구르인들은 절반 정도인 일천만 명이지만, 신장 지역의 HIV 감염자 중 85%는 위구르인들이다. 이처럼 위구르족은 인구 비율에 비해 감염자 비율이 상당히 높다는 점에서 더 심각하다.

2004년 신장 지역의 신규 AIDS 감염자의 92%가 일회용 주사기 재사용으로 인한 감염이었다. 앞서 언급한 것처럼 신장은 마약 사용자도 갈수록 늘어나고 있는 추세인데, 문제는 이들이 사용하는 주사기를 다른 사람이 재사용한다는 것이다. 또한 매춘에 종사하는 여성들을 대상으로 한 설문조사에서 AIDS, HIV에 대해 인지하고 있는 사람들은 15%밖에 되지 않았으며, 성관계시 콘돔을 사용하는 비율도 20%에 지나지 않았다. 이는 본인의 의지보다는 성관계를 원하는 남성들이 사용을 거부하는 경우가 대체로 많다고 한다. 이런 여성들 대부분은 상습 마약 투여자들이다.

우루무치 소재 대학생들에게 인터뷰를 해보면(이는 비록 공식적인 통계는 아니지만) 남학생 대부분이 성관계 경험을 가지고 있고, 여학생들도 상당히 많은 수가 성관계 경험이 있다고 대답한다. 학교 주위에는 한두 시간만 이용하는 작은 여관(小宾馆)들이 많다. 학교나 기관에서 성교육을 받아본 학생들은 거의 없으며, 성병이나 AIDS에 대해서도 인식이 매우 부족한 편이다.

홍콩이나 선전(深圳) 등의 대도시에는 위구르 여성을 '이국적인 중국 여인'이라는 이유로 찾는 이들이 있다고 한다. 그래서 위구르 여대생 중 금요일 오후에 그 지역으로 비행기를 타고 가서 접대 행위를 하고, 돈을 벌어 일요일 저녁에 비행기로 돌아오는 이들도 있다고 한다. 그들은 비행기 값을 제외하고도 상당히 많은 돈을 벌 수 있다며 자랑스럽게 말하곤 한다. 우루무치의 한 공원에는 동성연애자들이 주로 모인다고 한다.

중국 정부와 미국, 호주 및 기타 국제 NGO기구들은 중국 내의 빠른 AIDS 전파를 막기 위해 단속과 성교육, 캠페인 등 다양한 노력을 펼치고 있지만 그 효과는 크지 않은 편이다. 이미 전파의 속도가 너무 빠른 데다 주 감염자인 소수민족 위구르족을 위한 효과적인 교육은 턱없이 부족하다. 무엇보다 정부 지원금과 국제적 기금들이 부패한 관리들로 인해 제대로 집행되지 않고 있는 것이 가장 큰 문제라고 연구기관들은 지적한다.

〈참고문헌〉

王海霞,〈农村维吾尔族离婚率变动成因:以库车县牙哈镇为例〉, 湖北经济学院社会科学系 人口与经济 (POPULATION & ECONOMICS), 2009年第1期(总第172期)

王 莉,〈新疆南疆农村维吾尔族留守妇女的离婚现象探析〉, 新疆师范大学 法经学院, 现代经济信息, 2008年第05期.

徐安琪, 叶文振,〈中国离婚率的地区差异分析〉, 人口研究, 2002.

徐安琪, 茆永福,〈新疆维吾尔族聚居区高离婚率的特征及其原因分析〉, 社会学2001年第1期.

艾尼瓦尔. 聂吉木,〈新疆维吾尔族人口离婚问题比较分析〉, 人口于经济, 2009年, 第四期

HIV/AIDS in XinJiang : A Growing Regional Challege, China and Eurasia Forum Quarterly, Volume 4, No3 (2006) p. 35-50

Securitising HIV/AIDS in the Xinjiang Uyghur Autonomous Region, Australian Journal of International Affairs, 65:2, P.203?219

06

신장 소수민족의 문학과 예술

김수진

이 지구상의 어느 나라, 어느 민족이든지 그들의 역사는 눈물과 기쁨으로 얼룩져 있다. 그 민족들의 문학과 예술의 역사 속에는 그들이 흘렸던 눈물과 함께 나누었던 기쁨이 담겨 있다.

신장에는 마치 천산산맥의 정상에 영원히 녹지 않고 남아 있는 만년설처럼, 우리에게 강한 인상을 주며 그들의 삶과 문화가 소중하게 그대로 남아 있기를 원하는 소수민족들이 있다.

신장의 소수민족은 신장의 역사 속에서 풍성하고 아름다운 문화를 꽃피웠던 시간이 있었다. 하지만 지금 주류 한족 학자들은 이곳 신장의 문화, 특히 문학을 자주적인 문학의 단위로 보지 않고 '중화 문학'이라는 범주에 가두었다. 그리고 중국의 큰 틀 속에서 소수민족 문학의 발전이 이루어졌다고 작품들을 비평하면서 소수민족, 특히 위구르 역사와 현실 그리고 정신세계를 철저히 소외시켰다. 또한 민족성이 강하거나 반중국적인 정서의 작품들은 축소시켜서 위구르 지식인과 작가들의 소외감을 한층 더 심화시켰다.

여기에서는 지역적으로 중국의 변방이면서, 문학도 중화사상 위주로 볼 때 변방으로 전락한, 하지만 이곳 신장에서는 다수를 이루는 위구르족과 카작족, 그리고 다른 민족의 문학 작품을 다루고자 한다. 이것들은 자민족에게서 오랜 시간 사랑받았던 작품들이기도 하다. 또한 소수민족들의 아름답고 애절한 춤과 노래를 비롯한 예술을 소개하고자 한다.

위구르 문학과 예술

위구르의 문학

위구르인들은 실크로드 상에서 교역을 매개로 하여 유목과 농경, 동서 문화를 융합한 독특한 문화를 발전시켰다. 특히 일찍부터 자신들의 언어와 문자를 사용해 왔는데, 그들은 이 문자를 사용해 불교, 마니교 등과 관련된 각종 문서와 경전, 법률, 계약 문서 등을 남겼다. 그들이 남긴 필사본들과 문서들은 위구르인들이 매우 높은 수준의 문화를 유지하고 있었다는 것을 보여준다. 위구르 문자는 위구르인들 뿐 아니라 몽골 등 다른 유목 부족들도 사용해 왔다. 이 때문에 중앙아시아의 언어와 기록 문명을 보존한 자들이 바로 위구르인들이라는 평가를 하기도 한다.

유구한 역사와 독특한 문화 예술을 지니고 있는 위구르족은 우수한 문학가와 사학자, 그리고 번역가를 많이 배출했다. 언어학자 따롱아는 회홀문자(고대 위구르 문자)를 이용하여 최초의 몽골 문자를 창제하기도 했다.

끊임없는 투쟁과 정복으로 점철된 위구르인들의 삶은 설화 문화 속에 잘 표현되고 있다. 설화의 대표적인 주제는 이리(늑대) 기원과 영산(灵山)에 관

돌궐어 대사전의 저자 매흐무드 카쉬가리

한 것이다. 돌궐족이나 흉노족에는 이리가 조상이라는 민족 기원설이 있는데, 위구르족에도 흉노 공주와 이리 사이에서 민족이 기원했다는 설화를 가지고 있다. 이리는 민족을 바른 길로 인도하는 역할을 한다고 믿는다. 최초의 위구르 시인으로 아프린초르(Aprin-chor)가 전해져 오고, 매흐무드 카쉬가리가 언급한 추추(Chuchu)라는 시인도 알려져 있다.

시가, 서사시, 극본 등의 작품이 있는데 〈투르판 시가〉와 종교 고사(故事) 등의 창작 번역 작품, 위구르 민족의 신화인 〈우구치전〉 등이 기록 작품으로 보존되어 있다.

천년 동안 전해 내려오는 많은 신화, 전설, 고사, 민가, 민간 서사시, 격언, 수수께끼 등 다채로운 민간 문학 작품이 있다. 위구르 민족이 이슬람교로 개종한 후 중앙아시아 국가와 교류하는 가운데 나온 민족 특색의 작품으로 "아판디 이야기" 등이 있다. "아판디 이야기"는 유대인들의 '탈무드'와 같은 지혜서이자 유머집으로서 오늘에 이르기까지 사람들의 사랑을 받고 있다. 한 편을 소개해 보기로 한다.

누가 대식가일까?

어떤 부자가 아판디에게 모욕을 주고 싶었다. 그래서 어마어마한 양의 멜론을 사서 아판디와 다른 사람들을 초대해서 식사를 하게 되었다. 부자는 손님들이 식사하는 동안 자기가 먹은 멜론 껍질을 아판디의 접시에 놓았다. 멜론을 다 먹었을 때, 부자가 대단한 소식을 전하려는 듯이 큰소리로 말했다.

"여러분, 아판디 씨의 접시를 보시오! 우리 모두가 먹은 멜론보다 아판디가 혼자서 먹은 멜론이 더 많습니다!!" 그러자 손님들은 욕심 부린 아판디를 비웃었다. 그러자 아판디도 웃으면서 대답했다. "저는 대식가가 아닙니다. 저는 껍질은 남겼습니다. 그런데 주인의 접시를 보시오. 껍질까지 다 먹지 않았습니까?"

춤

위구르족은 춤과 노래를 좋아하는 민족이다. 민간음악 또한 다채롭고 풍부하며, 선율이 열정적이고 자유분방하여 들을수록 호감이 가며 짙은 민족적 특색을 지니고 있다. 위구르인의 춤도 경쾌하고 우아하면서 변화무쌍한 동작과 빠른 회전으로 투르크 계열 민족 춤의 특징을 보여준다.

위구르 소년 소녀들은 전통 춤을 삶 속에서 자연스럽게 자라면서 배우기에 위구르 음악이 나오면 어디서든지 어깨를 들썩이며 춤을 출 수 있다. 경험했던 바로는 12살 되던 아이의 생일에 초대되었던 위구르 아이들이 위구르 음악이 나오자 갑자기 모두 일어나 장시간 흥겹게 춤을 추며 생일을 축하해 주었다. 위구르인과 춤은 같이 자라간다고 해도 과언이 아니다.

위구르인들의 전통 춤은 머리와 손목 관절의 움직임이 두드러지는 춤이다. 목과 머리의 정교한 움직임들은 위구르 춤의 특징인 머리를 기울이고, 가슴을 내밀며, 허리는 똑바로 세우는 자세를 통하여 한층 고조된다. 특별히 위구르인들의 감정과 느낌을 표현하는 춤으로는 '사남(Sanam)' 이 있다. 몸을 큰 움직임의 폭이 없이 좁은 간격으로 떠는 것이 위구르 전통 춤의 특징인데, 리드미컬하게 지속적으로 무릎을 떨다가 움직임에 고상함을 더해서 갑자기 또 몸을 흔든다. 위구르 춤은 이러한 것이 반복된다.

위구르 춤

위구르 전통 춤의 빠른 턴은 스피드를 강조한다. 일반적으로 춤을 추다가 독수리가 날아오르듯 갑작스런 멈춤의 동작으로 이어진다. 이런 다양한 춤들 모두는 각각 고유한 턴을 가지고 있는데, 턴들이 연속됨으로 인해 춤은 그 절정에 달하게 된다. 거기에는 다양한 위구르 전통 춤들의 특별한 빠르기가 있다. 그러나 중략하거나 부점을 살리는 리듬은 위구르 전통 춤의 곳곳에서 보이는 두드러진 특징이다.

앞서 언급한 '사남(sanam)' 외에도 도란(Dolan), 사마(Sama), 샤디야나(Xadiyana)와 나지르콤(Nazirkom)이라는 전통 춤은 위구르인들 사이에서 유행하는 춤이다. 춤의 다른 특징을 보면, 동작을 자유롭게 하며 남녀가 추며, 수를 제한하지 않으나 지역에 따라 특징적인 춤이 있다. 예를 들어 따오랑 지역의 춤은 동작의 난이도가 비교적 크며, 반주 속도가 빠르고, 하미, 투르판, 산산, 튀커쉰(톡순) 지역에서 유행하는 춤은 남자가 혼자 추는 춤이다.

음악

또한 위구르인은 음악을 즐겨 다양한 악기와 음악을 전하고 있다. 위구르족의 가장 유명한 음악의 단편들을 모아 편집한 것이 "12무캄(twelve mukams)"으로서 이 위구르 전통 음악은 비교적 잘 보존되어 전해지고 있다.

12무캄이 만들어진 역사는 다음과 같다. 예켄 왕조의 술탄 압두리시트의

무캄을 연주하는 위구르족 음악가들

왕비였던 아미니사한은 위구르 음악에 관심이 많았고 음악을 아주 좋아했다. 그는 위구르인들이 부르는 대부분의 노래들을 모으기 시작해서 이것을 근거로 '위구르 12무캄' 이라는 위구르 특유의 음악 장르를 열었다.

12무캄은 위구르 음악 중에서 가장 높은 권위를 갖고 있고, 처음부터 끝까지 쉬지 않고 연주하면 20시간이 소요된다. 12무캄은 12명의 노래하는 사람으로 구성된다. 12무캄에는 위구르 전체를 대표하는 12무캄과 각 도시마다 그 도시의 12무캄이 존재한다.

온 몸으로 부르는 사막의 노래인 무캄은 고향을 그리는 내용과 인생의 고단함과 괴로움을, 그리고 민족의 슬픔을 간절하게 호소하고 있다. 이곳 척박한 사막과 삶이 황폐해진 위구르인의 삶을 가슴 아파하듯 목 줄기에 핏대를 세우며, 때로는 통곡하듯이 부르는 이 노래는 온몸으로 삶의 고통을 느끼고 몸부림쳐 저항해 본 사람들만이 창작해 낼 수 있고, 또 제대로 소화해 낼 수 있는 곡이다. 몇 년 전 중앙대 음대 교수 중 한 분이 한국 음악의 뿌리를 찾아보던 중 위구르 음악을 들으면서 우리의 굿거리장단과 위구르 음악의 기본 장단이 같다는 것을 발견하였다.

무캄은 여러 문화권의 문화 · 예술의 장점을 받아들이고 발전시켜 중국뿐만 아니라 전 세계 애호가들의 사랑을 받고 있다. 신장자치구 '무캄 예술단'은 지난 10여 년 간 30여 개 국가에서 공연을 벌이기도 했다. 무캄의 명성이 날로 높아가고 있지만, 중국 정부의 간섭과 통제는 그치지 않고 있다. 문화 대혁명 시기 무캄은 구문화의 대표적 산물로 철저한 탄압을 받았다. 개혁개방 이후 중국 정부는 무캄의 전승과 공연을 허용했지만, 위구르의 역사와 이슬람 종교 사상을 담은 내용은 금지하고 있다.

슐레만 아부티는 "위구르인의 용맹한 기상을 노래하는 신화나 전설은 공연 레퍼토리에 담지 못한다."면서 "이슬람 교리나 알라를 찬양하는 노래도 공공장소에서는 못 부른다."고 말했다.

카쉬가르에서 만난 한 무캄 예술인은 "오늘날 무캄 공연에서, 떠나버린 연인에 대한 사랑, 외지에서 부르는 고향에 대한 그리움, 타지 생활에서의 고통과 애환 등을 주로 부르는 것은 이민족에게 점령당한 위구르인의 현실을 은유적으로 표현한 것"이라고 밝혔다.

마치 유네스코 인류 구전 및 무형 유산 걸작으로 지정된 우리의 판소리가 민중의 애환과 지배계급에 대한 풍자를 노래한 것과 같은 이치인 셈이다. 투얼슨은 "무캄은 위구르인의 삶과 문화 그 자체"라며 "위구르인과 함께 그 끈질긴 생명력을 이어 나갈 것"이라고 힘주어 말했다.

위구르인의 무캄은 중국 내에서 '아시아 음악의 진주'로 찬사 받고 있다. 노래, 음악, 춤이 함께 어우러지는데, 무캄 예술인은 어떠한 악보와 문서 없이 오직 암기로 공연을 벌인다.

무캄에서 불려지는 노래는 위구르어를 중심으로 페르시아어, 아랍어, 고대 소그드어까지 섞여 있다. 무캄에 등장하는 악기도 중국과 중앙아시아부터 인도, 이란의 악기까지 사용된다. 공연 형식은 화려하고 다양하며 역동적이어서, 처음 보는 이도 무캄의 매력에 빠져들게 된다.

2005년 11월 무캄은 유네스코에 의해 인류 구전 및 무형 유산 걸작으로 지정됐다. 유네스코는 2001년부터 매년 한 나라에서 1개 항목의 인류 구전 및 무형 유산 걸작을 신청 받아 심사한다. 무캄은 중국 내에서 장쑤(江苏) 성의 오페라 '곤극(崑曲)' 과 3천년 된 7줄 현악기 '고금(古琴)' 에 뒤이어 3번째로 선정됐다.

위구르 음악의 또 다른 특징의 하나로 악기의 다양한 표현을 들 수 있다. 대표적인 악기로는 손으로 치는 북인 답(达甫), 5현으로 된 현악기 라왑(rawab), 두 줄로 된 현악기인 두타르(dutar)인데, 이 악기는 거의 대부분의 위구르인들 가정에 비치되어 있을 정도로 널리 사용되고 있다.

석굴 문화와 프레스코 벽화

신장 키질석굴에서 발견된 벽화(복원도)

위구르 제국이 멸망되고 불교를 신봉했을 때 위구르인들은 석굴 불교문화와 프레스코 벽화를 발전시켰다. 실크로드를 통해 중국과 페르시아 문화가 교차되는 지정학적 위치에 있는 위구르는 미술과 건축에서 두 문화의 성격이 혼합된 독특한 양상을 나타낸다. 석굴 문화의 주요 분포는 남쪽의 빠이청, 쿠차, 동쪽으로 투르판 일대이다.

카작족 문학과 예술

수천 년에 걸친 카작인들의 유목 생활은 소위 '초원 문화'라고 하는 카작족의 문화 형성에 절대적인 역할을 하였다. 그리고 그들의 신앙으로서 이슬람 역시 카작인들의 문화에 큰 영향을 주었다.

초원 문화의 영향은 다른 정착 이슬람 민족과는 다른 카작인들의 특징을 설명해 줄 것이다. 가축을 키우며 생계를 꾸려가고, 이를 위해 부단히 산과 계곡, 초원과 초원 사이에 이동해야 했던 생활방식은 그들의 음식, 의복, 주거, 경제, 사회구조, 자연숭배 및 이와 연관된 애니미즘과 샤머니즘인 사고방식과 놀이, 예술 등을 잘 설명해 준다. 동시에 왜 그들이 철저한 이슬람교 신자가 될 수 없는지를 이해하게 해 준다.

카작인들은 자유를 숭상하며 자연을 훼손하지 않고, 손님 접대에 지극 정성을 기울이며, 흰색 물품(양털, 우유 등)은 금전 거래하지 않는 등 현대인의 관점에서 보면 상당히 높이 평가할 만한 전통과 가치를 지니고 있었다.

카작 문학

농경 생활하는 위구르 문학이 서면 문학이라면, 카작 문학은 항상 움직이는 유목민의 삶의 특징으로 인해 구전 문학으로 발달되었다.

다음은 한 카작 문학가가 외국인들에게 카작인들이 누구인지 소개하는 시다. 대부분이 칭찬 일색이지만 이 시에서는 상당 부분 전통적인 카작인들의 모습을 반영하고 있다.

'카작 민족을 외국인에게 소개하기' -카드르 므르잘린

카작, 그는 양을 치며 초원을 누비다

친구가 왔다는 소식에 마음을 다하여 잔치를 채비하는 자로다.

이 낯선 자에게 그대는 이제야 눈을 돌리고 있구려.

자, 이제 카작 그가 누구인지 만나보게나

젠 발과, 멋을 한껏 낸 수려한 자태를 뽐내는 말

카작, 그가 흠모하는 것이 이것임을 알게나

카작, 그는 쿼와 노래의 흥취를 즐기며

콕파르와 크즈 쿠우를 위해 세상에 나온 자로다.

카작, 그는 마음뿐 아니라 문조차 절대 닫지 않는 자로다.

카작, 그의 식탁에는 언제나 풍요와 정겨운 나눔이 넘치도다.

카작, 그는 화술을 예술의 으뜸이라 하는 자로다.

카작, 그는 희냐, 검으냐, 갈색이냐로 편 가르는 것을 알지 못하는 자로다.

카작, 그는 밝고 환한 낯빛에

손님이라면 온 가족이 온몸으로 받드는 자로다.

떠날 때는 누구든 보게 되리라.

말에 태워, 비단 샤판 둘러 입혀 보내는 것을

카작, 그는 잔치와 여흥으로부터 고단한 일상의 힘을 얻는 자로다.

카작, 그는 받은 만큼 주는 것에 그 누구에게도 뒤지지 않는 자로다.

카작, 그는 사돈으로 맺은 연을 하나님처럼 떠받드는 자로다

카작, 그는 살림과 가축을 주위에 나누어 주기 위해 모아들이는 자로다.

카작, 그는 이제 막 나래를 펴고 있구나.

용맹스러운 민족, 시를 노래하는 민족이여

카작, 그는 가까운 이에게

꽁초 잎 하나에 어린아이처럼 분내는 속없는 자로다.

카작족은 조상 대대로 전해 내려오는 민가가 다채롭고 풍부한 것으로 유명하다. 19세기에 러시아 학자가 수집한 카작 민가만 해도 1천여 곡이 넘는다. 현재 수천 곡이 전해지고 있다. 일반적으로 카작 영웅의 전쟁 승리, 초원의 아름다움 등을 주로 노래한 곡이 많다.

카작인들의 춤과 악기

카작족의 전통악기로는 돔부라, 처뿌즈, 따우리버즈 등이 있다. 구전 민가를 부르며 돔부라를 켜는 모습은 일반 카작족에게서 쉽게 찾아볼 수 있다. 한편 무용 예술을 보면 유목민족답게 가장 유행하는 전통 무용이 '말타고 추는 춤'이다. 현재 중국 신장 이리카작자치주 외에 바리쿤(巴里坤), 무레이(木垒) 등에서도 쉽게 이 춤을 추는 모습을 볼 수 있다. 전반적으로 카작인들의 예술 양식을 보면 예전의 유목민족 사회의 사회·경제적 영향을 많이 받아 이것이 전통 예술로 계승, 승화된 것임을 알 수 있다.

춤을 보면 위구르족의 복장은 옷에 반짝거리는 수를 놓아 옷도 화려하고 춤도 화려해서 낮에 태양 아래서 춤을 추었을 때, 눈이 부실 정도라서 외국인이 보면 위구르인 모두 전문 무희인 것처럼 느끼게 된다. 카작족의 춤은 서로의 눈을 맞추고 마음을 나누는, 화려하지 않지만 카작인들의 순박함을 읽을 수 있다. 두 민족의 결혼식을 보면 그 차이를 확실히 느낄 수 있는데, 마치 우리 역사에 나타난 고려청자의 화려함에 위구르족 춤을 비유한다면 조선의 백자 같은 느낌에 카작족의 춤을 비유할 수 있을 것이다.

소수민족의 대표적인 서사시

국가나 민족의 역사적 사건과 관련된 신화나 전설 또는 영웅의 사적 등을 서사적으로 읊은 장시(長詩)를 서사시라고 하는데, 몽골족의 '쟝가르(Jang-gar)', 키르키즈족의 '마나스(Manas)', 장족의 '게사르(Gesar)'를 들 수 있다.

'쟝가르' 서사시는 서부 몽골족 지역 특히 신장 몽골족이라면 모르는 사람이 거의 없을 만큼 대표적인 영웅시로서 구비문학, 영웅 서사문학, 민족문학으로서 중요성을 가지고 있다. 이 서사시는 쟝가르를 수령으로 한 용사들이 초인간적인 지혜와 비범한 재능으로 다른 부락의 침입을 물리치고 아름다운 부락을 건설해 가는 이야기로, 몽골 사람들의 생생한 삶의 모습과 경제문화와 생활풍속, 정치제도를 보여준다. 몽골 사람들의 삶의 모습, 그들을 지배하는 마음과 생각과 꿈, 그것들을 담아내는 문학적 기법을 감상하고 공감하는 기회를 가질 수 있다.

'마나스' 서사시는 에니세이 강 부근에 흩어져 있던 키르기즈인을 규합, 위구르인과 싸우면서 현재의 땅에 이주할 때까지 키르기즈인을 이끈 전설상의 인물이다. 그러나 영웅 서사시이지만 실존 인물이 아닌 허구의 인물이다. 한 사람이 주인공이 아닌 자손 8대가 주인공으로 되어 있다. 초원을 누빈 영웅들의 운명적인 삶과 죽음의 이야기를 주제로 삼고, 자기 민족을 압제자들에게서 해방시킨 인물로 부각되어 있다.

이 서사시는 키르기즈인의 역사, 문화, 풍속 등을 밝혀주는 중요한 의미를 지니고 있다. "마나스"는 규모가 웅대하고 내용이 풍부하며 높은 사상성과 예술성을 갖춘 문학 작품이다. 50만 행이 넘는 방대한 서사시로 유네스코의 세계 무형 문화재에 등록될 정도이다.

'게사르' 서사시는 게사르 왕을 비롯한 영웅들이 백성들과 함께 사악한 세력들과 맞서서 용감하고 지혜롭게 싸우는 모습을 그리고 있다. "생활 가운데 노래가 없으면 깊이 우려낸 차에 신선한 우유가 없는 것과 같다."라는 속담처럼 이 장족의 민간 장편 영웅 서사시는 11세기에 창작되어 지금까지 세계에서 가장 긴 설창(说唱) 형식의 시편이다. 풍부하고 다채로운 내용은 장족 고대 사회의 정치·경제·군사·종교·언어와 풍속을 연구하는 백과사전과 같다.

맺음말

한 민족의 오래된 문화를 알아갈수록 알지 못하던 세계에 발을 딛게 된다. 한 민족의 문학 작품이나 노래와 춤은 여러 민족이 어우러져 살 때, 서로에게로 건너가는 다리 역할을 한다.

서로 다른 민족의 문화가 중국이라는 큰 틀 속에서 유기적 관계를 맺으며 발전하겠지만 종종 소수민족의 문화는 주목받지 못한다. 하지만 우리는 소수민족의 영광스러운 역사를 반영하는 문학과 그들의 애환을 신음하며 토해내는 노랫가락에 한번쯤 귀를 기울여야 한다.

세계가 이제는 지구촌이라는 생활권으로 들어왔고, 어느 민족이든지 역사를 살펴보면 흥망성쇠를 경험하였다. 만약 권력을 쥔 주체가 앞장서서 이들의 문화를 큰 시야로 보고 해석해서 인정하고 보존한다면 정치, 경제 등 여러 방면의 갈등 문제에서 해결의 실마리를 풀 수 있다고 주장하는 것은 너무 억지스러운 해석일까?

07

신장의 전통문화

하혜·단일·하진광

본 장에서는 신장의 주요 민족들의 전통 문화를 소개하고 있다. 위구르족의 혼인문화, 카작족의 가족문화, 그리고 신장에 거주하는 주요 민족들의 문화 금기를 통해서 그들의 문화적 특성을 느낄 수 있을 것이다.

위구르족의 전통적 혼인문화

위구르족의 전통적인 정혼 과정

첫째, 배우자 선택하기

위구르족이 배우자를 선택할 때는 주변에서 고르든지, 전문적인 중매쟁이를 통하든지, 전통적으로는 부모의 생각이 결정적인 역할을 해왔다. 그렇지만 다음의 민요들은 젊은이들의 자유연애와 결혼의 자유에 대한 기원이 얼마나 간절한지를 보여준다.

"나의 말이 뛰다가 망가뜨려 버렸네, 말안장을

아버지는 내게 허락하지 않으시네. 사랑하는 내 애인을(이 민요의 뜻을 음미해보면,

사랑하는 사람과의 결혼을 아버지가 반대한다. 그 안타까운 마음은 자신이 늘 타고 다니던 말이 자

신의 분신과 같은 말안장을 망가뜨린 일과 유사하다. 말도 말안장도 늘 자기와 함께 한 존재다. 그

말이 말안장을 망가뜨렸다고 어떻게 혼을 내 줄 방법도 없다. 한편 말안장이 없는 말을 타는 것도

완전히 너무 허전하고 전과 같지 않다. 부모가 자식의 결혼을 반대할 때도 마찬가지인가 보다. 부

모에게 직접 뭐라고 말할 수도 없다. 그렇지만 그 동안 함께 해 온 사랑하는 사람을 만날 수 없음에

그 허전함을 어찌하리!)

그대는 어디서 오셨나요. 어여쁜 님의 눈망울이 늘 떠오르네

내 님에게 저주가 임하지 못할지라. 그 목에 부적(符籍)이 있도다."

두 번째, 사자(使者) 보내기

마음에 정한 배우자가 있으면, 남자 측은 여자 측에 사자(使者)의 역할을 맡은
사람들을 보낸다. 신부 측이 신랑 측을 마음에 들어 하면 "귀댁으로부터 저희
딸이 벗어나지 않습니다."라고 말하고, 마음에 들지 않으면 "우리 딸이 아직
어려서요." "다른 곳에서 이미 청혼이 왔었습니다."라고 하여 대답을 한다.

세 번째, 보자기를 펼치기

이것은 '작은 차(茶)' 혹은 '감사하는 차'라고 한다. 이 단계에서 남자 측은
자신의 경제적 상황을 보고, 이웃들이 하는 정도를 고려해서, 두세 명 분의
원단, 적절한 숫자의 난,(밀가루로 만들어 화덕에 구운 동그랗고 넓적한 위구르족 전통음식) 설
탕, 차 등의 물건들을 준비하여 신랑의 어머니, 친척, 이웃으로 구성된 네
다섯 명의 여자들이 함께 신부의 집에 간다. 양측의 어머니는 이 의례에서
정식으로 상견례를 한다.

네 번째, 토이룩(혼수물품)에 대한 상의

토이룩은 토이(결혼)라는 단어에서 파생된 것이다. 신부 측이 신랑 측에 혼

수물품에 관해 기록하여 전달한다. 두 측의 대변인은 신부 측의 집에 모여서 신부 측이 요구한 내용과 신랑 측이 준비한 물품들의 차이점을 비교하고 상의한다. 논의가 진행되는 중에 신부의 아버지는 말하지 않고 앉아 있다가 맨 마지막에 입장을 밝힌다.

다섯 번째, 결혼 예물 전달하기

결혼 예물을 주는 방법은 기본적으로 두 가지 종류이다.

① 결혼 예물에 대해서 서로 간에 상의가 된 뒤에 결혼 예물을 시장가격으로 환산한 금액을 주어서 예물을 신부 측이 원하는 것으로 직접 사도록 하는 방법 ② 신랑 측이 신부 측의 요구에 따라 결혼 예물을 준비하여 '총차이'를 하는 날, 많은 사람 앞에서 신부의 부모 앞에 내려놓는 방법이 있었는데, 보통은 두 번째 방식이 비교적으로 많이 채택되었다.

여섯 번째, 총차이

이 단계에서 신부에게 준비한 예물을 주고, 신부 측의 부모 등에게 드리는 예물도 전달된다. 결혼식 날짜도 정식으로 정해진다. 그래서 이 날을 '총차이'라고 부른다. 이 의식이 끝난 뒤에 양측 대표자(남자들)는 결혼식 식사 문제와 부족한 물건에 대해 상의하며 결정한다. 식사 관련 물품을 가지고 오는 날짜와 더불어 결혼식 날짜를 정하고 인사하고 돌아간다.

위구르족의 결혼식 풍경

1) 농촌 지역의 전통적인 결혼식

시골에서 위구르족은 전반적으로 가을에 결혼하기를 좋아한다. 왜냐하면 겨울은 너무 춥고, 봄에는 농사가 시작되고, 여름은 너무 덥고 아직 돈도 별로 없는 데 비해 가을이 되면 농사일도 끝나고 주머니 사정도 좋아지기 때문이다. 도시 지역의 위구르인들은 결혼식에 적합한 계절과 관련하여 상대적으로 자유롭지만 시골에서 친척들이 찾아오는 것을 고려해서, 역시 가을에 결혼식을 많이 올린다. 전통적인 결혼식 과정은 다음과 같다.

결혼식 아침에 신부의 집에 종교 지도자인 아훙이 신랑 및 신랑 친구들과 함께 온다. 그리고는 '니카'라는 의식을 행한다. 아훙이 니카의 문장을 읽고 나서 신랑 신부에게 결혼할 의향이 있는지를 물어본다. 보통 세 번 물어보는데 신랑은 질문을 듣자마자 확실하게 '알듬'이라고 말한다. 알듬이라는 위구르어는 직역하자면 "내가 얻었다"라는 표현으로, 신부를 얻겠다는 의지를 과거형 동사를 써서 표현하는 것이다.

신부의 경우는 다른 방에 친구들과 함께 있다가 아훙이 세 번 물은 뒤에야 수줍게 소리를 내어 동의를 표시한다. 혹은 신부 옆에 있던 신부 친구들이 그 개미만한 소리를 듣고 "동의한다고 말했어요."라고 알려준다. 신랑 신부의 동의를 들은 뒤에 아훙은 난을 소금물에 찍어 신랑과 신부에게 주고 신랑과 신부는 그 음식을 먹는다.

신랑을 기다리는 신부

필자가 방문했던 카쉬가르 시골지역의 투루순(가명)의 결혼식에서도 신랑과 신부의 각 집에서 잔치가 벌어지고 모두 춤을 추는데, 아무래도 신부 집에서는 흥이 잘 오르지 않는다. 오후가 되어 몇

결혼식 때 하객들이 춤을 추고 있다.

대의 자가용이 약 20분 되는 거리의 신부 측 집으로 신부를 데리러 간다. 신부 측의 집안으로 들어가면 주로 신랑 측 청년들을 중심으로 신나게 춤을 춘다. 춤이 멈추면 폴로를 중심으로 한 식사를 대접받고, 신부를 데리고 집으로 온다.

그런데 필자가 방문했던 카쉬가르의 다른 시골지역에서는 오후에 신랑이 온 경우도 있었다. 오후 4시경에 큰 트럭과 자동차 몇 대가 왔다. 트럭 위에 서 있던 40명의 신랑 측 남자들이 트럭에서 뛰어내렸고, 나이가 많은 사람들과 신랑 그리고 아훙은 자가용에서 내렸다. 그리고 그 신부 집에서 식사를 한 후 신부를 차에 태워 데리고 갔다.

2) 도시에서 진행되는 현대화된 결혼식

도시 지역의 결혼식은 일반적으로 전문적인 레스토랑을 빌려서 한다. 신부 측과 신랑 측 모두 별도로 레스토랑을 빌린다. 신부 측은 주로 오후 1시경 점심시간을 이용해서 친척, 친구들을 초청하고 비교적 조용한 분위기에서 춤을 춘다. 부조금은 낼 수도 있지만 따로 봉투에 준비하지 않아도 되며, 부조금을 받는 사람에게 돈을 주면서 그 금액을 부조금 기록 전문노트에 적는다. 신랑 측은 주로 오후 5시경의 저녁시간을 이용해서 모이는데, 하객들은 레스토랑 안의 십여 개 혹은 수십 개가 넘는 원탁에 앉아서 담소를 나누며 신랑 신부를 기다린다. 이때 청첩장에 기록된 결혼식 시간에 맞추어 오는 사람은 소수이고, 대부분은 1시간가량 늦게 온다. 위구르족은 시간 중심적(time oriented)이기보다는 활동 중심적(event oriented) 문화를 가지기 때문이기도 하고, 또 결혼식 당일 여인들은 몸단장을 하고, 연회복으로 갈아입고 오는데 시간이 많이 걸리는 이유도 있다. 다음은 필자가 본 결혼식의 모습니

레스토랑에서 진행되는 도시 결혼식

다. 신랑과 그 친구들이 꽃 장식을 한 멋진 자가용 무리를 끌고 신부를 데리고 온다. 신부가 신랑 측 혼인잔치에 도착함과 동시에 분위기는 고조된다. 신랑 신부가 탄 차가 레스토랑에 도착하면, 신부의 친구들은 양 옆으로 줄을 선다. 신랑 신부를 환영하면서 하얀 스프레이를 신랑 신부에게 뿌린다. 신랑 신부가 무대를 정면으로 보는 앞줄 테이블에 앉는다.

이때 사회자가 나와서 흥을 돋우는 이야기를 하고 신나는 음악이 흐른다. 홀 안에 원탁을 중심으로 앉아 있던 사람들이 자발적으로 앞으로 나와서 위구르족 전통 춤을 춘다. 처음에는 남자는 남자끼리 쳐다보며 춤을 춘다. 음악이 멈추면 춤도 멈추고, 원탁으로 돌아와 다시 식사를 한다. 손님들 식탁에 음식이 나온다. 폴로, 난, 빠오즈(包子)이다.

잠시 후에 나오는 음악은 댄스 음악이다. 왈츠처럼 3박자이다. 옆자리에 앉은 사람이 말하기를 이것은 위구르식이 아니라, 러시아 영향이라고 한다. 사회자가 신랑 친구들이 나와서 춤출 것을 요청하자, 모두 나가서 춤을 춘다. 나중에는 신랑을 앞으로 부르고 신랑도 신나게 춤을 추다가 이번에

레스토랑에서 진행되는 결혼식, 종종 하객과 신랑 신부가 춤을 춘다.

는 신랑이 신부를 앞으로 불러 춤을 춘다. 신부와 신랑이 서로 마주보면서 우아하고도 박력 있게 춤을 추고, 친구들은 그들을 둘러싸고 환호하고 다른 쌍도 나와서 춤을 추며 흥을 돋운다. 나중에는 여자들만 남아서 춤을 추고, 신부를 가운데 두고 친한 친구들이 한두 명 중앙으로 나와서 춤을 춘다.

잠시 후에 또다시 댄스 음악이 나오고, 이제는 신랑과 신부가 껴안고 춤을 춘다. 신랑은 신부의 허리를 잡는다. 이때 신랑과 신부의 허리를 누군가가 빨간 줄로 묶는다. 다시 남자들이 춤을 추도록 사회자가 종용하고, 춤추는 남자에게 위구르족 전통 모자인 돕바를 선물로 주고, 남자들은 현장에서 바로 돕바를 쓰고 춤을 춘다. 틈틈이 친구들은 신랑 신부가 앉아 있는 자리 뒤로 와서 사진 찍은 후 집에 간다.

이상은 필자가 참여했던 결혼식 풍경이다. 위구르 결혼식은 한국과는 다르게 주례가 없는 것처럼 보인다. 실상은 그런 엄숙한 행사는 이미 신부 측 집에서 아홍과 더불어 끝난 상황이다.

카작족의 독특한 전통 관습

최근 중국에서 찍은 카작족의 영화 '아름다운 고향(美麗家园)'을 보면 카작족 젊은 세대를 대표하는 주인공이 형이 죽은 후 형수와 결혼하라는 아버지의 압력에 못 이겨 집을 떠나 도시에서 생활하다가 아버지가 사망한 후 도시생활에 지친 몸을 이끌고 고향으로 돌아와 고향의 아름다움을 다시 발견한다는 이야기가 나온다.

이 영화에서는 현대화의 과정에서 카작족의 전통적 문화인 형사취수(兄死取嫂) 제도가 더 이상 유지되기 어려운 현실을 보여주고 있었다. 원래 형사취수 제도는 형의 아이들이 고아가 되지 않도록 하는 제도였다. 일부 지역에서는 아직도 유지되고 있다고 한다. 카작족 여인은 남편이 죽은 후 시댁의 동의를 얻으면 일부 자신의 재산을 가지고 갈 수 있으나 동의가 없으면 가지고 갈 수 없고 몸만 나가게 된다.

카작족의 독특한 전통적 문화 중 하나는 소위 부모에게 '아이를 돌려주는 제도(还子制度)'이다. 이 제도는 여러 형태가 있지만 주로 장자나 장녀가 첫째 아이가 태어나면 부모에게 자식으로 주는 제도라고 할 수 있다. 이때 부모에게 주는 자녀는 할아버지 할머니의 자식이 되고, 친부모와 형제자매가 된다. 카작족은 이 제도가 노인을 공경하는 카작족의 문화에 기인한 것이라고 한다. 카작족은 전통적으로 유목생활을 했고, 자식이 결혼을 하면 새로 천막집(키그즈위-카작어)을 지어서 독립하게 된다. 이때 키워야 될 가축도 많아지고 유목의 범위도 넓어지면서 결혼한 자식은 부모와 멀리 떨어져 생활하게 된다. 이때 자식을 부모에게 보냄으로써 그 자식이 크면 늙은 조부모를 부양하고 힘든 유목생활에 도움을 줄 수 있게 된다.

다른 한편으로는 비교적 일찍 결혼을 하는 관습에 따르면 장자나 장녀가 첫 아이를 낳았을 때는 나이가 아직 젊을 뿐만 아니라 막 결혼생활을 시작하고 독립적 생활을 하는 시점인데, 이때 첫째 아이를 부모가 길러줌으로써 자녀의 생활 부담을 덜어줄 수 있다. 또한 자녀 양육의 경험이 많은 부모가 손자를 건강하게 키워 줄 수 있다는 면에서 오히려 자식을 돕는 제도라고도 할 수 있겠다. 카작족은 전통적으로 자녀를 많이 낳았기 때문에 첫 아이를 부모에게 드려도 자신에게 큰 영향이 없을 뿐 아니라 부담도 줄일 수 있었을 것이다.

하지만 친자식이 부모를 떠나 할아버지 할머니의 자식이 되면서 아이를 낳은 부모나 보내지는 아이 모두 많은 정서적이고 관계적인 어려움에 직면하게 된다. 필자가아는한 카작족 청년은 자신의 가족 이야기를 다음과 같이 들려주었다. 자신의 아버지가 독자였는데 어머니 사이에 첫 아이였던 큰 누나를 관습에 따라 할아버지 할머니에게 보내 그들의 자식이 되도록 했다.

그런데 아버지가 갑자기 돌아가셔서 그 후 멀리 떨어져 지내던 할아버지 할머니가 자기 집으로 들어와서 생활하기 시작했다. 원래 며느리를 미워하였던 시어머니(할머니)가 그 후 자기 어머니를 심하게 학대했다. 심지어 할머니는 자신을 어머니라고 부르는 손녀에게 손녀의 친어머니가 나쁜 여자라고 계속 비난하고, 또 손녀의 친어머니를 비난하게 하면서 며느리의 마음을 아프게 했다. 어머니는 매일 울면서 지냈고, 그때의 영향으로 나이가 든 지금 눈이 잘 보이지 않게 되었다는 것이다. 결국 할머니께서 돌아가신 후에야 친딸은 자신의 친어머니가 나쁜 여자가 아니었다는 것을 주변 사람들을 통해 알고 눈물을 흘리며 친어머니에게 사죄를 했다. 지금은 그 누나가 자신의 어머니에게 누구보다도 잘하고 있다고 한다.

현재 카작족이 전통적인 유목생활에서 점점 벗어나고 있고, 중국 정부의 산아제한 정책 등의 영향으로 자식을 적게 낳으면서 위에서 언급한 과거의 관습들은 사라지고 있다. 카작족의 유목생활 같은 전통적 생활방식을 알지 못하면 형사취수(兄死取嫂)나 환자제도(还子制度) 같은 문화를 매우 저급한 것으로 간주할 수 있다. 하지만 실제로는 그들의 가족애와 유목생활의 절박한 필요가 배어난, 듣는 이의 마음을 찡하게 하는 관습이다.

문화금기

한족의 문화 금기

1) 미신과 관계있는 금기 – 생선 요리는 절대 뒤집어 먹지 않는다

한국인들은 생선 요리를 먹을 때 생선의 한쪽 면을 다 먹은 후, 다른 한쪽 면을 먹기 위해 생선을 통째로 뒤집어서 먹는다. 한족들은 생선을 뒤집지 않은 채 가시를 조심스럽게 제거 하는 불편을 감수한 후 나머지 살을 먹는다. 왜 그럴까? 그것은 중국인들의 미신과 관계가 있다. 과거 중국 어부들은 생선을 잡기 위해 배를 타기 전에 생선을 뒤집어서 먹으면 그 배도 뒤집힌다는 미신을 믿었다. 그러한 미신을 현대의 중국인들은 자동차 운전과 연관을 지어 생선을 뒤집어 먹으면 자신이 타고 있는 차가 뒤집힌다고 여전히 믿고 있는 것이다.

2) 발음과 관계있는 금기

① 배(梨)를 먹을 때 칼로 썰지 않고 통째로 먹어야 한다

이것은 중국어에서 배를 칼로 써는 행동을 의미하는 分梨(fēnlí) 라는 단어와 두 사람의 관계가 분리된다는 뜻의 分离(fēnlí) 라는 단어가 같은 발음을 내기 때문이다. 그러므로 만약 배를 칼로 썰어서 다른 사람에게 먹으라고 권한다면 그것은 그 사람과의 결별을 선언하는 의미가 된다. 그래서 그런지 중국인들은 배보다는 사과를 좋아한다. 사과의 중국어 발음 '핑궈(píngguǒ, 苹果)' 와 평안을 뜻하는 한자 '핑안(píng'ān, 平安)' 의 첫 글자의 발음이 같기 때문이다. 특히 병문안 때 사과는 평안을 연상시키기 때문에 환영을 받지만, 배는 이 세상과의 이별을 연상시키기 때문에 주의해야 한다.

② 벽걸이 시계와 우산은 절대 선물하지 않는다.

한국에서 벽걸이 시계는 새로 이사를 한 집이나 사무실에 비교적 적합한 선물이다. 그러나 중국에서는 선물해서는 안 되는 금기 물품이다. 중국어에서 '시계를 선물한다.' 는 표현은 送钟(sòngzhōng) 이라 하며, 한국어 발음으로 '쏭종' 이 된다. 그런데 중국어 표현 중에 '부모의 임종을 지킨다.' 또는 '부모의 장례를 치르다' 는 뜻의 단어 送终(sòngzhōng) 역시 같은 발음 '쏭종' 이 된다. 만약 중국인이 다른 사람에게 시계를 선물한다면 그것은 곧 '나는 지금 당신의 임종을 지킵니다.' 는 섬뜩한 뜻을 전달하는 게 되는 것이다.

우산도 금기 품목이다. 이유는 역시 중국어의 발음과 관계가 있다. '우산'을 뜻하는 중국어 伞(sǎn)과 '헤어짐', '흩어짐'을 뜻하는 중국어 散(sǎn)은 발음과 성조가 정확히 같다. 그래서 우산 선물은 '나는 당신과 헤어지기를 원한다.' 는 의미를 완곡하게 전달하게 되는 것이다. 직접화법보다는 간접화법을 즐겨 사용하는 중국인의 특성상 마음에 들지 않는 이성 친구에게 이별을 통지할 때 우산은 가장 확실한 메시지 전달 수단이 된다.

3)색깔과 관계있는 금기

①흰 봉투는 장례식에, 빨간 봉투는 결혼식에 사용해야 한다

한국에서는 결혼식이든 장례식이든 봉투 색깔은 흰색을 사용한다. 그러나 중국에서는 상황에 따라 사용하는 봉투의 색깔이 다르며 만약 색깔을 바꿔서 사용하게 되면 상대방에게 큰 실례가 된다. 결혼식, 돌, 세뱃돈 같은 경사에는 반드시 빨간색 봉투를 쓴다. 왜냐하면 빨간색의 중국 한자 红(hóng)에는 '번창하다', '순조롭다', '명성 있다', '운수가 좋다' 등의 의미가 내포되어 있기 때문이다. 반대로 흰 봉투는 장례식에만 사용한다. 흰색의 중국 한자 白(bái)에는 '헛되다', '쓸데없다', '보람 없다' 라는 뜻이 내포되어 있다. 그래서 만약 중국인의 결혼식에 한국식으로 흰 봉투에 돈을 넣어 가면 남의 결혼식을 당황스럽게 만들어 버릴 수 있으니 기억하기 바란다.

②중국에서는 녹색 모자를 쓰고 다니면 조롱의 대상이 된다

이것은 중국어의 오래된 습관적인 표현법과 관계가 있다. 중국 관용어 중에 "带绿帽子(따이뤼마오즈)"라는 말이 있다. '녹색 모자를 쓰다' 라는 뜻인데 '마누라가 외간 남자와 바람났다' 는 의미를 내포하고 있다. 즉, 녹색 모자를 쓴 남자는 '나는 마누라 하나 간수 못하는 못난이' 라는 메시지를 주변 사람에게 전달하게 되는 것이다. 중국인들에게 녹색 모자가 왜 그런 뜻을 나타내는지 이유를 물어봐도 정확한 내력을 아는 사람은 거의 없다. 다만 녹색 모자를 쓴다는 것의 의미가 그렇다는 것은 누구나 다 알고 있다. 따라서 아무리 관광객이라 할지라도 녹색 모자를 쓰고 중국의 길거리를 돌아다닌다면 중국인들의 비웃음 섞인 눈초리를 피할 수 없게 되므로 모자의 색깔을 확인하고 착용하도록 하자.

4) 숫자와 관계있는 금기
좋은 일에는 짝수를 사용하고, 슬픈 일에는 홀수를 사용해야 한다
중국인들은 짝수가 안정적이고, 합일되고 단합되어 모여 있는 느낌을 준다고 하여 짝수를 선호한다. 선물을 줄 때도 꼭 두 개씩 준비한다. 식당에서 음식을 주문할 때도 반드시 짝수로 주문한다. 보통 한 테이블에 여럿이 둘러 앉아 식사를 할 경우 전채요리(涼菜, 량차이) 4종류, 볶은 요리(热菜, 러차이) 6~8종류, 마지막으로 탕과 밥이나 면을 먹게 된다. 이러한 원칙을 무시하고 식사를 주문하면 큰 실례가 되는 것이다.

경사를 맞이한 사람들에게도 짝수 원칙을 준수한다. 결혼식 때의 축의금도 짝수로 준비해야 하고 세뱃돈 역시 80위안, 100위안, 120위안의 짝수로 준비한다. 그러나 상가 집에 가게 되면 상황이 다르다. 조의금으로 홀수에 해당하는 130위안, 150위안, 170위안 등의 홀수 액수를 준비한다.

위구르족의 문화 금기
위구르족의 금기가 한족의 금기와 다른 점은 종교와 관련된 금기가 많다는 것이다. 마니교, 경교, 불교, 이슬람교 등 여러 종교를 신봉한 역사에 의해 발생된 종교적 금기가 현재에도 이어져 오고 있는 것이다. 현재는 대부분의 위구르족이 이슬람교를 신봉하고 있기 때문에 이슬람 교리와 관계있는 금기가 가장 많이 존재한다.

1) 의복과 관련된 금기 – 옷은 무조건 길게 입어라

위구르족 여성의 전통 복장은 긴치마와 긴소매의 옷이다. 이슬람교의 복장 규정은 매우 엄격하기 때문에 많은 이슬람 국가에서 여성은 눈을 제외하고는 모두 가려야 하며, 일평생 자신의 가족과 남편 외에는 노출시키지 않는다. 신장위구르족의 경우 중동 이슬람지역에 비해 다소 규정이 느슨히 적용되는 편으로써 도시에 결혼을 하지 않은 젊은 대학생 위구르족들은 머리를 가리지도 않고 현대화된 패션을 입기도 한다. 그러나 어디서나 반바지 착용은 금기이다. 따라서 신장으로 여행할 계획이 있다면 아무리 외국인이라도 반바지를 입고 돌아다니는 것은 큰 실례가 된다.

2) 음식과 관련된 금기 – 술과 돼지고기는 말도 꺼내지 마라

음식과 관련된 금기 사항도 이슬람교와 깊은 관계가 있다. 대표적인 금기 음식은 돼지고기와 술이다. 이슬람교에서는 돼지를 '생각하지도 말고 먹지도 말고, 기르지도 말라'는 알라의 계시를 충실히 따라 돼지고기를 먹지 않는다. 술은 이로움보다 해로움이 더 많고, 술을 마시고 예배하는 것은 마귀 행위의 죄악으로 간주한다. 술은 마시는 것 자체가 알라에 대한 불경(不敬)이 된다. 그렇기 때문에 위구르족 역시 돼지고기와 술을 멀리한다.
위구르족이 운영하는 식당에서 돼지고기 음식이나 술을 파는 경우는 단한 곳도 볼 수 없다. 위구르족은 술과 돼지고기를 파는 한족 식당에는 출입조차 하지 않으며, 만약 한족과 함께 식사 약속을 하게 되면 반드시 한족이 위구르 식당에 가야지 위구르족이 한족 식당을 가는 경우는 있을 수 없는 일이다. 위구르인들이 듣기 가장 싫어하는 욕도 '돼지 같은 인간'이니 돼지를 얼마나 싫어하는지 알만 하다. 그러나 세속화가 급진적으로 진행되고 있는 요즘, 술을 어른들 몰래 즐기는 젊은이들이 늘어나고 있어 위구르 원로들의 노여움을 사고 있다. 그 밖에 위구르족이 금기시하는 동물은 개, 당나귀, 노새, 말, 스스로 죽은 동물, 맹금류 등이 있으며 그것들의 고기도 먹지 않는다.

3) 무속 신앙과 관계있는 금기 – 어린아이를 함부로 칭찬하지 마라

위구르인들은 외부인이 자신의 아이를 예쁘다고 칭찬하거나 안아주면 매우 불안해한다. 그들의 정신세계 가운데 "독안(毒眼)"이라고 불리는 무속 신앙이 여전히 존재하기 때문이다. '독안 신앙'이란 귀신이 유난히 예쁘거나 건강한 아이를 시샘하여 그런 아이들을 발견하면 몸에 치명적인 병을 가져다준다는 미신이다. 그래서 누군가 자신의 아이를 보고 "너무나 예쁘네요!", "정말 귀엽다!" "복스럽게 생겼네!" 하고 칭찬을 하면 귀신이 그 아이를 시샘하여 큰 병을 가져다줄까봐 두려워한다.

이러한 독안 신앙은 생활 전반에 걸쳐 적용되는데, 누군가가 "당신의 양들은 정말 많아 보입니다. 몇 마리나 있나요?" 하고 물어보면 될 수 있는 대로 적게 말해 귀신이 시샘하는 것을 피한다. 결혼을 앞둔 처녀에게도 아름답다는 말을 함부로 해서는 안 된다. 귀신이 언제 나타나 그 얼굴에 장난을 칠지 모르기 때문이다. 그러므로 위구르인들과 초면에는 될 수 있는 대로 과

도한 칭찬은 피하고, 적당한 거리를 두고 인사를 하는 것이 좋다. 참고로 위구르인들은 인사를 할 때 오른손을 자신의 심장에 대고 허리를 굽히며 "압살람 엘레이꿈!(당신에게 평화가 있기를!)" 하고 정중히 인사해야 한다.

4) 식사 예절과 관계있는 금기 – **손을 씻고 난 후 물기를 털어내지 말라**

위구르인들은 식사 예절을 매우 중요시 여기므로 이 식사 때에도 많은 금기사

무슬림은 식사 전에 손을 씻는다. 이때 물기를 털어내서는 안 된다

항을 두고 있다.

첫째, 위구르족은 식사 전 손을 씻을 때 받침대와 주전자를 방 안에 가지고 와서 일일이 돌아가며 손을 씻는데(보통 3번에 걸쳐 씻는다), 이때 주인이 따라주는 물로 손을 씻은 후 손에 묻은 물기를 털어내는 행동을 하면 안 된다. 주인이 수건을 줄 때까지 기다렸다가 수건으로 물기를 닦아내야 한다. 물기를 털어내는 행동은 무례한 행동으로 간주한다.

둘째, 식사 시에 코를 풀거나 하품하는 일, 침을 뱉는 일을 금하며 음식은 남기지 말아야 한다. 한족의 경우에는 어느 정도 남겨야 예의인데 위구르족은 반대이다. 음식을 남기면 주인들은 음식 맛이 없어서 그런 줄 알고 매우 상심한다. 그래서 최선을 다해 그릇을 비워야 한다.

셋째, 식사 후 연장자가 "뚜와"라고 하는 식사를 마무리하는 기도를 한다. 이 "뚜와"를 할 때까지 자리를 떠나서는 안 되고, "뚜와"를 할 때 한눈을 팔거나 다른 말을 해서는 안 된다.

5) 자연숭배와 관계있는 금기 – 나무와 물에 소변을 보지 말라

위구르인들은 이슬람을 믿기 전에는 자연을 숭배하는 사상을 가지고 있었으며, 그 흔적이 지금도 남아 있다. 그래서 나무, 흐르는 물, 태양, 달을 향해 소변을 금한다. 특히 나무는 인간과 하늘을 연결하는 통로로 생각하여 이슬람 사원 안에도 즐겨 심는데, 이는 중동 지방의 이슬람 사원에서는 볼 수 없는 모습이다.

6) 난과 관계된 금기

위구르인의 주식은 '난' 이라고 불리는 둥글고 납작한 빵인데, 위구르인은 이것을 신성시 여기기 때문에 땅바닥에 떨어뜨리거나 버리는 일이 없다. 난을 신성시하는 이유는 그들이 과거에 태양을 숭배했기 때문인데, 난의 모양이 태양의 모습과 비슷하여 난을 식량이 아닌 숭배의 대상으로 여기기 때문이다. 난은 주식으로서의 기능뿐만 아니라 영적, 정신적 생명을 제공하는 신앙적인 존재인 것이다. 그래서 먹다 남은 난도 함부로 버리지 않으며 난을 밟거나 건너가지 않는다. 만약 길거리에 난이 떨어져 있으면 그것을 높은 곳에 올려놓아 새가 쪼아 먹도록 한다. 난을 먹을 때는 조각을 내서 먹어야 하며, 길에서 통째로 먹지 말아야 한다.

7) 그밖의 생활속 금기들

* 양다리를 쭉 뻗고 앉는 것을 금하며, 발바닥이 다른 사람에게 향하는 것을 금한다.
* 물건을 건네줄 때나 차를 권할 때 한손으로 하는 것을 금한다.
* 주인의 동의 없이 물건에 함부로 손대는 것을 금한다.

* 다른 사람의 집을 방문할 경우 반드시 연장자로 하여금 먼저 들어가도록 한다.
* 부녀자가 혼자 집에 있을 경우에는 외부인이 들어가는 것을 금하고, 신혼부부의 방에는 함부로 출입하는 것을 금한다.
* 대문에 붉은 천을 걸어 놓았을 시는 분만을 하였거나, 어린아이가 홍역 중인 것을 의미하므로 외부인은 출입을 금한다.
* 부녀자와 농담하는 것을 피하며, 배후에서 다른 사람의 결점을 이야기하는 것을 금한다.
* 더러운 물건을 휴대하고 묘지나 사원에 들어가는 것을 금하며, 묘지 부근에 돼지우리나 변소를 설치하지 않으며, 묘지 내에 가축이 함부로 뛰어다니는 것이나 묘지의 흙을 떠내는 일 등을 허락하지 않는다.

카작족의 문화 금기

카작족의 금기 사항은 위구르족과 기본적으로 유사하다. 그러나 유목민족으로서의 전통을 아직도 잘 간직하고 있는 카작족의 특성상 '말' 과 관련된 금기 사항은 위구르족의 금기 사항과 다른 특징을 가지고 있다. 말과 관계 있는 대표적인 금기 사항은 다음과 같다.

"말을 타고 양 무리에 들어가면 안 되며, 손님이 말을 타고 문 앞에서 내리면 안 된다. 특히 달리는 말을 타고 문 앞에서 내리는 것을 싫어한다. 이것은 상사(喪死) 혹은 나쁜 소식을 예고하는 것을 의미하기 때문이다"

그밖의 금기 사항은 아래와 같다.

* 연장자 앞에서 술을 마셔도 안 되며, 연장자의 이름을 불러서도 안 된다.
* 주인 앞에서 그 집의 가축 수를 세지 말고, 가축의 멍에 위로 넘어가면 안

된다.

* 음식을 담은 상자나 그릇 위에 앉으면 안 된다.

* 식탁보 위로 넘어 가거나 밟아서는 절대로 안 된다.

* 카작족에게 노란색은 죽음을 상징하므로 다른 사람 집을 방문할 때는 입고 가지 않는 것이 좋다.

* 대화할 때나 식사할 때에 코를 풀고 콧구멍을 후비고, 가래를 뱉고, 손톱을 깎거나 기지개를 펴서는 안 된다.

* 뒤에서 다른 사람을 욕하거나 친구에게 충실하지 못하는 것을 금한다.

* 자기 자식을 칭찬하는 것을 싫어하며, 특히 애들을 뚱뚱하다고 하는 것은 불길(不吉)을 갖다 준다고 여긴다.

* 돼지, 나귀, 개 등의 고기와 스스로 죽은 가축과 모든 동물의 피를 먹는 것을 금한다. 그러나 위구르족과는 달리 말고기를 즐겨 먹는다. 이것은 종교적인 이유와는 관계가 없다. 이슬람 율법에도 말을 금하지는 않았다. 다만 카작족에게 말은 주변에서 흔히 볼 수 있는 것이기 때문에 그 고기를 먹는 것이 자연스러운 삶이 되었고, 위구르족은 그렇지 않기 때문에 그 고기를 먹는 것이 꺼림직 하게 여겨진 것이다.

08

신장의 이슬람

하현·하혜

중국 내의 이슬람과 신장 이슬람 현황

BBC가 2009년 10월 8일 미국의 싱크탱크인 퓨 포럼(PEW FORUM) 보고서를
인용해 보도한 자료에 따르면 중국에는 2,200만 명의 무슬림이 있다.(다른 자
료에 의하면 중국의 무슬림 인구가 4,000만 명가량이라고도 한다) 중국 무슬림은 이슬람이 전
파되는 경로와 민족에 따라 고유의 풍습과 언어 등을 유지하며, 중국에 동화
되기를 거부하는 신장위구르자치구 일대의 무슬림(위구르족, 카작족, 키르기즈족, 타
타르족 등)과 중국화된 내륙 무슬림(회족, 싸라족, 둥샹족 등)으로 크게 나눌 수 있다.
중국 종교사무국에 따르면 중국 내 모스크(清真寺)는 3만여 개, 종교 지도자
인 아홍(이맘)은 4만여 명에 달한다. 그 아홍들 중 일부는 1983년 북경에 문
을 연 이슬람신학연구소에서 더 많은 교육을 받고 있다. 현재 8곳의 이슬
람대학이 문을 열었고, 수백 명의 아홍 또는 종교 연구가들이 매년 훈련을

받고 있다. 코란 학교는 8천 개에 이른다.

1980년 신장위구르자치구는 이슬람 제2차 대표회의를 소집하여, '자치구이슬람교협회(自治区伊斯兰教协会)'를 회복시키고 활동할 수 있도록 하였다. 1983년에는 지구, 주, 시 이슬람교 협회가 조직되었다. 1980년 말부터는 자치구에서 종교 인원을 선발하여 '중국 이슬람대학'에 보내 교육을 받게 하고, 이집트 에즈하얼대학에서 깊이 연구하도록 하고 있다.

자치구 인민정부의 비준으로 우루무치에 '이슬람코란대학'이 설립되어 종교 인원을 배출하고 있다. 이전에, 코란은 위구르어로 번역되는 것이 허용되지 않아 아랍어로만 되어 있었으나, 자치구이슬람교협회에서 한어로 번역한 《布哈里圣训实录精华》와 위구르어로 된 코란을 출판하였다. 신장에 전파된 주요 교파는 수니파의 하니피파, 시아파의 이스마엘파 및 수피파 등이다. 위구르족, 카작족, 키르기즈족, 회족, 우즈벡족, 타타르족 등의 대다수가 수니파고, 위구르족과 우즈벡족의 일부가 수피파이다. 타직족의 일부는 시아파의 이스마엘파에 속한다.

중국이 개혁개방 정책을 추진하기 시작한 1979년 이후에 이슬람교는 기독교 다음으로 빠른 속도로 전파되고 있으며 기독교, 불교와 마찬가지로 중국 문화에 철저하게 토착화되었다. 1985년에는 중국 무슬림 2천 명이 정부의 허락 하에 메카 순례를 하기도 했다. 중국에서 이슬람교 선교는 정복, 포용, 상업(비즈니스)의 방법 중 포용과 상업의 방법을 적용했으며, 개방 후 다양한 선교 활동으로 중국 사회에 이미 깊이 뿌리를 내리고 있다.

신장 지역 이슬람교 전파의 역사

이슬람이 전파되기 전에 신장 지역은 기원 전후에 인도로부터 육로를 통해 불교가 전래된 후, 3세기 말에는 호탠, 카쉬가르, 악수, 쿠차, 이리, 옌치, 투르판, 산산 및 하미까지 신장 전 지역에 불교가 성행하였다. 그리고 샤머니즘, 마니교, 배화교(조로아스터교) 및 경교 등을 숭배하고 있었다.

신장에 이슬람교가 본격적으로 들어오게 된 것은 쑤툭 부그라한(재위 926~955)

아투스에 있는 쑤툭 부그라한의 묘

에 의해서다. 그는 9세기 중엽부터 13세기 초까지(840~1230) 천산산맥 남부와 중앙아시아 일대를 지배했던 카라한 왕조의 3번째 칸이었다. 그는 칸 위에 오르기 전인 910년경에 아투스에서 이슬람교 교의를 받아들여 무슬림이 되었으며(그래서 그의 무덤이 아투스에 있다), 그의 아들은 칸 위를 이어받아 960년에 이슬람교를 카라한조의 국교로 선포했다. 이로써 카라한조는 "중앙아시아" 최초의 투르크계 이슬람 왕조가 되었다. 카쉬가르는 카라한조의 2대 중심지 중 하나였고, 이로 인해 카쉬가르는 11세기부터 새로운 문화, 즉 투르크족이 이슬람을 받아들이면서부터 만들어낸 투르크~이슬람 문화(또는 위구르-이슬람 문화)의 중심지로 부상하기 시작하였다.

960년 카라한조가 이슬람교를 국교로 선포한 후 불교를 신봉하는 키리얘(지금의 호탠지구 위티엔, 于田)에 대해 정복전쟁을 발동하고 40여년 동안 전쟁을 계속하여, 1,006년 마침내 정복하였다. 그러나 키리얘의 불교도들은 반항투쟁을 계속하다가 11세기 중엽에 이슬람으로 완전히 개종하였다. 카라한조는 키리얘을 멸망시킨 후 고창위구르칸국 (지금의 투르판 지역)을 침입하였다. 고창위구르칸국의 완강한 저항으로 카라한조는 성공을 거두지 못하고 퇴각하였다. 이로 인해 신장북부에는 전파되지 못했으나 이슬람교는 카라한조를 통해 타림분지 서부와 남부에 확고한 지위를 갖는 종교가 되었다.

14세기초 이슬람교는 평화적인 방법으로 천산(天山)의 남북에 넓게 전파되어 불교, 경교와 병존하였다. 동차카타이칸국(东察合台国)의 투헤이루티무르(Tuheirutiemur1347~1362)와 그 후대 때 신장 각지에 이슬람교를 빨리 전파하기 위해 포교활동을 왕성히 했다. 포교자들을 파견하고, 백성에게 강제로 개종하도록 하였으며, 또한 불교지구에는 지하드를 진행하는 등 각종 수단을 사용하였다. 그리하여 16세기에는 동신장의 하미(哈密) 지구에서도 이슬람교가 우세하게 되었다. 13세기에 신장에 진입한 차카타이(察合台)몽고인들은 이 시기때 전부 이슬람교를 받아들였다. 그리고 위구르족은 거의 모두가 이슬람교를 신봉하게 되었다. 결국 청대(清代)에 와서는 위구르족, 타직크, 회족 뿐만 아니라 카작족, 키르기즈족, 우즈벡족, 타타르족등이 이슬람교를 믿게 되었다.

신장 이슬람의 특징 : 민속이슬람(Folk Islam)

민속이슬람

신장의 이슬람은 전통적 샤머니즘과 혼합되어 무속적 성격이 강한 민속이슬람으로 발전되어 왔다. 정통 이슬람이 우주와 내세의 실상, 즉 알라, 천사, 사탄 등을 다루지만 민속 이슬람은 약초, 속담, 민간전승 그리고 상식과 민간 의학으로 해결될 수 없는 일상생활의 인간 문제들에 더 많은 관심을 갖는 특징을 가지고 있다. 즉 개인이나 집단이 불행한 일을 당할 것인지 또는 안전할 것인지 알고자 한다. 질병, 전염병, 불임, 사고, 가뭄, 화재, 익사, 지진, 재난 등의 많은 인생의 질고들을 설명하기 위해 사람들은 흉안, 저주, 망령, 그리고 초자연적인 힘에 대해 말하고 이것들을 막기 위해 부적, 호부, 점, 마술, 점성술, 강신술, 살풀이 등의 의식을 행한다.

또한 인생의 성공과 실패 즉 결혼은 누구와 할 것이며 사업의 성공, 부족의 번영과 전쟁에서의 승리 등을 보장받기 위해 민속 이슬람의 점, 꿈, 예감 등을 통해 안내를 받고 있다. 따라서 공식 이슬람에서는 모스크가 종교 활동의 중심지인 반면, 민속이슬람에서는 이슬람 성인들의 유물이나 유골을 안치한 성스런 사당이 종교 활동의 중심지가 된다.

민속이슬람의 특징

1) 정령 숭배

민속이슬람은 생활 속에서 구체적으로는 정령 숭배의 형태로 나타난다. 정령 숭배는 나무나 돌, 물 등에 정령(혼령)이 들어 있다고 믿고, 초목이나 무생물 속에 깃든 정령을 숭배하는 것(spiritism)이다. 물을 숭배할 때는 물이 있는 연못 주위를 돌면서 그들의 평안과 안녕, 그리고 질병 등 모든 인생의 고통에서의 해방을 기원한다. 정령 숭배의 또 다른 형태로 나무 등걸을 숭배한다. 사람들이 누워 있는 커다란 고목 주위를 돌면서 기원을 하거나, 나무 등걸의 패인 홈 사이로 돈을 꽂아 두거나 하는 행위를 통해 행운을 기원하는 것이다. 그리고 살아있는 나무 잎에 헝겊을 묶고 두 손을 모으고 합장하며 복을 빌기도 한다.

카쉬가르에서 남서쪽으로 한 시간 가량 떨어진 오팔이란 곳에 가면 매흐무드 카쉬가리 (Mahmudal -Kashgari)라는 사람의 무덤이 있다. 그는 11세기 후반 카라한 왕조 때의 사람으로 위구르인들에게 뿐만 아니라 세계적으로도 유명한 언어학자이다. 이곳에 가면 수명이 아주 오래된 커다란 버드나무가 하나가 있고, 그 나무의 뿌리 부분에는 작은 샘이 하나가 있다. 위구르인들은 이 나무가 매흐무드 카쉬가리가 지니고 다니던 지팡이를 꽂은 곳

마흐무트 카시가리 무덤 근처에 있는 신령하다고 믿는 샘

에서 지팡이가 살아나 저렇게 큰 나무로 자랐다고 믿는다. 그리고 그 나무
의 뿌리부분에서 생긴 샘물은 성수(聖水)로 여겨서 아픈 환자들에게 이 물
을 먹이면 효험이 있다고 믿고 있다. 멀리 떨어진 곳에서 이곳을 찾아오는
위구르인들도 있다.

또한 이 고목나무 자체를 신성시하기 때문에 이 나무가 병을 치유하는 능
력이 있다고 믿고 있다. 이 나무 옆에는 가끔 위구르 이맘(이슬람 종교지도자)이
코란을 읊으면서 앉아 있는데, 어떤 이들은 그에게 가서 자신의 문제나 소
원을 이야기하고 기도를 받거나, 그 이맘의 지시에 따라 자신의 신체 중 아
픈 곳을 이 나무에 비비는 모습이 종종 목격된다.(마치 나무가 신이고, 이맘이 그 중개
자라는 느낌이 든다.)

2) 무덤 숭배
다음으로 이슬람 성자들의 무덤을 숭배하는 모습을 들 수 있다.
이를 '마자르 신앙'이라고도 하는데, 위구르 말로 '마자르'는 무덤이라는

무덤에서 코란을 읽으며 기도하는 위구르인

뜻이다. 예로부터 노인을 공경하고 연장자를 대우했던 위구르인들의 전통이 이슬람과 결합되면서 무덤을 신성시 여기는 형태로 나타나고 있는 것이 아닌가 추측된다. 이들은 성인들의 무덤을 매우 성스럽게 생각하고, 이 무덤에 찾아가 자신들의 소원을 비는 기도를 자주 드리곤 한다. 그들이 찾아가는 무덤의 주인이 종교적 성인일 것이라고 생각하지만, 반드시 그런 것만은 아니다. 왕의 무덤, 학자의 무덤, 정치인의 무덤, 심지어는 무덤의 주인이 어떤 인물인지 정확히 알지 못한 채 전통적으로 '성인의 무덤'이라고 알려져 내려온 무덤을 찾는 현상마저 발견된다. 사람들은 보이지 않는 영적 세계와 교류할 수 있는 존재를 필요로 했고, 이 필요를 채우기 위해 성인이 등장하게 된 것이다. 이러한 성인 숭배는 죽은 사람이 신의 벗이기 때문에 그에게 가서 간절히 빌면 그를 통해 신의 도움을 받을 수 있다는 믿음에 바탕을 둔 것이다. 사람들은 성자들의 무덤에 와서 결혼식 서약을 하기도 하고 임신하지 못한 여자가 무덤에 와서 자신의 배를 무덤에 비비면서 수태를 기원하기도 한다. 또한 무덤에 입을 맞추거나 무덤 앞에 서서 무덤의 영과 기운을 자신에게 담아 넣기를 원하는 기도를 하기도 한다.

3) 샤먼의 영향

민속이슬람의 배경이 되는 것은 그들의 샤머니즘이다. 그들이 무슬림이

된 후에도 위구르인들에게 샤먼이 존재해 왔다. '샤먼'은 고대 위구르어에서 '참(Qam)'이라고 불렸다. 근현대 위구르어 중에서 샤먼은 박시(Bahxi), 페르혼(Perhon) 혹은 다한(Dahan)이라고 불린다. 위구르인의 샤먼은 남자도 있고 여자도 있다.

이슬람교의 여러 선지자는 샤머니즘의 수호신이 되었고, 이슬람교의 천사는 샤먼의 부리는 바가 되었다. 이슬람교 전설 중의 마귀는 인류에게 불행과 재난을 가져다주는 악귀가 되어 샤먼의 법술 활동을 통해서 쫓아내는 대상이 되었다. 이슬람교 순교자의 묘지는 샤먼과 그 신도들의 숭배대상이 되고, 또 구걸할 수 있는 근거를 제공해 주는 성지(聖地)가 된다. 이슬람을 받아들인 후 샤먼이 일약 몰라 혹은 아홍이 되거나 양자를 다 겸임하는 경우가 생긴다. 이슬람교의 성직자도 사람들을 위해서 복을 기원하고 병을 치료하며 재난을 쫓아내고, 점을 치며 물건을 잃으면 그 자취를 찾아주기도 하고, 미래를 예언하는 등 샤먼의 활동을 한다.

다음에 나오는 이야기들은 위구르 사회에서 여전히 샤먼의 영향력이 크다는 것을 알 수 있게 해준다.

"저는 카쉬가르의 잉지샤(英吉沙)가 고향인 위구르 여대생입니다. 저는 자주 머리가 아팠습니다. 방학이 되어 고향에 갔더니 어머니가 샤먼에게 데리고 갔습니다. 저의 어머니는 고향에서 의료계에 종사하고 있는 사람입니다. 그 샤먼이 저에게 부적을 적어 주었고, 그 부적을 불에 태워 그 재를 마시게 했습니다."

"각 향(乡)마다 샤먼이 한두 명 있지요."

"우루무치 도시 내에도 샤먼이 여러 명 있어서 사람들이 그를 찾습니다."

"엄마가 낮에 꿈을 꾸면서 하루 한 시간씩 웃기만 하는 일이 며칠 계속되어서 샤먼한테 데리고 갔어요…그 지역이 옛날 몽골 사람들이 쳐들어 와서 많은 사람이

죽은 곳이라고 하더군요."(악수지역 출신인 한 여성)

"친구가 민카오한 여학생인데, 귀신에게 괴롭힘을 당해서 위구르 박시(무당)에게 갔더니 그 박시가 하는 말이 코란을 읽어서 귀신을 쫓아낼 수 없었는데, 그 이유는 위구르 귀신이 붙은 것이 아니라 한족 귀신이 붙어 있기에 한족 물라(종교지도자 혹은 무당)에게 가서 귀신을 쫓으라고 말했어요. 실제로 한족 물라에게 갔더니 그 병이 치료되었지요."(위구르 여대생)

"실제로 우루무치 의대 여학생들도 점치러 가는 친구들이 많아요. 점치러 갔더니 너무 잘 맞아서 놀랐다고 해요⋯⋯ 나도 박시한테 가고 싶은데 아버지가 가지 말라고 하지요."(위구르 여대생)

"기숙사 친구가 밤에 악몽을 꾸고 괴로워하지요. 그래서 내가 박시한테 가라고 충고해 주었지요."

4) 신령한 남자들의 첫 '숨'

금요일은 무슬림들에게는 예배를 드리는 날이다. 그래서 금요일 낮 기도 시간에는 다른 때보다 많은 사람들이 모여 예배를 드린다. 물론, 이 예배는 성인 남자들만 드릴 수 있고, 여자들은 집에서 드려야 한다. 그런데, 카쉬가르의 이드카 모스크에서는 흥미로운 장면을 볼 수 있다. 예배를 마칠 때쯤이 되면 많은 무슬림 여성들이 물이 담긴 길쭉한 물병이나 난 또는 음식을 담은 대접 등을 가지고 사원의 출구 쪽으로 모여든다. 그리고 예배를 마치고 나오는 남자들은 그 늘어선 여인들의 물병 또는 음식이 담긴 대접에 "후~"하며 숨을 내쉰다.

이드카 모스크에서 여성들이 예배를 마친 남자들의 숨을 받는 장면

예배를 막 마치고 나오는 남자들의 '숨'은 거룩하기 때문에 그 거룩한 숨을 불어넣은 물이나 음식은 거룩하게 된다고 믿는다. 신령한 숨을 받은 여인들은 신령한 기운이 빠져나가지 않도록 뚜껑을 잘 덮어 조심해서 돌아가 이 물이나 음식을 집안의 환자에게 마시게 하고 먹인다. 그러면 병이 낫는다고 생각하는 것이다. 상식적으로 이해가 잘 안 되고, 이슬람적인 모습도 아니지만, 최소한 카쉬가르의 위구르인들에게 이것은 아주 이슬람적인 전통이며 타인을 배려하는 선행의 하나로 이해된다.

이슬람의 절기

로자 헤이트(단식 종료절)

이슬람력의 9월에 해당되는 라마단 달 동안 낮 시간에 무슬림은 인간의 본능적 욕구인 먹고 마시는 일 등을 일절 금한다. 이 기간이 끝나는 이슬람력의 10월인 샤왈 달 초하루부터 그 종료를 기념하는 축제가 시작되는데, 이것이 로자 헤이트(단식 종료절)이다. 사람들은 단식월이 끝나기 전부터 이 축제를 준비한다. 상가에는 각종 아름다운 옷과 음식, 음료수, 아이들의 장난감으로 넘쳐난다. 사람들은 축제에 필요한 물건들을 구입하면서 행복해한다. 여인들은 케이크와 여러 가지 명절용 음식을 준비하면서 서로 솜씨를 겨룬다. 각 가정은 자신들이 만든 명절용 케이크를 이웃 가족이나 친척 또는 친구들과 교환해 먹으며 축제의 기쁨을 주위 사람들과 나눈다. 이 축제는 보통 3일간 지속된다.

이 축제가 시작되는 첫날 새벽에 무슬림들은 모든 남녀노소가 새로 산 옷이나 깨끗한 흰 옷을 입고, 이슬람 사원이나 광장으로 가서 집단으로 축제 예배

명절에 모인 위구르 가족

를 드리며 명절을 축하한다. 예배가 끝나면 많은 사람들이 자기 조상이나 가족의 명복을 빌기 위해 무덤으로 가서 코란 구절을 암송한다.

그리고 나서 집으로 돌아와 아침 식사를 한다. 거리는 가족 간의 상호 방문으로 매우 붐비며, 각 가정은 친지와 친족 혹은 낯선 사람들에게 먹고 마실 음식과 선물을 주기 위하여 집을 개방한다. 명절을 기다리고 가장 즐거워하는 것은 아이들이다. 명절 동안 아이들은 깨끗하고 아름다운 옷을 입고, 단 과자를 마음껏 먹을 수 있으며, 어른들로부터 돈을 받아 원하는 것을 살 수 있다. 어른들은 축제 기간 동안 상호 방문하면서 명절을 축하하고, 선물을 교환하며 가난한 자에게 돈을 나누어 주고 병원의 환자를 방문하여 위로한다.

코르반 헤이트(희생절)

이슬람력의 12월인 두알힛자 달에 이슬람교도들은 약 7일 동안 계속되는 성지순례 의식(하지)을 갖는다. 모든 무슬림은 재력이 있고 건강이 허락하는 한 평생 동안 한 차례 메카를 순례해야 할 의무를 갖고 있다. 이 성지순례가 끝나는 12월 10일에 이루어지는 축제를 무슬림들은 이드 알 아드하(희생절)

라고 하며, 4~5일간 계속한다. 무슬림들은 단식 종료절을 작은 명절이라 하고, 희생절을 큰 명절이라고 부르며 이슬람력에서 가장 중요한 축제일로 간주한다.

코르반 헤이트는 위구르 사람들의 절기 중 가장 큰 절기이다. 로자 헤이트로부터 70일 후에 코르반 헤이트가 시작된다. 공식적으로 3일간의 휴일이 주어지지만, 일반적으로 5일에서 15일까지 서로 방문하는 것을 계속한다. 그러나 대도시인 우루무치에서는 대부분 3일 이내에 방문을 끝내고 일상적인 생활로 돌아간다.

이 축제 기간에 치러지는 각종 행사나 즐거워하는 모습들은 대체로 단식 종료절 때와 비슷하나, 가장 큰 차이는 이 축제 기간 동안 사람들이 희생 제물을 잡는 일이다. 무슬림들은 희생제 예배가 끝난 후에 집으로 돌아가서 양을 제물로 잡는데, 이것은 아브라함이 아들인 이스마일을 희생 제물로 알라께 바치려고 한 것을 기리기 위한 것이라고 한다. 잡힌 희생물의 3분의 1은 가난한 자에게 나누어 주고, 다른 3분의 1은 이웃이나 친지들에게 배분되며 마지막 3분의 1은 희생물을 잡은 가족의 몫으로 한다. 무슬림들은 서로서로 축하하고, 방문하여 안부를 묻는다. 성지순례를 마치고 메카에서 자기의 나라로 돌아온 무슬림들을 그의 가족과 친지, 친척들이 경하해 맞아들인다. 그들은 큰 파티와 성찬을 준비하여 무사히 순례 의식을 마친 순례자를 축하하며 서로 행복해진다.

이 날이 최대의 기념일이기 때문에 보통 일주일 전부터 준비를 시작한다. 하루는 시장에 가서 손님 대접할 장을 보고, 양도 사고, 하루는 난을 만들고, 하루는 집안 청소와 세탁을 하고, 새 옷도 사 입는 등 명절의 분위기를 마음껏 즐긴다. 그래서 아이들은 이 날을 가장 좋아한다.

코르반 헤이트의 희생 제물로 양을 잡는다

코르반 헤이트 첫째 날에는 집에서 가족들끼리 음식을 만들어 먹는다. 양을 잡아 삶은 고기를 식탁 위에 올려놓고, 손님들이 방문할 때 조금씩 잘라 먹을 수 있도록 한다. 그리고 중요한 손님이 방문했을 때는 잡은 양고기를 이용해서 라그멘이나 폴로, 카왑 등을 만들어 내놓는다. 그리고 양 내장은 순대를 만들어 내어 놓는다.

둘째 날부터는 친척, 은사, 이웃 등 꼭 방문해야 할 사람들을 방문해서 인사를 나누는데, 일반적으로 남자들은 친구들과 함께 단체로 방문하는 경우가 많다. 방문을 해도 오랫동안 앉아 있지 않고, 간단하게 인사를 나누고 한 점의 고기를 베어 먹고는 일어선다. 서로 이런 점을 이해하기 때문에 빨리 일어선다고 해서 문제될 것이 없다. 만약 방문한 집에 아이들이 있으면 용돈(미리 새 돈으로 바꾸어 놓음)을 주기도 한다.

09

신장의 국제교류

하진광

과거의 국제교류와 현재의 변화

신장은 러시아, 몽골, 카자흐스탄, 키르기즈스탄, 타지키스탄, 아프가니스탄, 파키스탄, 인도 등 중앙아시아 및 서남아시아 8개국과 국경을 맞대고 있다. 역사적으로 볼 때 신장은 인접국과 밀접한 교류를 해왔다.

과거 다른 국가와의 교류는 신장 지역의 지리적 특수성에 기인하고 있다. 신장의 지리적 여건으로 인해 전통적인 주요 거주지역이 타크라마칸(타림분지) 남쪽과 서쪽에 치우쳐 있었다. 우루무치나, 투르판, 하미 같은 도시를 제외하고는 중국 내지와의 유대가 약했다. 남쪽과 서쪽에 위치한 도시들에서 중국 내지로 가려면 사막지대를 통과해야 했다.

따라서 과거 신장은 중앙아시아나 서남아시아 지역과 교류를 많이 했다. 역사적으로 신장 지역 오아시스 국가들의 문화 속에서 중국 내지의 문화

신장 각 지구와 인접한 국가들

적 영향보다 오히려 인도를 통한 불교, 그리고 중앙아시아를 통한 이슬람교의 영향을 많이 볼 수 있다.

특히 근대 이전에 신장과 주변 지역은 실크로드의 활성화, 몽골제국 등 중앙유라시아 지역을 포괄하는 제국의 존재로 인해 활발하게 교류했다. 그러나 근대 제국주의 시대에는 신장과 주변 지역이 각각 소련(중앙아시아), 중국(신장), 영국(서남아시아)의 지배를 받는 지역으로 분리되었다. 19세기 말에서 20세기 초에 신장은 인도를 통한 영국 세력과 중앙아시아를 통한 러시아 세력의 각축장이 되기도 했다. 20세기 초에 잠시 존재했던 동투르키스탄 공화국도 러시아의 영향 하에서 세워진 것이다.

냉전 시대에도 소련과 중국의 갈등, 남부아시아를 통해 공산권의 영향력을 차단하려고 했던 서방국가의 전략 때문에 지리적 인접성에도 불구하고 구 실크로드 지역의 단절은 지속되었다. 하지만 구소련의 붕괴와 더불어 중국의 부상과 적극적인 해외 진출은 지난 20여 년간 이 지역 내 국제관계의 새로운 틀을 형성했다. 현재는 실크로드의 부활까지도 언급할 정도로 신장 지역과 중앙아시아, 서남아시아 지역 간 교류가 활발하게 이루어지고 있다. 이러한 교류의 추세들을 구체적으로 살펴보자.

정치적 교류

최근 신장과 주변국가와의 정치적 교류가 활성화된 가장 중요한 배경은 구소련의 붕괴에 따른 중앙아시아 국가들의 독립이다. 중국 정부는 중앙아시아 국가들이 독립했을 때 신속하게 관계를 맺으려고 했다. 이들 국가와 중국의 관계는 중국, 특별히 신장에 중요했다.

그 이유는 첫째, 이들 국가는 신장의 가장 가까운 이웃이며, 신장의 경제발전과 안보에 중요하다.

둘째는, 신장에 살고 있는 투르크계 민족들과 다른 민족들이 중앙아시아 지역에도 분리되어 수십 년간 살아왔다. 중국은 중앙아시아 및 서남아시아 이슬람권의 정치적 안정이 바로 신장지역의 정치적 안정과 연결되어 있다고 보고 있다. 특히 정치적 교류를 통해서 신장의 분리 독립운동을 차단하기 위한 주변국들의 협조를 얻어내려고 하고 있다.

셋째, 중앙아시아 지역을 통해 들여오는 에너지 자원의 확보를 위해서도 중요하다.

사실 독립 초기에 중앙아시아 국가들은 터키의 발전 모델을 따르려고 했다. 터키도 이에 적극적이었다. 중앙아시아 독립국에 제일 처음 국제항공

노선을 개설한 것이 터키 항공사(Turkish airline)이다. 그러나 터키는 자본 부족으로 인해 지속적으로 중앙아시아 국가를 돕지 못했다.

반면 중국은 막대한 경제력을 바탕으로 중앙아시아 국가들을 지원했다. 그러면서 중국 정부는 중앙아시아 국가들이 위구르 독립운동을 지원하는 단체나 기관을 억압할 것은 주문했다. 예를 들어 1996년 중국 국가주석이었던 장저민(張澤民)의 알마티 방문 시, 카자흐스탄 정부는 놉노르에서의 핵실험 반대시위를 하려고 했던 위구르 인사와 방송인을 가택 구금했다. 중앙아시아 정부와 중국은 경제발전에 도움을 얻고, 내부에 있는 분리주의 운동 내지는 이슬람 과격분자들을 억압하는 데 이해를 같이 했던 것이다.

이와 더불어 중국은 서남아시아 국가인 파키스탄과의 관계를 중요시하였다. 1993년 5월 중국과 파키스탄은 신장 카쉬가르지구의 홍치라프(Khun-jerab)를 통과하는 국경 무역을 여는 것에 동의했다. '카라코룸' 고속도로를 통해서 많은 물자와 인원이 교류하고 있다. 중국은 또한 파키스탄에 미사일 기술을 전수해 주었다.

반면 인도는 중국과 경쟁관계이다. 국경 분쟁으로 갈등을 빚었고, 특별히 1962년에는 전쟁을 벌이기도 했다. 그리고 인도가 달라이라마의 인도 망명을 허가하고, 티베트 이주자들에게 딜람사르에 거주지를 제공하면서 중국과 불편한 관계가 되었다. 게다가 부시 행정부 시절 인도는 미국과 준 동맹 수준의 관계로 발전하였다. 이는 중국으로 하여금 인도의 정치적 라이벌인 파키스탄과의 관계를 더욱 중요시하게 만들었다.

중국이 중앙아시아 신생 독립국을 비롯한 주변국과의 관계를 발전시켜 나가려고 노력한 결과가 바로 2001년 6월에 결성된 상하이 기구라고 할 수 있다. '상하이협력기구(이하 SCO)'는 처음에는 서로 간 신뢰를 구축하고 무역을 증

상하이협력기구

'상하이협력기구(SCO, the Shanghai Cooperation Organization)'는 1996년 상하이 5개국 정상모임을 기초로 2001년 6월 중국, 러시아, 카자흐스탄, 키르기즈스탄, 타지키스탄, 우즈베키스탄의 6개국을 회원국으로 하여 정식 출범하였다. 2005년부터 준회원국(옵서버)으로 이란, 파키스탄, 인도, 몽골이 참여하고 있다. 2009년부터 벨라루스와 스리랑카는 협력파트너 자격을 얻었다. 미국은 준회원국 자격을 신청했다가 거절당하기도 했다.

상하이그룹 회원국의 국토는 약 3,000㎢로 세계 면적의 20.2%, 유라시아 대륙의 60%를 차지한다. 인구는 14억 8,900만 명으로 세계 인구의 23.1%, 만약 인도 등 준회원국 국가를 포함하면 세계 인구의 43.5% 수준에 이른다. 10개국의 구매력 기준 국내총생산 규모는 세계의 25.4%이다. 이 지역은 특히 중동과 카스피해 등 에너지 공급지들로 통하는 길목에 있는 전략적 요충지에 자리 잡고 있다. '상하이협력기구'는 회원국 간 정치, 경제, 과학기술, 문화, 교육, 자원, 교통, 관광, 환경보호 등의 협력을 도모하고, 역내 평화와 안전보장과 안정을 위해 공동 노력하는 것을 목표로 하고 있다. 베이징에 상하이 협력기구의 사무실이 있고, 키르기즈스탄의 비쉬켁에 대테러센터가 있다.

상하이협력기구 회원국

1 러시아
2 우즈베키스탄
3 중국
4 카자흐스탄
5 키르기즈스탄
6 타지키스탄
7 몽골
8 이란
9 인도
10 파키스탄
11 벨라루스
12 스리랑카

■ 정회원국   ■ 준회원국   ■ 협력파트너

대시키는 방향으로 나아갔지만 정치적 문제를 다루는 기구로 발전되었다. 그들은 서로서로 자국 내 분리주의 운동에 대해서 상호간의 협조를 강화할 것을 필요로 하였다. 러시아는 미국의 헤게모니이즘과 체첸분리주의 운동을 저지하기 위해 중국과 라이벌 상태로 있기보다는 협조를 필요로 했다. 그리고 중국의 협조로 중앙아시아에서의 영향력을 보존하려고 했다.

중국 역시 미국의 헤게모니이즘에 반대하고, 중앙아시아에 있는 신장 분리주의운동에 대처하기 위해 러시아의 지지를 구했다. 중앙아시아 국가들 역시 점차 반정부 소요사태에 직면하고 있고, 어떤 국가도 홀로 이런 소요사태를 해결할 수 없는 상태였다. 미국이 중국 및 러시아와 편치 않은 관계인 데다가 인권 문제로 인해 중앙아시아 통치자들을 지지하지 않기 때문에, 지역 정부들은 '상하이협력기구'에 가입하는 것 외에 대안이 없었다. 이러한 반미적인 성격 때문에 미국의 보수 논객들은 SCO를 독재자들의 모임이라고 폄하하고 있다.

9.11 이후의 국제 정세도 신장과 주변국가 간의 정치적 관계가 밀접해지는 데 영향을 주었다. 미국은 9.11 이후 대테러 전쟁을 명분으로 중앙아시아 (우즈베키스탄, 키르기즈스탄, 타지키스탄)에 미군을 주둔시켰다. 하지만 실제로는 중앙아시아 지역에서 중국과 러시아의 영향력을 견제하고 미국의 영향력을 확대하려는 목적도 있었다.

9.11 이후 미국의 대테러 전쟁은 국제적인 반테러 연대의 정당성을 가져다 주었다. 이러한 배경에서 중국과 러시아가 이해관계를 함께 하면서 미국을 견제하고 반테러 연대를 하기 위해 상하이 협력기구를 활용하였다. 특히 중국은 미국이 서쪽으로는 중앙아시아, 동쪽으로는 일본과 한국, 대만을 통해 중국을 포위하려 한다는 소위 '중국 포위전략'에 대한 위기감을

가졌다. 이것을 벗어나기 위해 중국의 서쪽 국경을 마주하고 있는 국가들과의 정치적 연대를 더욱 중요시하게 되었다.

2003년 그루지아, 2004년 우크라이나, 2005년 우즈베키스탄(안디잔)과 키르기즈스탄 등 중앙아시아에서 민주화 운동이 일어난 이후 중앙아시아 정부들은 보다 반미적이고 친소-친중국적인 경향으로 기울게 된다. 미국이 9.11 테러 이후 경제, 군사 원조를 무기로 이 지역을 자국세력권으로 끌어들이기 위해 애쓰고 있으나, 정권 유지에 위기감을 느낀 이 지역 정부들은 미국의 민주화 압력에 대한 지렛대로 러시아나 중국을 이용하고자 하였고, 중국 및 러시아도 이러한 경향을 이용하고 있다.

그 후 후진타오(胡錦濤) 등 중국의 고위간부들이 카자흐스탄을 비롯한 중앙아시아 지역을 자주 방문하고 있다. 중국은 키르기즈스탄의 민주화운동 이후 우즈베키스탄과의 관계를 발 빠르게 전략적 파트너십 관계로 격상시켰다. 2007년부터는 상하이 협력기구 회원국이 합동군사 훈련을 벌이기도 했다.

그러나 중앙아시아 국가는 서방과의 관계를 유지함으로써 러시아나 중국의 영향력에 완전히 좌우되지 않도록 균형을 유지하고자 한다. 중앙아시아 국가들은 중국 주도의 상하이 협력기구 가입 이전에 이미 러시아 주도의 '집단안보조약기구(CSTO)'에 가입했으며 NATO 산하 파트너십에도 가입한 바 있다. 따라서 중국의 중앙아시아 국가들에 대한 정치적 영향력은 여전히 제한적이다. 오히려 경제적인 면에서 더욱 큰 영향력을 행사하고 있다고 할 수 있다. 실제로 중국은 세계 금융위기 이후 열린 2008년 상하이협력기구 회의에서 에너지안보 강화라는 이슈를 제기하는 등 경제력을 바탕으로 영향력을 확대하고 있다.

경제적 교류

이 지역의 경제적 교류는 우선 중앙아시아-카스피해 지역의 풍부한 에너지 자원, 특히 세계 2위의 매장량을 지닌 이곳의 석유자원 및 우라늄 등의 지하자원과 연관되어 있다. 또한 구소련 붕괴 이후 중앙아시아 지역에 대한 러시아 경제의 영향력이 상대적으로 감소되었고, 반면 중국이 상품수출 및 노동력 진출을 통해 그 지역에 경제적 영향력을 확대하면서 신장과 주변국 간의 경제적 교류가 활성화되었다.

중국은 미국에 이어 세계 2위의 석유소비국이며 1993년 이후 석유수입국으로 변화되었다. 지속적인 경제성장을 위해서 자원 확보에 진력하고 있어서 세계 자원의 블랙홀로 불리고 있다. 그래서 에너지 자원이 풍부한 중앙아시아 국가들과 긴밀한 경제교류를 추진하고 있다. 중국은 그동안 수입 석유의 70%를 중동 지역에서 들여왔으나, 현지 정세가 불안한 데다 해양 수송로 확보가 문제이다. 전쟁이 일어나거나 미국의 주도로 말라카 해협이 봉쇄될 가능성 때문이다.

그러나 카자흐스탄과 러시아는 국경을 맞댄 이웃 나라여서 수송 원가가 적게 든다는 장점도 있다. 카자흐스탄의 입장에서도 석유 수출이 국가경제를 주도하는 견인차인 만큼 중국 시장을 다른 곳에 양보할 수 없다. 러시아도 동시베리아 석유를 내수시장으로 가져오기보다는 중국에 파는 것이 경쟁력이 있다. 중국 중앙아시아학회 왕하이윈(王海运) 이사는 "이들 3국은 국경 문제도 해결한 만큼 자원과 시장의 상호보완 효과를 기대할 수 있다."고 말했다.

그 일환으로 중국 최대 석유회사인 중국석유천연가스공사(CNPC)는 2005년 8월 41억 8천만 달러를 들여 캐나다 회사가 투자한 카자흐스탄 석유공

사를 사들였다. 또 중
국의 신장위구르자
치구의 아라산커우
(阿拉山口) 송유관과 카
자흐스탄 송유관 연
결 공사가 완성되어
2006년 봄부터 카자

카자흐스탄과 신장을 잇는 송유관의 모습

흐스탄 석유가 본격적으로 중국에 들어오고 있다. 중국은 석유 수입에만
그치지 않고 여러 에너지 자원이 풍부한 카자흐스탄에 대한 에너지 관련
투자에 관심이 많다.

신장과 중앙아시아 국가들 간의 무역도 활발해지고 있다. 중국은 신장을
중앙아시아와 서남아시아 지역으로 가는 상품의 공급기지로 삼고자 하고
있다. 신장은 중국 서부지역에서 가장 대외무역이 발달한 성으로서 그 수
출입 총액은 쓰촨성보다 높다. 신장은 현재 160개 국가 및 지역과 경제 무
역협력 관계를 맺고 있다.

신장의 수출입 총액은 급속도로 증가하고 있다. 1995년 10억 달러 정도에
서 2004년 50억 달러 정도로 증가하는 데 10년이 걸렸었지만, 50억 달러
에서 2007년 100억 달러가 되는 데는 3년이 걸렸다. 그런데 100억 달러에
서 2008년 200억 달러가 되는 데는 불과 1년이 소요되었다. 2011년 신장
의 대외무역은 228.22억 달러로서 지난해에 비해 33.2% 증가하였으며,
그 증가율은 전국 평균 수준보다 10.7% 포인트 높은 수치이다. 이 중 수출
액은 168억 달러이고 수입액은 60억 달러이다. 신장의 주요 수출품은 건
자재, 기계 및 다양한 생필품 등이고, 주요 수입품은 원유, 철광석 등 천연

중국의 수출품을 싣고 카자흐스탄 국경을 넘기 위해서 기다리고 있는 차량들

자원이다.

신장의 주요 무역 상대국은 중앙아시아 국가들이다. 2011년 중앙아시아 5개국 및 러시아와의 무역이 179억 달러로서 전체 신장 대외무역의 78.4%를 차지하였다. 카자흐스탄이 신장의 첫 번째 무역 상대국이고, 두 번째는 키르기스스탄이다. 2000년 통계로 전체 교역량의 52.1%를 신장과 카자흐스탄 간의 무역이 차지하였고, 7.6%를 키르기스스탄과의 무역이 차지하고 있다. 2011년에 신장과 카자흐스탄과의 수출입 총액은 처음으로 100억 달러를 넘어선 105억 9천만 달러에 달했다. 이는 전년에 비해 14.4%가 증가한 수치였다. 2011년 카자흐스탄과의 무역은 신장 대외무역의 46.4%를 차지했다. 2015년부터 양국 사람들이 접경지대에서 비자 없이 무역교류를 할 수 있는 경제자유무역 지대를 건설 중이다.

신장과 주변국 간에는 일급 통상구 17개, 이급 통상구 12개가 있어서 이를 통해서 무역이 이루어지고 있다. 1997년 문을 연 카자흐스탄 알마티의 야렌(亚联) 시장을 포함해서 중앙아시아에는 중국 물품을 취급하는 수백 개의 시장이 존재한다.

중국의 입장에서 중앙아시아는 새롭게 부각되는 시장이고, 중앙아시아 입장에서는 중국을 통해 저가의 현대화된 상품을 공급받으려는 실제적인 필요가 연결되어서 무역이 활발하게 이루어지고 있다. 키르기즈스탄의 경우 소비재와 가공식품의 경우 60~70%를 중국산이 차지하고 있다. 그러나 대부분의 무역이 비공식적인 경로로 이루어지기 때문에 국가 간의 공식적 교역량 통계는 전체의 10분의 1 정도밖에 반영하지 못하고 있다.

인적 교류

상품 이동을 통한 중국의 경제적 영향력보다 더 중요한 것은 중국의 인구 및 노동력 이동이다. 활발한 경제적 교류로 인해서 중앙아시아 지역에서 어렵지 않게 중국인 비즈니스맨이나 상인을 만날 수 있다. 예를 들어 키르기즈스탄의 경우, 1991년 독립 이래로 중국인의 진출이 급격하게 이루어지고 있다. 2005년까지 15년 동안 10만 명가량의 중국인이 이주했고, 다음 10년간 그 수는 배가 될 것으로 예상하고 있다. 이러한 현상은 카자흐스탄이나 타지키스탄 등 다른 중앙아시아 국가도 마찬가지이다.

중앙아시아 지역 내 노동력이 부족한 인구학적 상황은 중국 노동력의 중앙아시아 진출을 촉진하고 있다. 반면 중국에는 막대한 잉여 노동력이 있다. 즉, 경제적 이유 뿐 아니라 인구학적인 이유로 중국인들의 이주가 상당히 증가하고 있으며 중국 정부는 이를 옹호하고 있다.

이 같은 중국인들의 진출에 대해 중앙아시아 국민들의 시각은 기본적으로 부정적이다. 언론은 공공연히 중국 위협론을 말하고 있다. 예를 들어 카자흐스탄에서 보도된 기사를 보면 그들의 두려움이 어떤 것인지를 알 수 있다.

"구소련의 주된 핵실험 구역으로서 지금까지 카자흐스탄에서 환경문제가 주된 관심이 되어 왔다. 그런데 지금은 우리나라에 온 중국인 거주자들이 환경 재앙보다 더 큰 문제가 되고 있다.

우리의 경제적 어려움을 돕기 위해서 온 중국인들의 숫자가 매일 증가하고 있다. 그들은 돈을 가지고 왔고, 매력적인 카작 여인들을 찾아서 돈을 주고 결혼을 한다. 그리고 집과 땅을 사고 그곳에 거주한다. 과거에는 러시아인들이 비슷한 방법으로 우리나라를 차지했다. 그래서 지금 카자흐스탄에는 6백만 명이 넘는 러시아인들이 존재한다. 그들 대부분은 그들 자신의 나라로 돌아가기 원치 않고 있으며, 우리는 어쩔 수 없이 그들과 함께 살고 있다. 마찬가지로 우리가 미래에 수백만 명의 중국인들과 살게 되지 않겠는가? 우리가 넓은 땅을 가지고 있는 것은 사실이다. 하지만 우리의 이웃인 동투르키스탄(신장)도 역시 넓은 영토를 가지고 있었다. 그러나 지금 그 땅은 중국인 거주자들로 넘쳐나고 있다. 우리는 중국인들이 항상 우리의 영토를 요구해 왔다는 것은 잊어서는 안 된다. 우리 정부가 중국인 거주자의 수를 감소시키는 조치를 취해야 할 때다."(카자흐스탄 신문 Atameken 1993년 3월 13일자)

교통망의 연결

신장과 중앙아시아, 서남아시아 국가들 간의 정치 · 경제 · 인적 교류의 활성화는 지역 간 교통망의 연결을 촉진시키고 있다. 과거 정치적인 이유로 단절되었던 길들이 복원되거나 새롭게 이어지고 있다. 그 핵심은 중국 신장과 인접국과의 연결이 이루어지는 점과 중앙아시아 국가들의 교통망이 이전에 북쪽의 러시아와만 연결되었던 것에서 벗어나 인도양 연안 국가들과도 연결된다는 점이다.

신장과 카자흐스탄 사이에는 2종류의(도로와 철도) 연결 노선이 있다. 철도는 일주일에 3회의 국제열차가 운행되고 있고, 도로망은 국제버스 등을 통해 24시간 내에 알마티와 우루무치를 연결하고 있다. 카자흐스탄과 중국이 제2차 철도 노선을 계획하고 있다. 중국은 이미 2009년에 중국 영토 내 제2

노선 선로를 완공했고, 후얼궈쓰 육로 통상구 주변에 기차역을 세웠다.

중국에서 신장-카자흐스탄을 경유해서 유럽으로 이어지는 육상 경로가 있지만, 중국에서 유럽으로 가는 무역 상품들은 대부분 해상을 통해 운송되어 왔다. 육상으로 운반하면 비용이 절감되겠지만, 시스템 관리 문제 때문에 오히려 많은 비용이 요구되는 것이 현실이다. 양국 간 물류의 호환성이 없어서(원자재 vs 상품) 물류를 실은 기차가 상품을 싣고 갔다가 빈 차로 되돌아오는 상황이다. 게다가 기차 레일이 국가 간 다른 문제(군사적 이유) 때문에 양국 간의 철도 운송은 한계가 있다. 수입되는 물건의 관세나 벌금을 부과하는 기준에 모호함이 있고, 시도 때도 없는 검사, 국경에서의 지연 등의 행정적 문제가 양국 간 육상 무역을 저해하고 있다.

중국은 중앙아시아로 가는 통로로서 카자흐스탄 이외에 키르기즈스탄과의 연결을 강화하려고 한다. 키르기즈스탄은 중앙아시아 국가 중 WTO에 가입한 최초 국가이지만 중국과 국경을 넘는 데 어려움이 있었다. 하지만 현재 중국은 카쉬가르(喀什)에서 키르기즈스탄의 비쉬켁, 오쉬 등으로 가는 국제버스를 이미 운행하고 있고 앞으로는 키르기즈스탄으로 가는 철도를 계획하고 있다. 중국은 또한 키르기즈스탄을 통해 우즈베키스탄으로 연결되는 중앙아시아 도로 건설을 추진하고 있는데 이를 위해 15억 달러를 투자할 용의가 있다고 하였다. 이 같이 우즈베키스탄의 안디잔, 키르기즈스탄의 오쉬, 중국의 카쉬카르로 이어지는 도로 및 철도 노선이 계획되고 있다.

타지키스탄과는 중국의 신장과 타지키스탄 동부의 고르노-바닥스탄자치주와의 국경 도로가 개통되었다.(Murghab-Kulma 도로) 파키스탄과는 카쉬가르에서 카라코룸을 넘는 정기 노선버스가 시작되었다. 카쉬가르와 파키스탄을 연결하는 카라코룸 고속도로를 뱅갈만 카라치까지 연결시킬 것을 고려하고 있다. 그리고 인도양 연안에 중국 정유공장을 설립하고, 송유관을 건설하여 중국으로 운반하려는 계획을 가지고 있다. 이렇게 되면 인도양까지 신장에서의 물류가 이어질 것을 기대할 수 있다.

중국 정부는 현지 항공사(남방항공)와 협력하여 우루무치 공항을 중앙아시아, 서남아시아 및 중동지역으로 가는 국제 허브공항으로 육성하려는 계획을 가지고 있다. 현재 우루무치에는 카자흐스탄의 알마티와 아스타나, 키르기즈스탄의 비쉬켁, 타지키스탄의 두산베, 파키스탄의 이슬라마바드, 아제르바이잔의 바쿠, 우즈베키스탄의 타쉬켄트, 러시아의 모스크바와 신시베리아로 가는 항공노선이 있다.

베이징을 출발해서 우루무치를 경유하여 아프가니스탄의 카불, 이란의 테헤란, 아랍에미리트의 두바이로 가는 노선이 있다. 우루무치에서 터키의 이스탄불을 잇는 노선이 신설되었다. 최근 우루무치와 파키스탄의 카라치, 키르기즈스탄의 오쉬 노선도 개설되었다. 2006년 4월부터는 우루무치-인천 간 직항 노선이 여름철에 개설되면서 우루무치를 중심으로 실크로드 주변지역을 돌아보는 관광패키지가 개발되었다. 따라서 한국-신장-중앙아시아·서남아시아를 연결하는 여행이 가능해졌다.

새로운 시각의 요청

최근 국제 정세와 지역적 교류의 추세를 반영하여 신 실크로드의 부활에 대한 논의가 활발하게 이루어지고 있다. 과거 정치적인 이유로 단절되었던 실크로드가 이제 새롭게 이어지고 있다는 인식이 높아지고 있다. 중국은 신장을 통해 유라시아 내륙으로 진출하고 있으며, 카자흐스탄 등과 같은 중앙아시아 국가들도 기존 러시아 쪽으로만 이어져 있는 도로망을 중국, 서남아시아 지역 등 기존 실크로드 지역으로 연결하고자 한다.

신장과 중앙아시아 및 서남아시아 지역 간 교류의 중심에는 신장의 수도 우루무치 및 이닝과 카쉬가르 같은 국경에 인접한 전략적 도시들이 있다. 중국 정부는 우루무치를 중국 서부지역의 중심도시 및 중서아시아를 향한 국제무역 중심으로 발전시키고자 한다. 동시에 이닝을 카자흐스탄 등 중앙아시아 대외무역의 중심으로, 카쉬가르를 서남아시아와의 교류의 거점으로 개발하고 있다. (이 책의 나머지 부분은, 우루무치, 이닝 및 카쉬카르를 다루고 있다)

최근 국제교류의 추세는 신장을 중국 내지만이 아니라, 중앙아시아 및 다른 지역과 긴밀하게 연결된 곳으로 바라보도록 더욱 요청하고 있다. 즉, 신장을 이해하기 위해서는 중국 내지 뿐 아니라 중앙아시아 및 서남아시아와의 교류에 주목해야 할 것이다.

PART
2
우루무치

아름다운 초원에서 신실크로드의 심장으로

01

우루무치 도시개관

야성일·김수진

우루무치는 신장위구르자치구의 수도이자 최대 도시로 신장의 정치·경제의 중심지이다. 또한 중앙아시아와의 무역을 담당하는 국제 무역 도시이기도 하다. 위구르어로 '위림치'라고 불리며, 우루무치라는 이름은 몽골어로 "아름다운 목장"이라는 뜻에서 유래되었다는 것이 가장 일반적으로 받아들여지고 있다.

도시의 지리적 특징

우루무치는 신장 중부를 가로지르면서 신장을 북신장과 남신장으로 나누고 있는 천산산맥의 북쪽 경사면에 위치(해발680~692m)하고 있다. 우루무치는 서·남·동쪽 3면이 산으로 둘러싸여 있으며, 동남쪽의 지세가 높고 서북쪽이 낮다. 인근에 있는 천산산맥 빙하에서 발원하여(천산빙하와만년설의 면적

홍산에서 바라본 우루무치 중심부

은 164㎢로서 우루무치 시 구역의 면적과 비슷하다. 그 고정저수량이 73.9억㎥ 인데 이로써 '천연고체저
수지'로 불린다.) 북쪽 경사면 즉, 우루무치의 남산(南山)에서 흘러내리는 우루무
치 강의 계곡에 위치하고 있다. 이렇게 산으로 둘러싸여 있는 환경과 많은
수자원으로 인해 거주하기에 알맞은 환경이 조성되어 있고, 전통적으로
좋은 목초지가 형성되어 있어서 도시가 건설되기 전에는 유목민족들의 목
축지로 사용되었다.

우루무치는 특히 천산산맥의 중간이 약간 끊기듯이 완만해지는 곳에 위치
함으로써 지리적으로 천산남북을 잇는 교통의 연결점이 되고 있다. 우루무
치를 중심으로 한 교통망은 네 방향으로 뻗어나간다. 동쪽으로는 바리쿤(巴
里坤), 하미(哈密), 서쪽으로는 징허(精河)와 이리(伊犁), 남쪽으로는 투르판(吐
魯番), 튀커쉰(托克遜)을 거쳐 남신장(南疆)에 이르며, 북으로는 알타이(阿勒泰)

우루무치 시내에서 30km 떨어진 '아시아의 지리적 중심' 기념 건축물

로 갈 수 있다. 이 사통 팔달의 위치는 우루무치로 하여금 신장 지역의 행정적·군사적 요충지이며 동시에 상업과 무역의 거점이 되도록 하였다.(중국내지에서 오는 철도도 우루무치 근처에서 남신장과 북신장 노선으로 갈라진다.)

또한 우루무치에는 많은 지하자원이 있는데, 특히 89억 톤 가량의 석탄 매장량은 우루무치에 '석탄바다 위의 도시' 라는 별명이 붙게 하였다. 풍부한 지하자원과 목재, 수자원 등은 우루무치가 공업도시로 발전하는 데 좋은 기반을 갖도록 하였다.

우루무치는 바다로부터 약 2,300km 떨어져 있어 세계에서 바다로부터 가장 멀리 떨어진 대도시로 알려져 있다. 우루무치에서 30km 떨어진 지점에 아시아 대륙의 지리적 중심을 나타내는 기념물이 있다. 그래서 우루무치를 '아심지도'(亞心之都, 아시아의 중심도시라는 뜻)라고 부르기도 한다.

우루무치의 기후는 대륙성 건조 기후에 속하며 연평균 기온 8.1℃(2005년 1월 평균 -14.7℃, 최저 기온 -26.4℃, 7월 평균 25.5℃, 최고 기온 36.7℃) 연평균 일조량 2,609시간, 연평균 무상일 156일, 연평균 강수량 194mm이다. 도시 총 면적은 1만 902㎢로 7개의 구(区)와 1개의 현(县)으로 이루어져 있고, 그중 톈산구(天山区), 싸이빠커구(沙依巴克区), 신스구(新市区), 수이모거우구(水磨沟区) 4개 구가 주요 도심을 형성하고 있다.

행정구역

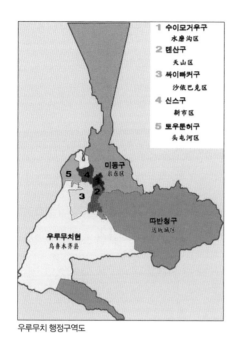

1 수이모거우구
  水磨沟区
2 톈산구
  天山区
3 싸이빠커구
  沙依巴克区
4 신스구
  新市区
5 토우툰허구
  头屯河区

우루무치 행정구역도

톈산구(天山区 Tiānshānqū)

톈산구는 우루무치 도심 동남부에 위치하고 있다. 동으로는 동산꽁무(东山公墓, 동산공동묘지) 남으로는 우루무치현, 서로는 허탄루(河滩路)와 싸이빠커구와 만나고, 북으로는 수이모거우구와 접하고 있으며 총 면적은 약200㎢이다. 인구는 약55만 명이고, 주민의 35% 정도가 소수민족으로 이루어져 있어서 우루무치 도심에서 소수민족이 가장 많이 거주하는 구역이다. 관할 지역에는 자치구 당, 정, 군과 신장 생산건설 병단의 수뇌기관이 있으며, 우루무치의 정치·경제·문화·교육, 그리고 금융의 전통적인 중심지이다.

싸이빠커구(沙依巴克区 Shāyībākèqū)

싸이빠커구는 우루무치 도심 서남부에 위치하며 총 면적은 422㎢이다. 서로는 야마리커산, 동으로는 허탄루(河滩路)와 톈산구에 접해 있고 남으로는 우루무치현, 북으로는 신이루(新医路)와 신스구에 연결되어 있다. 인구는 약52만 명으로 우루무치 안에서 유일하게 위구르어로 명명된 구(区)이다. 싸이빠커구는 기차역과 시외버스 터미널이 있어 교통이 편리하고, 통신이 발달했으며 녹지가 많고 지리적으로 사통 발달되어 경제가 발전할 수 있는 조건이 잘 갖춰져 있다. 특히 최근 몇 년 동안 우루무치의 대외무역이 활발해지면서 우루무치 발전의 창구로 여겨져 많은 관심을 받고 있다.

신스구(新市区Xīnshìqū), 까오신구(高新区Gāoxīnqū)

신스구는 우루무치 도심 서북부에 위치하며 동으로는 허탄루와 수이모거우구, 서로는 토우툰허구, 남으로는 신이루와 싸이빠커구와 접하며, 북으로는 우이목장, 우창공루와 미동구에 접해 있다. 총 면적이 143㎢이며 인구는 약 52만 명이다. 1992년 8월에 설립된 면적 59.1㎢의 까오신구를 포함하고 있는데 까오신구는 국무원 승인을 받은 국가급 기술산업 개발구로 신장에서 유일한 고급 신기술 개발구이다. 새로운 에너지원, 신소재, 의약품, 석유화공, 기계전자와 특수자원 가공 등 6대 산업이 밀집되어 있다. 새로운 산업지대 형성으로 최근 우루무치에서 가장 빠른 인구증가를 보이고 있다.

수이모거우구(水磨沟区, shuǐmógōuqū)

우루무치 동북부에 위치한 수이모거우구는 1956년에 형성되었으며, 우루무치에서 가장 먼저 만들어진 공업 광산지와 관광 지역이다. 풍부한 자원을 이용한 공업지대가 발달했고, 또한 자연경관이 아름다워 모택동 등 혁명을 주도했던 이들이 신장에 있을 동안에 수이모거우 휴양소에 거주했었다. 면적은 92㎢이고 인구는 약 26만 명이다.

토우툰허구(头屯河区, Tóutúnhéqū),

경제기술개발구(经济技术开发区, jīngjìjìshùkāifāqū)

본래 토우툰허구는 우루무치 서쪽에 위치하며 면적 약 400㎢에 인구가 약

13만 명이었으나, 2011년 1월 경제기술개발구와 토우툰허구가 합쳐지며 현재 면적은 약480㎢, 인구는 약28만 명에 달한다. 동쪽으로 신스구, 서쪽으로 창지시와 접하고 있다. 코카콜라, 큐리텔, 웰라, 칼스버그, 통일식품 등의 해외 기업은 물론 신장에서 가장 큰 철강 기업과 석유 기자재 교류센터 등 중대형 국유사업이 들어서 있고, 전국에서 몰려든 철강 생산과 제조업 위주의 산업시설이 들어서 있다. 서북 최대의 수출 가공기지를 만들어 중국이 서쪽으로 진출하는 교두보로 삼으려는 계획을 추진 중이다. 신장에서 가장 큰 열차 배차역이 있고, 두 개의 여객과 화물 버스 터미널이 있으며 북쪽으로 우루무치 국제공항과 접하고 있어 교통 조건도 매우 훌륭하다.

따반청구(达坂城区, Dábǎnchéngqū)

따반청구는 우루무치시 동남부 외곽에 위치하고 면적 4,759㎢로 우루무치에서 가장 큰 현급 구이다. 총 인구는 6.3만 명이며 소수민족 비율은 약 48% 정도로 소수민족이 집중된 곳이다. 동남쪽으로 투르판시, 튀커쉰현, 북쪽으로 지무싸얼현과 접하고 있다. 서쪽을 제외한 삼면이 산으로 둘러싸여 있다. 다른 구와 달리 온대 대륙성 기후로 겨울과 여름의 기후 변화가 심하다. 온도 차가 크고 겨울이 길며, 봄가을에는 바람이 많고 강수량이 적어서 건조해 땅은 황량하다. 바람이 매우 많이 불어서 약 1,500㎢ 정도 면적에 걸쳐서 풍력발전소가 존재하며 동양에서 규모가 가장 크다.

미동구(米东区, Mǐdōngqū)

2007년 미촨시와 우루무치 동산구가 합병되어 설립된 미동구는 우루무치 동북부 외곽에 남북으로 길게 위치하고 있으며 동으로 푸캉시, 서로는 창지시, 남으로는 따반청구, 북으로는 우지아취시에 연결되어 있다. 면적은 3,407㎢이며 인구는 약 30만 명 정도이다. 석회석, 망초, 석탄 등의 지하자원이 풍부하며 특히 연 석탄 생산량이 950만 톤 정도로 중국 100대 주요 석탄 생산지 중 하나이다.

우루무치현(乌鲁木齐县, wūlǔmúqìxiàn)
우루무치 서남부 외곽에 위치하고 있으며, 동으로는 따반청구, 남으로는 튀커쉰현, 서로는 토우툰허구와 창지시에 접하고 있다. 면적은 4,261㎢, 인구는 9만 3,092명으로 따반청구와 더불어 천산산맥 북쪽 면에 위치해 관광자원이 풍부한 편이다. 전체적으로 남동쪽이 높고, 서북쪽이 낮은 지형이다.

인구

총인구와 민족별 인구

2009년 말 우루무치 총인구는 241만 명이고, 그중 소수민족이 66만 명이다. 다음의 그림에는 신장위구르자치구 전체의 민족별 인구와 우루무치시의 민족별 인구의 구성 비율이 나타나 있다.

〈2006년 신장과 우루무치의 민족별 인구 비율, %〉

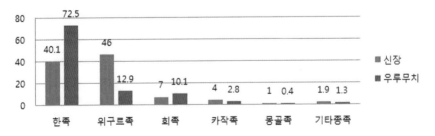

한족과 소수민족의 인구 비는 신장이 40:60, 우루무치가 72:28이다. 신장
전체에는 소수민족의 비율이 약간 높지만 대도시인 우루무치에는 한족 인
구가 월등히 많다는 것을 알 수 있다.

산업별 인구

산업별 인구 비율을 보면 2차 산업에 27%, 3차 산업에 64%가 종사하며,
2·3차 산업의 비중이 높은 전형적인 산업도시의 모습을 보이고 있다.

〈신장 산업별 인구 비율〉

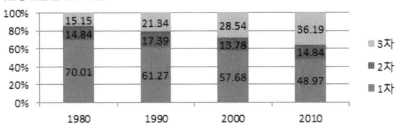

〈우루무치 산업별 인구 비율〉

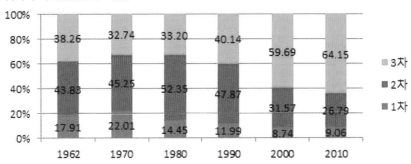

인구 변화 추세

우루무치의 인구는 2000년 이후 서북 무역 중심도시로의 개발에 따라 다
시 급격한 성장을 하고 있다. 통계에 잡히지 않는 유동인구까지 포함하면
2010년 우루무치에 거주하는 인구는 300만 명을 넘을 것으로 추정하고 있

다. 중국 내지에서 유입되는 한족들도 늘어나고 있지만, 신장 다른 지역에서 유입되는 소수민족의 수도 크게 늘어서 2000년까지는 우루무치 내의 소수민족 비율이 조금씩 늘고 있는 것을 볼 수 있다. 하지만 2000년 이후로는 다시 내지에서 유입되는 한족이 크게 늘어나며, 다시 한족의 비율이 높아져 가는 것을 볼 수 있다.

〈우루무치 인구 변화〉   단위: 만 명

연 도	총 인 구	한 족	%	소수민족	%
1960	601,300	501,836	83.46	99,464	16.54
1970	766,726	595,156	77.62	171,570	22.38
1980	1,175,310	895,757	76.21	279,553	23.79
1990	1,438,718	1,053,822	73.25	384,896	26.75
2000	1,788,249	1,308,611	73.18	479,638	26.82
2010	2,386,233	1,749,351	73.31	636,882	26.69

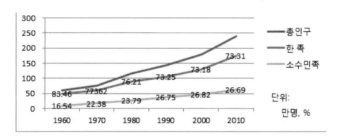

우루무치의 향후 도시 발전 방향: 인구 500만의 도시로

우루무치시 정부는 2011~2020년 간 우루무치 도시계획을 발표하였다. 그 계획에 따르면 향후 10년간 우루무치를 중서아시아를 향한 국제 무역 중심 도시, 다민족 화합 도시, 천산 녹지 생태도시, 역내 종합교통의 허브 도시를 표방하는 중국 서부지역의 중심 도시로 육성하여 2020년까지 우루무치를 인구 500만 명의 도시로 발전시킬 계획이다.

개발중인 우루무치 신흥주거지

서부 대개발 이후 중국은 중앙아시아를 넘어 유럽까지 이어지는 신 실크로드의 출발점으로 우루무치를 개발하여 모든 상품의 중간 물류기지와 동시에 신장의 풍부한 자원을 이용한 생산기지로 삼고자 하였다. 이러한 정책의 일환으로 도시 외곽에 새로운 공업지대를 개발하고 국내외 많은 기업들을 유치하고 있다. 특히 기존의 노동집약적 공업에서 벗어나 석유, 강철, 신소재 등 고기술 중화학공업을 중점 육성하고 있으며 이를 위한 금융, 여행, 물류, 연구, 부동산, 박람회 등 현대적인 도시 인프라 구축에도 힘쓰고 있다.

공업 발전과 더불어 중점적으로 추진하는 사업이 환경보호 사업이다. 환경 보호를 위해 대기오염 관리를 강력히 실행하고 있다. 현재 시의 난방은 석탄을 이용한 중앙난방인데, 2011년부터 석탄 난방량을 조금씩 줄이고 있으며 대기 오염을 줄이기 위해 천연가스를 이용한 난방 구역을 시범적으로 지정하여 운영하고 있다. 또한 새로 건설하는 구역의 녹화 기준을 강화하고 도로변 녹화 사업을 추진하여 도시 환경 개선에 힘쓰고 있다.

도시가 발전할수록 늘어나는 차량으로 인한 교통문제가 심각해져 교통 관련 사업에도 집중하고 있다. 새로 도로를 건설하거나 확장하고 일방통행로를 늘려가고 있으며, 교통량 집중 지역의 신호체계를 정비하고 있다. 또한 공공교통 시스템을 발전시키는 데 힘을 쏟고 있지만 우루무치의 차량은 급속도로 증가하여 우루무치의 도로 사정은 갈수록 어려워지고 있다. 새롭게 도입한 BRT(bus rapid transit)는 사용자에게는 매우 편리한 교통수단이지만 이를 위한 전용도로를 만듦으로써 다른 차량에게는 도로를 더욱 부족하게 만드는 존재로 여겨지고 있다. 늘어나는 차량의 통행을 원활하게 하기 위해 외곽 도로와 시내 도로를 연결하고 있다. (2012년 3월부터 도심을 동서로 관통하는 카라마이루와 도시외곽을 순환하는 와이환루, 도시를 남북으로 가로지르는 고속도로인 허탄루를 연결해서 시내에 '田' 자 형태의 고속화도로를 만드는 공사를 하고 있다.) 또한 부족한 도로 면적을 감안하여 지하철 건설을 계획하고 있다. (2012년부터 2019년까지 2개 노선의 지하철을 건설할 계획이며 우선 2016년까지 싼툰베이(三屯碑)에서 우루무치공항까지 전체 길이 26.5㎞에 이르는 1호선을 우선 건설해서 2016년말 개통·운영할 예정이다.)

스허즈, 우지아취, 푸캉, 투르판, 창지 등 인근지역과의 경제협력을 계속해서 추진하고 있으며, 특히 창지시와 경제통합을 논의하고 있다. 주변 지역과의 연대를 위해 인근 국도를 정비하고 넓히고 있으며, 내지에서 오는 철도 운송시간을 줄이기 위해 란조우-우루무치간 고속철도를 건설 중이다. (2009년 4월부터 란저우-우루무치간 고속철도(兰新二号线)를 건설하고 있으며 2014년 완공예정이다. 이 노선이 완공되면 베이징에서 우루무치까지 20시간 정도에 도달할 수 있게 된다.)

우루무치가 추진하는 모든 정책은 톱니바퀴처럼 서로 영향을 주고받으며 동시에 진행되고 있다. 현재 진행하는 모든 계획이 순조롭게 진행되었을 경우 우루무치는 연해와 내륙의 거대 도시들처럼 서부의 거대 중점 도시로 성장하리라 기대된다. 염려되는 점은 계속된 인구의 유입과 대규모 건설, 급속한 경제성장 등으로 인해 부동산 가격을 비롯한 모든 물가가 급속히 상승하고 있다는 것이다. 외부 자본을 이용한 성장으로 인해 투자이익의 외부 유출과 도시민의 빈익빈 부익부가 더욱 커져 가면서 기존 거주민들 특히, 소수민족의 상대적 박탈감이 증가하고 있어 이를 해결하기 위한 중국 정부의 노력이 더욱 요구된다.

⟨참고문헌⟩

신장 위구르 자치주 정부 자료(http://www.xinjiang.gov.cn)

2010 우루무치 통계연감

2009 우루무치 통계연감

2010 신장 통계연감

2011 한국 통계연감(http://kostat.go.kr)

新疆招商网 – 新疆维吾尔自治区招商发展局(经济技术协作办公室) 回顾 2010 展望 2011 乌鲁木齐克难奋进 2011年 2月 16日

百度百科 – 乌鲁木齐

위키 백과 – 우루무치

우루무치 시정부 자료(http://www.urumqi.gov.cn)

02

우루무치의 역사

하진광

'우루무치' –지명의 유래

아름다운 목장

가장 일반적인 지명 해석은 몽골어에 기인한 '아름다운 목장' 이라는 뜻이다. 이는 중화민국(民國) 시기의 정부와 신 중국 정부가 받아들여 사용한 것이었다. 이 해석은 우루무치 지역이 우루무치 강이 흘러내리는 계곡에 위치하면서 천혜의 초원이 형성되어 있고, 주로 몽골족의 유목지로 사용되었는데 몽골족은 대개 자연환경의 특성과 연관해서 지명을 붙인다는 점에서 가능성이 크다.

실제로 지금도 우루무치 강 주변으로 남산목장이 펼쳐져 있으며, 그 목장은 도시가 확장되기 전에는 훨씬 북쪽까지 존재했었다. 그러나 이 해석은 학자들의 다른 견해로, 언어학적으로는 비판과 논란의 대상이 되고 있다.

일부 문헌에서는 준가르어로 '우루(좋다, 아름답다)' 와 '무치(목장)' 의 결합 형태라는 점을 말하지만, 만약 몽골어로 아름다운 목장의 의미라면 '우루무치' 가 아니라 '울루무치' 가 되어야한다고 말한다.

큰 나루터

우루무치는 준가르어로 '큰 나루터' 라는 뜻의 '우루무' 와 '치' 라는 위구르어의 명사 부가 요소가 결합된 단어라는 것이다. 과거 우루무치 성터는 홍산 남쪽, 우루무치 강의 동쪽에 있는 좁게 붙은 강의 계곡 평원이었는데, 여기에서 서쪽으로 우루무치 강을 건너 서북쪽의 창지(昌吉) 등 준가르 평원으로 향하는 나루터가 있었다는 것이다. 큰 나루터라는 뜻의 지명이 이렇게 붙여졌다는 견해다.

전쟁터

우루무치가 투르크어의 싸움을 의미하는 '우르' 에서 기인한다는 견해이다. 이곳에서 몽골족과 무슬림들이 격렬하게 싸움을 했기 때문에 이렇게 불러졌다는 것이다. 그러나 이 견해는 역사적으로 우루무치라는 이름이 몽골족과 무슬림들의 전쟁 이전부터 사용되었다는 면에서 설득력이 떨어진다고 말하기도 하고, 언어학적으로도 문제가 있다는 지적이 많다.

기타

당나라 때에 있었던 룬타이 성에 기인해서 '오론타이' 가 우루무치가 되었다는 견해도 있으며, 우루무치 부근의 '오란타이' (몽골어로 가죽가공지)라는 지명에서 유래했다는 설도 있다.

이러한 다양한 견해들은 나름대로 문헌상의 근거를 가지고 아직도 논쟁 중에 있다. 하지만 우리는 지금 보편적으로 사용하고 있는 '우루무치 = 아름다운 목장' 이라는 견해를 받아들여 사용하는 것이 편리하고, 또 도시에 대한 좋은 이미지를 가질 수 있을 것이다. 그러나 다른 지명에 대한 설명도 나름대로의 근거가 있는 만큼 우루무치가 어떤 곳이었는지를 이해하는 데 참고가 될 수 있을 것이다.

우루무치 도시 형성과 변화의 역사

청나라 이전의 우루무치

우루무치는 신석기 시대부터 도시에서 동남쪽 50km 떨어진 차이워푸(柴窝堡)호 지역에서 방목과 사냥의 흔적이 발견되는 등 오랜 거주 역사를 지니고 있다. 우루무치 지역은 역사 이래로 북신장 준가르 분지를 지배하고 있던 여러 유목민족의 관할 하에 있었다.

춘추전국 시대에서 삼국 시대까지 구스(처스)인이 우루무치 일대에서 목축과 농업을 하며 살았던 문화흔적이 있다. 진나라 때부터 당나라 때에 이르기까지는 고차(高车) 혹은 철륵(铁勒)이라고 불리는 민족의 유목지가 되었고, 그 뒤에는 유연(柔然)에 의해 지배되기도 했다. 620년 돌궐제국이 멸망한 후 서돌궐이 이 지역에서 유목을 했던 주요 민족이었다.

당나라가 서역(신장)을 일시 지배할 때에 우루무치 강 동안의 우라바(乌拉泊)지역에 룬타이(轮台)성을 쌓았다. '룬타이'는 싸이종인(赛宗人)의 언어(흉노어계)로, 유목지 혹은 농업지라는 뜻을 지니고 있다. 룬타이 성은 북정대도호부에 소속된 룬타이주 도독부로서 비교적 규모가 큰 성이었다. 당시 실크로드 상에서 이곳은 투르키스탄을 횡단하는 주요 노선을 따라 이리 강 유역까지 여행하는 대상(队商)들에게 중요한 경유지가 되었다.

이 지역은 당나라 정원 년에 일시적으로 티벳인들의 지배하에 들어가기도 했다. 안사의 난이 발생한 후 750년대 서역을 지키던 군대가 내지로 돌아가고 나서 룬타이 성은 점차 사라졌다. 위구르인들의 서천 이후 징기스칸의 지배 시기까지 이 지역은 고창 위구르왕국의 지배 영토로서 위구르인들의 유목지가 되어 원나라 때까지 이르렀다. 명나라 이후에 이 지역은 몽골족의 지배 아래 들어갔으며, 특히 명나라 말부터 준가르 부족의 유목지가 되었다.

준가르제국이 청나라 건륭제에 의해 멸망하고 나서 대량의 만주족과 한족 군대가 우루무치에 주둔하였으며, 군대를 따라 내지의 한족 상인이 들어와서 우루무치가 현재와 같은 다민족이 함께 거주하는 도시의 특징을 갖게 되었다.

청나라 때의 우루무치

본격적인 도시의 형성은 1755년 준가르를 정복한 건륭제가 1756년 천산 남부와 북부를 연결하는 전략적인 요지에 있었던 우루무치에 토성을 쌓고 군대를 주둔시킴으로써 시작되었다. 우루무치 성은 우측에는 우루무치 강이 흐르고, 뒤로는 홍산(紅山)을 두고 있어서 방어에 용이하였다. 후에 방어와 둔전을 위한 관병의 수가 증가하여 시가지에 주택이 밀집되게 되자,

청나라 때 디화성(우루무치의 옛 이름)의 모습

1763년 성을 중건하고 4개의 문을 세웠다. 1766년 토성 북쪽 면을 연결해서 지금의 홍산 남쪽에 새로운 성(新城)을 건설하고, 신성(新城)의 남쪽 성곽을 토성(旧

城)과 연결시켰다.

그리고 도시 명을 '우루무치'에서 이방인을 교화한다는 뜻의 '디화(迪化)'로 개명하였다. 디화 신성은 한족 병사들이 주둔하였기에 또 '한성(汉城)'이라고 불리기도 했다. 청나라 군대가 우루무치로 들어온 후 내지의 많은 상인들이 군대를 따라 우루무치에 들어와 장사와 무역을 하기 시작하면서 상업, 주민지역이 형성되었다. 1769~1771년 사이 디화구성의 남북 두 관문에 부유한 상인들이 밀집하였다. 상업과 무역은 도시 경제발전을 일으켰다.

1772년 디화성 서북쪽, 야마리커산 북쪽, 우루무치 강 서쪽에 공녕성(巩宁城)을 쌓고(지금의 농대부근) 만주족 군대를 주둔시키고 행정의 중심을 옮겼는데, 이 성을 만성(满城)이라고 부르기도 하였다.(지금도 라오만청(老满城)이라는 지명이 남아있다.) 공녕성을 건설함으로써 도시 구역은 우루무치 강 서쪽으로도 발전하기 시작했다. 당시 우루무치 시는 디화성과 공녕성 두 성으로 구성되어 있었고, 그 둘은 공녕교(지금의 시따챠오 西大橋)로 연결되었다.

1864년대 신장에서 무슬림 반란이 일어나면서 우루무치는 반군에 의해 점령된다. 이때 한족과 만주족에 대한 학살이 이루어졌으며, 공녕성은 파괴되고 디화성도 심각한 피해를 입게 된다. 그때 신장에는 비교적 큰 5개의 분할 정권이 들어섰는데, 무슬림 왕 투오밍을 수장으로 한 정권이 우루무치시를 관할하고, 지금의 퇀졔루(团结路) 근처에 왕성을 쌓기도 했다. 1870년대에는 야쿱벡 정권이 우루무치까지 일시적으로 영향력을 행사하기도 하였다.

1876년 청 군대는 우루무치를 재점령하고 무슬림을 학살한 후, 만주족 군대를 주둔시켰던 만성을 지금의 젠궈루(建国路) 근처에 다시 건설한다. 1884년 신장성 설치 후 우루무치는 성부(城府)가 되고 도시는 확장된다. 신

만성이 한성과 연결되면서 성문도 4개에서 7개로 늘어난다. 그리고 이때 공녕교 주변의 호수를 관상원으로 만들고 호심정, 용왕묘 등을 건설했다(지금의 인민공원 위

현 농대 구청화웬(古城花园) 주변의 공녕성 유적

치). 신장성 성립 이후에 우루무치가 행정과 상업의 중심지가 되면서, 많은 한족 상인들이 다수의 군인들과 함께 몰려들어와 디화성 남·북·서 통로에 밀집해서 상업구역을 형성했고, 특별히 성의 남쪽 구역이 상업이 가장 번화한 곳이 되었다.

20세기 초의 우루무치와 러시아의 흔적들

청 말기에 영국과 러시아가 각기 신장에 영향력을 행사하려 듦에 따라 우루무치의 전략적 중요성과 국제적 의미가 높아졌다. 군벌 시대에 신장은 중국 내지와의 관계가 약화되고, 오히려 러시아(소련)와의 관계가 강화되면서 정치·경제적인 면에서 러시아의 영향이 커졌다.

1881년 상페테르부르크 조약으로 우루무치에 개방된 시장이 형성되면서 면세 혜택을 받는 러시아 상인들이 들어오고 러시아의 영향력이 확대되었다. 1924년에 러시아 영사관이 설치되고, 1920년대에 우루무치는 러시아 상인들에게 완전히 개방된다. 우루무치에 러시아에서 수입된 제조품들이 들어왔고, 남문 이하 지금의 옌안루(延安路), 얼따오챠오(二道桥), 성리루(胜利路) 지역에는 러시아 상인들에 의한 상권인 양행가(洋行街)가 형성되었다.

남북으로 3리나 되는 양행가는 도시 남쪽 구역의 발전에 기여하였고, 20

옌안공원(延安公園) 뒤쪽의 러시아 정교회 건물

세기 초에 양행가에서 남대가(南大街)에 이르는 곳이 상업이 가장 번성한 곳이었다. 1930년대 양행가는 더욱 발전하였으며, 러시아의 경공업 상품이 시장을 지배하고 있었다. 성내의 남대가, 서대가(西大街), 북대가(北大街) 등의 상권은 주로 양행가에서 도매로 가져온 상품을 판매하였다.

당시 한족들은 주로 성내에 거주하였고, 위구르족은 주로 남문 바깥에 거주하였다. 그 남쪽은 러시아 상인이 집중된 구역이었고, 또한 몽골족, 카작족 등 여러 민족의 상인들이 살게 되면서 우루무치가 다민족이 거주하는 곳으로서의 문화적 특징을 만들어 내었다. 신 중국 성립 이후 러시아인이 떠나가고 나서 과거의 양행가는 소수민족의 거주지가 되었는데, 아직도 러시아의 흔적이 남아 있으며(예, 러시아 정교 회당, 러시아풍의 옌안(延安) 공원), 지금은 다시 구소련권의 영향이 강하게 나타나는 지역으로 부활되고 있다(예, 볜장빈관(边疆宾馆) 주변). 한편 중화민국 시대 말기(1940년대 말)에는 우루무치 서쪽 방향의 발전 계획이 수립되면서 그 계획이 완전히 실행되지는 못했지만 현대 우루무치시의 강 서쪽 발전 방향의 기초를 놓았다.

사회주의 계획경제 시대의 우루무치
1949년 이래 우루무치는 신장의 행정수도이자 문화중심지로 발전했을 뿐만 아니라 주요 공업기지로 발전했다. 청시대에 디화성은 주로 홍산 남부에 국한해서 발전했으며, 주요 건축물은 우루무치 강 동쪽에 집중되어 있어서 강 서안(西岸)의 건물은 비교적 적었다. 중국정부는 1954년 디화성을 원래의 명칭인 우루무치로 바꾸고 나서 사회주의 계획경제를 도입하여 도시의 도로 및 공업구역을 건설했다.

우선 성벽을 없애고, 성내의 물길을 메워 평탄케 해서 런민루(人民路), 신화난루(新华南路), 허핑루(和平路) 등의 도시구역과 도시를 북으로 연결시키는 베이징루(北京路)를 개설하였으며, 우루무치 강을 복개하고 허탄루(河滩路)를 건설했다. 1960년대 초에 우루무치와 내지가 철도로 연결되면서 철도역 광장을 건설하고 이어지는 도로를 닦았으며 신스구 철도국 일대에 철도 근로자들의 거주지를 만들었다.

그 후 교외지역에 중대형 현대식 공업지대를 만들었는데, 토우툰허구에 81 철강공장, 동북 교외지역에 석유화학기지(乌鲁木齐石化), 칠일방직공장, 류다오완(六道灣) 석탄광, 웨이후량(苇湖梁) 전기공장, 남쪽 교외지역에 시멘트공장, 소금공장들을 건설하고 도심으로 이어지는 도로를 만들면서 우루무치를 신장의 공업중심 도시로 변화시켰다. 공업지역의 형성은 남·북·서북 지역으로 도시를 확대시킴으로써 도시의 분산 형태가 이루어졌다.

이때 전통적인 구 시가지인 톈샨구(天山区) 및 싸이빠커구(沙依巴克区) 외에 수이모거우구(水磨沟区), 신스구(新市区), 토우툰허구(頭屯河区), 남산광구(남산광구는 나중에 우루무치현이 된다) 등의 공업구가 설치되면서 현대 우루무치시의 도시 형태와 도시 행정시스템의 기초를 놓게 된다. 각종 공장 외에도 학교, 정부 행정기관 등 주변에 주거지가 형성되면서 직장에 주거지와 생활시설이 함께 건설되는 단위제가 주거지역의 틀을 형성한다.

개혁개방 전 중산로의 모습과 우루무치의 한 거리 풍경

그러나 사회주의 계획경제 시스템은 경공업과 상업을 경시해서 원래의 도심 및 남쪽 상업지역은 축소된다. 상업지역은 오직 따스쯔(大十字) 주변의 4개의 거리 및 제팡난루(解放南路), 남문에서 산시샹(山西巷) 일대에 국한된다. 러시아 상인이 나간 이후 양행가의 상업경제가 축소되면서 소수민족의 거주지가 되고, 시 중심광장 주변은 행정기관의 건물이 집중된 곳이 되면서 구시가지는 행정 및 거주 위주의 기능을 지닌 구역이 되었다.

개혁개방 이후의 우루무치

개혁개방 시기 시장경제의 도입은 도시의 상업망을 확충시키고, 지대와 사업적 이익실현의 측면에서 도시구조가 변화된다. 구시가지 따스쯔 주변의 행정기관이 다른 곳으로 점차 옮겨가고(예를 들어 시정부가 난후(南湖)로 이전됨), 행정 기능에 비해 상대적으로 낙후되어 있던 상업, 금융기능이 신속하게 강화되어 전체 도시의 상업, 금융 중심지가 되었다.

중산루(中山路)는 상업중심 지역으로 변모되고, 런민루(人民路) 일대는 금융보험증권업이 집중된 금융가가 되었다. 상업중심지 주변에 이차상업중심이 발달했는데, 따시먼(大西门), 샤오시먼(小西门), 화링(华凌), 홍산(红山), 기차남역(南站), 얼따오챠오(二道桥), 요우하오루(友好路), 톄루쥐(铁路局) 등이 그것이다. 최근에는 우루

개혁개방 이후 변화된 중산루의 모습

무치가 북쪽 방향으로 발전하면서 상권도 요우하오루를 비롯한 북쪽으로 이동하고 있다.

한편, 1984년 우루무치의 대외개방 이후 국제상업구역이 생겨나서 발전한다. 화링, 볜장빈관이 국제적인 도매시장으로 발전하였고, 보다 최근에는 메이쥐(美居)물류원, 훠처토우(火车头), 시위(西域) 경공업기지 등이 세워져서 서남아시아, 중앙아시아권을 대상으로 국제적인 상권을 형성하고 있다.

개혁개방 이후 도시의 인구가 급격하게 증가하였는데, 1985년에서 2001년까지 약 15년간 도시인구는 57% 증가하였다. 특히 그동안 거주 인구가 많지 않았던 신스구와 수이모고우구 및 동산구의 인구 증가가 많이 이루어졌다. 1992년 까오신(高新) 기술개발구, 1994년 경제기술개발구가 신스구에 설치되면서 우루무치 북부의 신스구는 건설 붐과 함께 새로운 도시 중심으로 발전하고 있다. 2012년 신스구와 까오신구가 완전히 합병되어 신스구가 되었다.

개혁개방 이후 주거지의 확대와 함께 주거지의 분화 현상이 나타났다. 주택개혁에 따라 판매를 목적으로 한 상품주택이 건설되면서 도시 내에 여러 등급의 주거지가 개발되었다. 전통적인 주거지 및 사회주의 체제 이후 세워진 직장단위 주거지 외에도 시내 교통의 요지에 고급 주택가(남문국제성, 진쿤공위, 일광화원 등)가 형성되고, 도시 근교에는 별장지대가 만들어졌다(펑저위완, 따더하오팅, 싱푸산장 등). 이외에도 주로 저렴한 상품주택으로 형성된 보통 주거지역도 형성되었고, 헤이쟈산(黑甲山), 야마리커산 등의 산 경사면에는 외지에서 온 사람들의 저소득층 주거지(일명 판자촌)가 형성되었다가 최근 철거되었다. (현재 이 지역은 재개발되어 고급 혹은 중산층의 주거지로 바뀌고 저소득층은 철로주변 등 더 외곽으로 밀려나고 있다. 예를 들어 신장대 남쪽캠퍼스 주변에 위구르족의 철거민 거주지가 형성되고 있다) 이러한 현상은 도시의 거주지가 기존의 단위 중심에서 소득계층에 따른 거주지 형성이라는 자본주의적인 발전 방식으로 변화되고 있음을 보여주는 것이다.

1990년대 말 이후 도시와 외부간의 물류량이 크게 증가하면서 도시구역이 서북·서·동남방향으로 확대되고 있다. 서부지역에는 2000년 설립된 왕쟈거우(王家沟) 공업원이 토우툰허공업구와 함께 서부공업지대를 형성하고, 서북 방향은 312번 국도를 따라 창지시와 연결되어 발전하고 있다. 북부는 우지아취시와 구 미촨지역이 우루무치의 농부산물 기지로 기능하고 신스구, 미동구, 수이모거우구, 톈샨구, 싸이빠커구가 서로 연결되면서 도시가 다각도로 확장, 발전하고 있다. 동남쪽으로도 시가지가 확대되고 있고(예, 따완(大湾)), 따반청구가 관광지역으로 발전되고 있다.

도시의 지리적 확대뿐만 아니라 도심지역의 외관에도 많은 변화가 일어났다. 2000년대 서부 대개발 실시 이후 건축 붐이 일어나면서 고층 건물이 우후죽순처럼 세워지고 도시의 스카이라인이 바뀌었다.

우루무치시는 21세기 초 도시의 다각적인 확장이 이루어짐과 동시에 창지-우지아취 등 주변의 도시와 연결되는 대도시권(Metropolitan)을 형성하고 있다. 더 나아가 신장 경제의 심장인 창지-스허즈-카라마이에 이르는 천산북경사로 경제지대의 핵심도시로 기능할 뿐만 아니라, 중국과 서남아시아 및 중앙아시아를 잇는 경제-물류-교통의 중심지로 발돋움하고 있다.

최근 우루무치는 공항 신청사를 완공하고, BRT를 건설하였으며 앞으로 지하철 건설, 란조우와의 고속전철 개통을 계획하고 있으며, 우루무치–창지 경제통합을 통해 인구 500만 명의 도시로 발전하는 계획을 가지고 있다.

우루무치 1984년

개혁개방 직후의 모습이다. 아직 사회주의 시절 소련식 건물의 모습이 많이 보인다. 고층 건물은 보이지 않는다.

우루무치 1995년

1995년과 2010년의 우루무치 시 사진을 비교해 보면, 1995년에는 홀리데이인 호텔(현 新疆大酒店)이 가장 높은 건물이었다 (화살표 표시). 그러나 2010년 사진을 보면 지금은 비교적 낮은 고층건물 중 하나로 전락하였다.

우루무치 2010년

이주자들의 도시, 우루무치

우루무치에 도시가 생겨난 것은 1750년대 이후의 일이다. 그러므로 우루무치는 약 250년의 역사를 가진다. 1000년의 역사를 지닌 카쉬가르나 호탠 등 다른 오아시스 도시에 비하면 비교적 새로운 도시라고 할 수 있다. 이 도시의 주민은 모두 다른 지역에서 이주해 온 다양한 민족으로 이루어진 이주민들이다. 누구도 이곳의 원거주자라고 할 수 없다.

최초의 이주자들은 주로 군인, 그 가족들이었고, 다음에는 상인들, 그 다음에는 국가에 의해 직장을 배치 받은 공무원과 노동자들, 그리고 그 후에는 시장경제 하에서 돈을 벌기 위해 온 사업가들과 노동자들이 우루무치의 주민이 되었다.

〈참고 문헌〉

乌鲁木齐年鉴

韩春鲜 陈顺礼 乌鲁木齐早期人类活动与城市形态演变, 中国历史地理论丛, 2005年 4月

阚耀平, 乌鲁木齐历史地理的若干问题, 干旱区地理, 1993年 3月

魏长洪, 清代乌鲁木齐城的建置, 新疆大学学报, 1982

姜巍 高卫东, 居住空间分异-乌鲁木齐市发展中面临的严峻问题, 干旱区资源与环境, 2003年 7月

03

우루무치 7.5사태

하진광

우루무치 7.5사태와 그 이후

2009년에 신장은 사회주의 국가 중국에 의해 지배된 이후 가장 큰 민족 간 충돌 사태가 생겼다. 이른바 우루무치 7.5사태이다. 이 사태는 신장의 현재 정치·사회적 상황을 이해하게 해주는 사건이었다. 특히 사회주의 중국의 지배 아래 60년간, 중국 정부는 신장에 많은 발전이 있었고, 그것에 대해 소수민족들이 고마워하고 있다고 선전하고 있었지만, 이것은 이곳의 주민 특히 위구르족이 그 역사를 어떻게 받아들이고 있는지를 극명하게 보여준 사건이라고 할 수 있다.

이 사태 후 신장에는 여러 가지 면에서 변화가 생겼으며, 이러한 변화들은 앞으로의 신장과 우루무치를 이해하고, 그 앞날을 가늠하는 데 있어서 중요한 의미를 지닌다.

폭동 현장의 모습

7.5사태의 경과 (이 글은 2009년 7월 5일 우루무치에서 발생한 위구르족의 폭동사태 및 그와 연관

된 일련의 사태를 목격자의 관점에서 기술한 것이다.)

2009년 7월 5일 일요일 저녁 7시경(북경 시간), 우루무치 중심에 있는 인민광

장에 위구르족이 모여들어 시위를 시작했다. 얼마 후 시위대가 분산되면

서 폭동을 일으켰고, 거의 동시에 시내 위구르족 거주 지역 도처에서 폭동

이 일어났다. 시위대들은 주로 시위 당시 도로에 있던 차량을 파괴하고, 한

족 탑승자와 보행자들을 폭행하고 죽였다.

그리고 도로 주변의 한족 상점들에 난입하여 파괴하고, 심지어 불을 지르거

나 그 안에 있는 사람들을 살해했다. 시위대는 3-4시간 동안 경찰의 별다른

진압을 받지 않고, 도로와 거리를 휘젓고 다녔다. 여러 곳에서 화재로 인한

연기가 올라오고, 총소리와 폭탄 터지는 것과 같은 소리도 간간히 들렸다.

다음날(7월 6일) 시위 현장의 모습은 처참했다. 여러 한족 상점이 파괴되어

있었고, 여전히 불타는 상점도 있었으며, 뒤집어져서 불타버린 차들도 많

았다. 살수차가 도로를 돌면서 피 묻은 도로를 청소했다. 경찰들은 도로를

차단하고, 위구르족 거주 지역을 둘러싼 채 체포 작업을 하는 것 같은 모습

이 보였다.

사태 발생 이틀 뒤(7월 7일)에는 한족들이 목봉, 칼, 삽 등의 흉기를 들고 거리

를 대대적으로 활보하는 광경을 볼 수 있었다. 이번에는 한족들이 위구르

경찰이 위구르족 청년을 체포하는 장면

7월 7일 한족들의 시위 장면

족의 상점을 부수고 위구르인들을 죽였다. 한족들을 피해서 지붕 위로 도망 다니는 위구르인도 보였다. 경찰은 상당 시간 지켜보고만 있었다. 보복할 기회를 주는 것 같은 느낌이었다. 그날 수많은 위구르족이 죽거나 부상당했지만 물론 이러한 사실은 언론에 나오지 않았고, 언론은 폭도들 일천여 명을 체포했다는 소식만 전했다.

7.5사태 이후에는 곳곳에 무장경찰 초소가 설치되었고, 상당기간 헬기가 온종일 우루무치 상공을 돌면서 정찰을 하였으며, 위구르족 지역에는 교통관제가 오랫동안 실시되었다. 그럼에도 불구하고 7월에는 원인 모를 화재 사건이 자주 일어나서 심지어는 여러 층 되는 건물도 불타버렸다. 저녁이 되면 거리가 한산해지고, 택시 운전사들은 위구르족이 많이 살고 있는 우루무치의 남쪽으로 가기를 싫어했다. 두려움에 빠진 한족들은 위구르족이 적은 거주지로 이사를 가기도 하고, 서둘러 고향으로 돌아갔다. 인터넷과 국제전화가 단절되어 외국과 연락을 주고받을 수 없게 되었다.

발표된 정부 통계에 의하면 7월 19일까지 이번 사태로 인해 197명이 사망하였고, 1,700여명이 부상당했는데, 그중 881명이 병원에서 치료를 받고 있으며, 이 중에 179명이 중상이고, 66명이 위중한 상태였다. 이번 사건으로 파괴된 주택(건물)은 719채, 2만 1,353㎡이고, 파괴된 차량이 1,325대이며, 그 외에도 많은 점포의 물건이 파괴되거나 도난당했고 시정, 전력, 교통 등 공공시설이 심각한 피해를 입었다고 한다. 하지만 피해 규모는 이보다 훨씬 크며, 한족뿐만 아니라 위구르족 사상자와 체포자가 많다고 한다. 7월 29일에는 검거한 주요 혐의자들의 사진이 언론을 통해 처음으로 공개되었다. 거기에는 일부 한족도 포함되어 있었다. 하지만 주동 세력들은 이미 빠져나가서 검거를 하지 못했다고 한다.

7.5사태가 발생한지 한 달 반 이상이 지난 시기에 새로운 테러사태가 일어나면서 우루무치를 다시 한 번 공포의 도가니로 몰아갔다. 8월 28일부터 위구르족이 한족들을 주사기 바늘로 찌르는 사건이 집중적으로 발생했다. 이외에도 황산, 도끼, 폭탄 테러 등 각종 테러에 대한 이야기들이 확인되지 않은 채 떠돌면서 공포감을 증폭시켰다.

이렇게 불안한 사회 상황에 불만을 터뜨린 한족들이 9월 초에 시위를 일으켰으며, 시위 가운데서 한족들은 위구르족에 대한 처벌이 너무 늦고 경미하다고 불만을 제기했다. 이에 부합하듯 정부는 위구르족 주사기 테러 용의자에 대해 비교적 신속하고 엄한 판결을 내렸다. 10월 13과 15일에는 7.5사태의 일부 범죄 혐의자들에 대한 공개 재판이 이루어졌다. 이 재판에서 주요 범죄자들에 대해 사형이 언도되었다. 그 후 중국 정부는 1억 달러를 캄보디아 정부에 지원하고, 캄보디아로 도망갔던 7.5사태 관련자들을 넘겨받아 처형하기도 했다.

7.5사태의 원인

1) 7.5 사태의 도화선

이번 사태의 도화선이 된 사건이 있었다. 그것은 2009년 6월 26일 광둥성(广东省) 소재 한 완구공장에서 일어난 한족과 위구르족 근로자들 간의 유혈 충돌이었다(소위 '6.26사건'). 위구르족 노동자가 한족 여공을 성폭행하려고 했다는 인터넷상의 소식에 분노한 한족 노동자들이 위구르족을 공격하면서 유혈 충돌이 벌어졌다. 이를 통해 2명의 위구르족 노동자가 사망하고, 위구르족 81명과 한족 39명이 부상했다는 발표가 있었다. 그러나 그 강간에 대한 내용은 유언비어로 확인되었고, 그 내용을 인터넷에 올린 근로자를 경찰이 구속했다고 한다.

그런데 이 사건과 연관된 위구르족의 피해 관련 동영상과 한족들의 악성 글('잘죽였다'는 등의)이 인터넷상에 오르고 때로는 유언비어까지 더해져서, 이것이 여과 없이 인터넷을 통해 위구르족에게 전파됐다. 이로 인해 사실상 7.5사태가 발단된 것이다.

아무튼 거의 일방적으로 당한 위구르족 근로자의 상황이 그들의 고향(카쉬가르 지역)과 다른 위구르족 지역에 전해지면서 이 사건에 대해 호소, 또는 보복하기 위해 남신장의 위구르족 청년들이 7월 초 대거 우루무치로 올라왔다고 한다.

2) 7.5사태의 참여자

7.5사태를 일으킨 시위대에는 남자 청년뿐만 아니라 여성, 어린아이까지 참여하였다. 정부는 이번 폭동에 시골에서 올라온 무지한 폭도가 주로 참여했다고 했지만, 실상은 위구르족 엘리트들이 다니는 신장대학 위구르 학생들도 수백 명 참가하였다고 한다. 더 나아가서 이번 7.5 폭력사태를 신장대학교 위구르 학생들이 주도하였다는 이야기가 위구르인들 사이에서 돌았다.

즉, 동투르키스탄 공화국을 지지하는 극소수의 분열주의자들이 주도했다

위구르족 대학생이나 직장인으로 보이는 사람들이 한족을 폭행하고 있다.

는 중국 언론의 보도나 중국 정부가 이번 사태를 사주했다고 주장하는, 미국으로 망명한 위구르족 여성 지도자 '레비야카디르' 와는 아무 연관이 없다는 이야기다. 사건이 터진 다음날, 신장자치구 당서기 '왕러촨' 은 신장대학교를 방문하여 위구르족 학생들과 간담회를 가졌다.

또 7.5 폭력사태가 벌어지기 전, 신장대학교 안에서 시위와 관련한 내용의 유인물이 나돌고 있었다. 또 사건 당일 날, 신장대학교 안에서 아무 이유 없이 불길이 피어올랐다. 이 모든 것을 종합할 때 이번 사건이 신장대학교 위구르 학생들과 밀접한 관련이 있음을 시사해 주고 있다.

결국 이번 사태는 그 참여자나 시위 양상으로 보아 어떤 돌발적인 사건이나 단순히 외부 세력의 사주에 의한 것이 아니다. 멀게는 한족의 신장 진출 이래 지배민족인 한족에 대한 피지배민족인 위구르족의 누적된 반감에 기인한 것이다. 가깝게는 사회학적인 면에서 경제발전으로 인한 소수민족의 상대적 박탈감이 심화되었기 때문이라고 할 수 있다. 신장 지역이 외형적으로 경제발전이 이루어지기는 했지만, 한족들이 대규모로 신장에 들어오면서 민족 간의 경제적 격차가 심화되어 갈 뿐 아니라, 문화적으로는 위구르족을 급진적으로 한족화 시키는 정책이 실시되는 상황에 대한 적대감과 반감이 폭동으로 표출되었던 것이다.

7.5사태 이후의 변화들

1) 한족과 위구르족의 분리 심화

이번 사태는 무엇보다 한족과 위구르족 사이의 민족 감정에 너무 심각한 영향을 주었다. 이번 사태는 폭력에 의한 분노, 주사기 테러로 인한 공포감을 넘어서 한족과 위구르족, 전체 민족 간의 원한으로 발전하였다. 서로를 비난하는 말을 쉽게 내뱉고, 사소한 말다툼이 폭력과 살인으로 쉽게 발전한다. 이것이 거주지나 상업 활동 등에서 한-위구르족 간의 분리를 촉진시키고 있다. 위구르족의 집단거주지에서 한족들이 떠나고 있으며, 이것은 위구르 거주지의 게토화를 촉진하고 있다. 이로 인해 위구르족이 많이 사는 우루무치 남쪽의 집값은 떨어지고, 북쪽의 집값은 올라갔다. 위구르족 상업 구역을 다니는 한족들을 거의 볼 수 없게 되었고, 위구르족 식당을 이용하는 한족들도 찾아보기 어렵다. 한족들이 많이 다니는 곳에 위구르족이 줄어든 것도 마찬가지다. 취업 상담회에 참석한 구직자는 회사로부터 우선 "무슨 민족이냐?" 라는 질문을 먼저 받는다고 한다. 위구르족이라고 하면 면접할 기회조차 갖지 못하게 되었다. 경제활동이나 직장 영역에서의 위구르족과 한족의 분리는 더욱 심해질 전망이다.

7.5사태로 인해 깊어진 위구르족과 한족 사이에 민족적인 증오가 언제 완화될 수 있을지는 사실 예측하기 어렵다. 하지만 사회 각 분야에서 적극적인 노력이 있다면 그 시간은 단축될 수도 있을 것이다. 그러나 현재 중국 사회 안에서는 '민족 단결은 복이고, 분리 동란은 화다', '한족과 소수민족은 서로 분리될 수 없다' 는 등의 선전 구호만 난무할 뿐이지 왜 그런 사태가 생기게 되었는지, 솔직하게 반성하고 서로의 이야기를 진지하게 들으면서 서로를 이해하려는 노력을 하려는 어떤 담론도 찾아볼 수 없다.

오히려 대대적으로 위구르족 집단 거주지를 정비하면서 시골에서 올라온 위구르족을 몰아내고 있다. 위구르족은 해외여행은 물론, 중국 내 다른 곳으로 이동하는 데에도 많은 감시와 검사를 받아야 한다. 필자는 외모가 위구르족처럼 보이는 조선족을 알고 있었다. 그는 자신의 신분증을 보여주기 전까지는 많은 오해에 직면해야 했다. 한족 택시 기사들이 택시를 태워주지 않아서 고생하고, 공항 검색대에서는 그가 다른 사람보다 훨씬 오래짐 검사를 받아야 하기 때문에 동료들이 기다려야 했다.

서로간의 이해가 증진되지 않는다면 그 증오의 치유는커녕, 더 심각한 저항과 갈등으로 나아가지 않을까 하는 우려마저 생긴다.

2) 정치권력의 교체

주사기 테러가 한창이던 9월 2일과 3일, 그리고 5일과 7일에 한족들의 시위가 도시 각처에서 벌어졌다. 그들은 7.5사태와 그 이후 사회 불안의 책임을 정부에 돌리며, 샤오시먼 등 도심 지역, 난후(南湖) 광장 등 시정부 청사 앞에서 격렬히 시위하였으며, 심지어 왕러촨(王乐泉) 신장 당서기의 퇴진을 요구하고 나섰다. 신장 공산당은 시위대의 요구를 일부 수용하여 우루무치 당서기와 자치구 공안청장을 교체하였다. 시위 사태의 심각성을 어느 정도 받아들인 조치였다. 그러나 정작 왕러촨의 퇴진은 이루어지지 않았다.

하지만 7.5사태가 어느 정도 수습된 상황에서 중국 공산당 지도부는 제8대 신장위구르자치구의 당서기로서 지난 16년간 신장을 통치했던 왕러촨을 물러나게 하고, 2010년 4월 24일 장춘셴(张春贤)을 제19대 당서기, 즉 신장자치구의 새 지도자로 임명하였다.

장춘셴 후난성(湖南省) 서기가 신장자치구 서기로 발령이 나면서 신장의 통치방식이 중앙당교 출신 왕러촨의 공안통치 방식에서 일반 공대 출신 장춘셴의 경제개발 중심정책으로 전환될 것이라는 관측을 낳았다. 특히 장춘셴의 개인적 배경을 가지고, 앞으로 신장에 변화가 있을 것이라고 예상하기도 했다. 장춘셴(張春賢)은 1953년 5월에 허난(河南) 성에서 태어났고, 하얼빈공대를 졸업한 후 2002년에 당시로서는 국무원 부장 중 최연소로 교통부 부장에 취임했다. 2005년에는 후난성 서기로 취임했다.

그의 스타일이 비교적 개방적이며, 여론에 관심이 많다는 것은 이미 널리 알려진 사실이다. 그의 취임 직후 중공중앙은 2010년 5월에 중앙신장공작좌담회를 열고, 신장에 대한 경제지원을 대폭 늘리기로 했으며 각 성의 개별적인 지원도 촉구했다. 하지만 긴장의 끈도 늦추지 않았다. 7.5 유혈사태 1주년을 앞둔 2010년 7월 초 신장 지역에 CCTV 4만여 대가 설치됐다.

장춘셴의 등장은 뚜이커우 지원정책, 종오우(中歐) 무역박람회 개최 및 우루무치 교통시스템의 변화 등으로 벌써 변화를 일으키고 있다.

하지만 신장 정부는 보다 치안을 강화하고자 2012년 초 8,000명이 넘는 경찰을 충원할 계획을 발표하는 등, 위구르 분리주의운동에 대한 철저한 탄압 등 억압적인 기존 정책 기조도 계속 이어갈 것으로 예상된다.

3) 신장에 대한 경제적 지원 확대: 내지화 정책

① 뚜이커우지원(対口支援)

뚜이커우 지원(対口支援)이란 자매결연 지원으로 번역될 수 있는 말이다. 이 자매결연 지원(対口支援) 정책은 원래 발전된 성과 도시가 낙후된 소수민족 지역을 일대일로 지원하도록 하는 제도였는데, 7.5 사건 이후 신장의 각 지역에 적용하였다. 2010년 3월 북경에서 열린 뚜이커우 지원 신장 공작회의에서 구

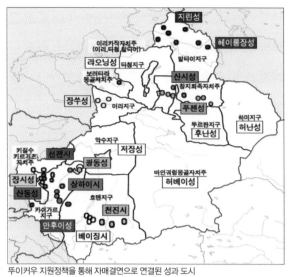

뚜이커우 지원정책을 통해 자매결연으로 연결된 성과 도시

체적인 실행 방안이 채택되었는데, 이는 신장 대부분의 지역(발전된 우루무치 및 카라마이시 제외)을 중국 내지의 베이징, 상하이, 광동, 저장 등 내지의 19개 성, 도시와 자매결연을 통해 지원받도록 하는 것이었다.(지도참조) 상하이가 카쉬가르 지구를, 베이징이 호탠 지구를 돕는 등 주로 부유한 성과 도시가 위구르족이 많은 지역을 담당하게 했다.

2010년 민생, 교육, 의료, 주택 등에 지원 사업을 시작하여 34억 위안을 투입했다. 2011년에 19개의 성·시가 신장을 돕는 자금은 100억 위안을 넘을 전망이다. 또한 중앙정부도 취업, 교육 분야 등 여러 방식으로 신장을 지원하게 된다. 이러한 경제적 지원을 바탕으로 중앙정부의 계획은 5년 내에 신장 지역 일인당 GDP를 전국 평균 수준으로 올리고, 10년 뒤에는 전 신장을 전체적으로 샤오캉(小康) 사회에 진입하도록 하겠다는 것이다. 이 같은 경제발전을 통해 정치적 안정까지 도모하려는 것이다.

이 자매결연 지원에는 중앙정부 각 부처의 적극적인 지원이 있다. 예를 들어 중국의 항공분야를 관장하는 민항 총국은 2011년 항공사 관계자들을 모아 회의를 열고, 전국의 주요 도시들에서 우루무치로 이어지는 항공노선을 반드시 개설하고 항공 편수를 늘리도록 지시하였다.

② 유래 없는 투자유치

뚜이커우 지원정책 등에 힘입어 7.5사태 이후 유래 없는 투자가 신장에 이루어졌다. 신장(新疆) 투자유치 공작회의 자료에 따르면, 2011년 신장자치구가 유치한 투자 실행액은 전년대비 48.41% 큰 폭 증가한 1,962억 4,100만 위안에 달해, 실행액과 증가율 모두 사상 최고치를 경신했다. 관련 부처는 2012년 신장자치구의 투자 실행액이 동기대비 28% 증가한 2,510억 위안에 달할 것으로 예측했다.

통계에 따르면, 2011년 신장 투자유치 관련 부처에서 유치한 투자 중 투자규모 5억 위안 이상의 프로젝트는 382건, 10억 위안 이상은 210건, 100억 위안 이상은 28건에 달한 것으로 집계됐다. 기업의 대규모 유치가 이루어졌는데, 유치업체 중 유명 기업은 40개 사에 달하며 그중 중국 500대 기업의 중국알루미늄(中国铝业), 광신지주(广新控股) 그룹, 산시자동차(陕西汽车) 그룹, 허난선훠(河南神火) 그룹 등 4개 사가 포함되며, 이밖에 중국신싱(新兴) 그룹, 완커(万科) 그룹, 중국선박중공(충칭), 해상풍력발전회사, 중국복합소재(复合材料)그룹 등 36개 유명 기업이 투자했다.

현재까지 신장에 진출한 유명 기업이 350개 사에 달하는데, 그중 세계 500대 기업 및 외국 유명 기업이 34개 사, 중국 500대 기업이 108개 사, 기타 유명 기업이 208개 사에 달한다.

이중언어 교육의 강화를 통한 한족화의 가속화

7.5사태 이후에 중국 정부는 신장의 소수민족들에게 한어 교육을 더욱 강화시키고 있다. 중국 정부는 소수민족에 대한 한어 교육을 공식적으로는 '이중언어 교육', 중국어로 '솽위교육(双语教育)'이라고 부른다. 주로 기존

의 소수민족 학교를 한족 학교와 합병하는 형태로 진행하고 있다. 이중언어 교육은 그 용어로만 보면 민족어와 공용어인 한어 교육이 같은 수준으로 이루어지는 것이라고 생각하기 쉽다. 그러나 이중언어 교육이 이루어지는 학교는 민족어를 배우는 몇 시간을 제외하고 다른 모든 시간을 한어로 교육한다.

이중언어 교육의 논리는 한어를 잘해야 소수민족도 경쟁에서 이길 수 있다는 자본주의적 사고이다. 하지만 소수민족 지식인들은 한어에 대한 강조가 위구르어에 대한 경시를 초래할 필요는 없다고 보고 있다. 정부가 이중언어 교육 이전에도 정치학습 언어를 소수민족 언어로 번역하고, 교육했던 열정을 유지한다면 학문이나 기술용어도 소수민족 언어로 번역하여 보급할 수 있을 것이라고 말한다.

정부 주도의 이중언어 정책은 주로, 단순히 교육과 경제의 발전이라는 대의명분 외에 소수민족 동화정책이라는 한족 중심의 숨은 의도가 깔려 있다고 본다. 소수민족들은 이중언어 교육을 모어(母语)를 습득한 이후에 실시해도 된다고 주장하면서 모어를 익히기도 전에 유치원부터 실시하는 이중언어 정책은 실제로는 민족언어 말살 정책이라는 비판도 하고 있다.

계속되는 갈등

7.5사태 영향중의 하나는 아직도 갈등이 지속되고 있다는 것이다. 이 사태 후 크고 작은 테러와 충돌이 신장에서 계속 발생하고 있다. 최근에 와서는 행인에 대한 무차별 테러가 자행되고 있다. 7.5사태 이후에 발생된 주요 테러 관련 사건은 다음과 같다.

 * 7.5사태 발생 1주년 이 되는 2010년 7월에는 신장위구르 호탠시에서 위

구르인들의 파출소 공격 사건이 발생해 경찰을 포함해 18명이 숨졌다.

* 같은 달 30 31 일에는 카쉬가르시에서 위구르인들이 행인들에게 무차별적으로 흉기를 휘두르는 테러사건이 나 50여 명이 사상했다.

* 2010년 8월 19일에는 악수에서 차량 폭발 사건이 발생했다. 폭발물을 실은 삼륜전동차가 순찰을 돌던 보안군을 향해 돌진했고, 이 사고로 7명이 숨지고 14명이 부상했다. 용의자인 위구르족 남성 1명이 현장에서 붙잡혔다.

* 같은 해 12월 28일에도 현지 공안에 위구르인 7명이 사살됐다. 중국 당국은 해당 위구르인들이 독립운동을 뜻하는 '성전(聖戰)'을 할 의도로 인도 또는 파키스탄으로 넘어가 테러 조직에서 훈련하려 했다고 주장했지만, 위구르 인권단체 측에서는 중국 당국이 단순한 충돌사건을 테러사건으로 과대 포장했다고 반박했다.

* 최근 2012년 2월 28일에 카쉬가르 부근의 예청현에서 테러사건이 발생했다. 흉기를 든 위구르족이 한족이 붐비던 싱푸루(幸福路) 시장에서 무차별적으로 흉기를 휘둘러서 많은 사람이 희생을 당했다. 희생자는 주로 한족으로 알려졌다. 신장위구르자치구 정부가 운영하는 인터넷 매체인 톈산왕(天山網)은 "테러리스트 9명이 사람이 붐비는 시장에 뛰어들어 마구 칼을 휘둘렀다", "무고한 시민 13명이 사망했으며, 경찰이 테러리스트 7명을 사살하고 2명을 체포했다."고 보도했다. 톈산왕은 사망자 외에 부상자도 여러 명이라고 덧붙였다. 중국 관영 신화통신은 그에 앞서 사망자가 12명이라고 보도했었다.

04

우루무치의 경제와 비즈니스

정찰·조은걸

우루무치 경제 개관

우루무치는 신장의 정치·경제·문화의 중심일 뿐만 아니라, 중국 서부도시 중에서 소비력이 매우 높은 도시이다. 동시에 시장 성장잠재력이 뛰어날 뿐만 아니라, 신장의 풍부한 천연자원을 바탕으로 여러 가지 산업 발달을 이룰 수 있는 좋은 조건을 가지고 있다.

우루무치는 중국을 중앙아시아와 더 나아가서 유럽 육로의 교통 중추와 연결시키는 곳으로, 신장 전체를 포함하여 중앙아시아 각 지역으로 다양한 루트의 무역 네트워크를 구축하고 있는, 중국 서부 대외개방의 최전방 도시이다.

우루무치 공항은 중국의 5대 주요 공항의 하나이며, 이미 국내외 100여 개 항로가 있다. 우루무치 기차역은 신장 철도의 총괄적인 중추이며, 중국과 중앙아시아 지역의 승객과 화물의 중요한 집합지로 국내외 직통열차 20여 편이 있다. 우루무치는 주변의 8개 국으로 200여 종류의 상품을 판매하고 있는데, 연 거래액 1억 위안 이상의 상품이 32개, 10억 위안 이상도 10개나 된다.

주요 산업

우루무치를 중심으로 신장에는 북쪽의 준동(准东) 유전, 서쪽의 카라마이(克拉玛依) 유전, 남쪽의 타리무(塔里木) 유전과 동쪽의 투하(吐哈) 유전이 있다. 우루무치 주위에는 유색금속과 희귀광물이 풍부하다. 이로 인한 탐사회사, 광산개발회사, 제련회사가 많이 있다.

신장은 중국의 주요 면화 생산기지로서, 세계의 면화 생산의 8%(중국의 35%)을 차지하고 있다. 신장에서 나오는 석탄, 석유, 광물, 농산물 등 풍부한 자원을 기반으로 우루무치의 산업은 석유화학공업과 화학공업, 석탄공업, 기계제조업, 건재공업, 방직공업, 신에너지산업, 야금공업, 가구제조업, 식품가공업, 의약제조업, 정보통신산업이 발달되었다. 이런 2차 산업을 바탕으로 중앙아시아를 향한 물류기지 역할을 하는 도매업과 관광업이 발달하였다.

우루무치의 주요 상권

우루무치의 소비시장은 고급시장과 중저가시장으로 확연히 구분이 된다. 정부 및 민간투자, 자원개발, 인허가를 통한 불로소득, 부동산개발, 임대소득에서 오는 많은 자금이 고가 소비시장을 부추기고 있다.

고가 소비시장으로는 요우하오(好友), 바이성(百盛), 톈산(天山), 타이바이(太白), 스지진화(世纪金花), 홍산신스지(红山新世纪), 단루(丹璐) 백화점이 있

메이메이 쇼핑몰과 쉐라톤 호텔

다. 또한 요우하오루에 베이징, 상하이에나 있을 만한 세계 명품 브랜드를
모아 놓은 메이메이(美美) 쇼핑몰이 있고, 5성급의 쉐라톤 호텔이 있다.
2012년에 대형 쇼핑몰 스다이광창(时代广场)이 오픈될 예정이다.

중저가 시장으로는 여러 가지의 도·소매 시장이 있다. 신장상업무역시장
(新疆商贸城), 일용잡화시장(中国新疆小商品城), 신장국제대바자르(新疆国际大巴
扎), 화링(华凌) 건축자재시장, 남열차역(火车南站), 얼따오챠오(二道桥), 중산
루, 시따먼(大西门), 철도국(铁路局) 등 각각 특색 있는 상권이 중저가 시장을
형성하고 있다

각각 특색을 가지고 도시 내의 주요 기능을 담당하고 있는 곳으로는 중산
루의 상업의 거리, 런민루의 금융의 거리, 얼따오챠오(二道桥) 민속의 거리
와 베이징루의 과학기술의 거리들이 있다.

경제 규모와 업종별 상황추이

우루무치의 경제규모

신장에서 우루무치의 경제적 지위는 탁월하다. 2010년 우루무치의 GDP

는 신장 총생산의 3분의 1을 차지했다. 그중 제3차 산업 부분의 GDP는 신장 전체의 52.9%로 중심적인 역할을 맡고 있다. 2010년 우루무치의 실제적인 외자투자 유치 비율은 신장의 72%로서, 전 신장의 대외개방 창문 역할을 톡톡히 감당하고 있다. 2010년 우루무치의 해외수입 총액은 전 신장의 30%에 해당하고, 해외수출 비율은 40% 정도를 차지했다. 해외 관광객 유치 비율은 전 신장의 57%였다.

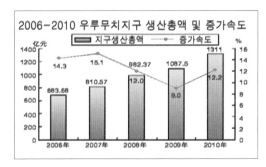

2010년도에 연간 1,311억 위안의 생산총액(GDP에 해당)을 달성했으며, 이는 전년대비 12% 증가를 나타낸 것이다. 1차 산업 생산액은 19억 위안으로 6.1% 증가했고, 2차 산업 총생산액은 597억 위안으로 12% 증가했으며, 3차 산업 총

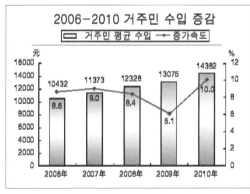

액은 695억 위안으로 12.4% 증가했다. 1, 2, 3차 산업의 구성비는 1.5 : 45.5 : 53 이다. 좌측 그림에는 2006-2010년간 우루무치 GDP 규모와 증가율이 나타나 있다. 2009년은 7.5사태의 여파로 증가 속도가 둔화되었지만 곧 정상화되었다.

2010년 도시민 연평균 수입은 1만 4,382위안으로 전년대비 10% 증가했고, 농민 연평균 수입은 7,466위안으로 12% 증가했다. (그림참조)

주요 공업생산품과 건축업

2010년도 공업생산액은 508억 위안으로 전년대비 12% 증가했다. 우루무치의 주요 공업생산품은 아래의 표와 같다.

2010년 주요 공업 생산품 및 생산량

제품명칭	단위	생산량	전년대비증감(%)
발전량	억Kwh	177.51	35.32
석유가공량	만톤	518.75	-1.90
우유제품	만톤	6.3	83.62
음료	만톤	26.87	33.21
실	만톤	3.13	3.31
종이	만톤	10.71	-3.68
석탄	만톤	1975.05	-0.92
광천수	억입방	1.70	10.71
합섬	만톤	67.87	-16.05
시멘트	만톤	304.29	15.44
강재	만톤	748.53	27.07

건축업 발전 속도는 매우 빠르다. 2010년 건축 총액은 396.95억 위안으로 전년대비 21% 증가했다. 시공 면적은 1,785만㎡로 23.9% 증가했다. 2010년 부동산개발 투자액은 145.64억 위안으로 38% 증가했고, 판매 부동산시공 면적이 1,558.85만㎡로 27% 증가했다. 준공 면적은 247.25만㎡로 26% 하강했다. 판매용 부동산 판매면적은 423.73만㎡로 11% 하강했다. 그러나 판매액은 198.5억 위안으로 18% 증가했다.

소비품 판매

2010년 사회소비품 판매액은 563.67억 위안으로 19% 증가했다. 그중 도소매 판매

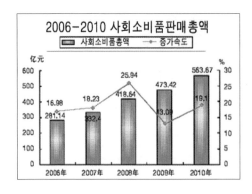

액이 502.9억 위안으로 18% 증가했고, 호텔식당업이 60.76억 위안으로 27% 증가했다.

폼목별로 보면 도소매업 중 식품·음료·담배·술 판매액이 11.9% 증가했고, 의류·방직 제품이 24% 증가, 체육·오락 용품이 8.5% 하락, 서적·잡지류가 8.2% 증가, 일용품류가 25.3%, 가전용품과 음향기기가 14% 증가, 통신기자재류가 8.2% 감소, 사무용품이 4% 증가, 금은 보석류가 46% 증가, 자동차 판매가 21.4% 증가하였다.

수출입 및 투자유치

2010년 신장 전체의 수출입 총액은 171.2억 달러이며 수출은 129.6억 달러, 수입은 41.5억 달러이다.

주요 수출품은 신발이 제일 많고, 토마토 잼, 방직제품, 면사, 카펫, TV, 약재 등이며, 주요 수출국은 한국(1,738만 달러)을 포함한 아시아에 116억 달러를, 아프리카에 1.7억 달러를, 유럽에 1억 달러를, 남미에 0.3억 달러를, 북미에 0.9억 달러를 수출하고 있다. 주요 수입품은 석유, 강재, 석유제품, 의료기기, 비료, 피혁, 양모 순이다. 한국으로부터 수입한 금액은 6,539만 달러이다.

우루무치의 2010년 수출입 총액은 59.85억 달러로 전년대비 60% 증가했다. 수출은 44.37억 달러로 47% 증가했고, 수입은 15.48억 달러로 114% 증가했다. (2009년은 우루무치 7.5사태로 인해 무역 실적이 저조했었다)

주요 교역 국가로는 카자흐스탄, 키르기즈스탄, 타지키스탄, 우즈베키스탄, 미국, 독일, 핀란드, 파키스탄, 러시아 순이며, 주요 수출품은 의류, 자동차, 가구, 강재, 플라스틱제품, 알루미늄, 유리제품, 토마토 잼 등이고,

아시아-유럽 박람회장의 모습

주요 수입품은 계량검측분석기, 전기회로차단기, 강재, 폴리에틸렌, 석유, 의료기기, 크롬광물, 방직 실 등이다.

투자는 2010년 637개 프로젝트, 209.9억 위안을 유치해서 전년대비 29.9% 증가했다. 외국투자기업은 34개 기업으로 1.3억 달러를 투자해서 13% 증가했다. 2011년 9월에는 매년 열었던 기존의 무역상담회를 확대해서 제1회 아시아·유럽 무역박람회(亚欧博览会)를, 새롭게 건설한 박람회장에서 개최했다.

관광업

우루무치는 신장을 방문하는 관광객이 가장 먼저 발을 내딛는 곳으로서 엄청난 관광 잠재력을 가지고 있다. 자연풍경과 문화경관, 독특한 음식, 쇼핑과 엔터테인먼트는 강한 민족적 특색을 가지고 있어 이곳으로 관광객을 흡인하는 힘이 있다.

2010년 국내 여행객은 782만 명으로 15% 증가했고, 해외 여행객이 26만 명으로 24% 증가했다. 여행객 소비액은 74.54억 위안으로 27% 증가했다. 그중 해외 여행객 소비액은 6.17억 위안으로 24% 증가했다.

우루무치 중점 육성 산업

1. 신 재료: 신형 철강재료, 신 배터리 재료, 신 화공 재료, 신건재

2. 신에너지: 풍력, 태양열, 바이오에너지

3. 생물공학: 신약, 바이오제품, 신사료

4. 선진제조기술: 네트워크자동화설비, 초고압 전송설비, 전기분배 네트워크 자동화설비

5. 정보통신: 초고속 광대역 정보 네크워크 정보기술, 소프트웨어

6. 기계제조: 석탄, 석유기계, 농업기계, 임업기계, 대형 저장설비, 계량•검측설비

7. 경공업, 방직, 의약, 특수영양식품, 여행식품, 천연색소, 식품첨가제

8. 화공: 석유화학 및 다운스트림 제품, 친환경 촉매개발, 폐열회수 종합이용

9. 농업과학기술: 신품종 동식물(채소, 과일, 나무) 도입 및 육성

10. 중요농업, 임업재해 및 동물방역, 친환경 농약제조

11. 농산물 가공 및 저장, 운송

12. 신 농촌 건설기술 및 응용: 농촌축산 폐기물, 생활쓰레기, 오수처리 및 자원화 이용 기술 농촌 식수안전기술, 농촌 주택건설을 위한 친환경 에너지절약 건자재 개발

13. 농촌 생태보호: 수자원 보호, 물 절약기술, 물•토지환경 회복기술, 녹지회복

14. 자원, 환경지속발전: 에너지절약 건축기술, 난방공제기술

15. 대기오염 종합처리

우루무치 도매시장

활황을 띠는 중앙아시아와의 무역은 그중 약 70%가 국경을 접한 신장에서 이루어진다. 신장에서 중국 제품의 수출 촉진을 담당하는 것이 우루무치의 도매시장이다. 아래의 표와 같이 우루무치에 도매시장이 상품 품목별로 다양하게 있다.

도매시장 명	위치	주요 품목
화링시장(华凌市场)	西红东路	잡화, 가전, 사무용품, 등, 가구
베위웬춘(北园春) 시장	克拉玛依西路	농산물, 수산물, 육류, 과일, 야채
메이쥐물류원(美居物流园)	天津南路	
창장루상마오청(长江路商贸城)	钱塘江路	잡화, 의류, 신발, 모자, 가전, 가방
벤장빈관(边疆宾馆)	延安路	신발, 의류, 소 가전, 잡화
훠처토우상마오청(火车头商贸城)	奇台路	아동복, 안경, 책
덴나오청(电脑城)	红旗路	컴퓨터, 부속기기
왕쟈량강재시장(王家梁钢材市场)	王家梁路	형강류, 철근. 강재
훠처토우채소과일시장(火车头蔬菜水果批发市场)	沙依巴克区奇台路	과일, 채소
얼따오챠오시장(二道桥市场)	二道桥	신장특산품. 공예품, 민속품
렁쿠(冷库, 냉동식품시장)	长江路	냉동해산물, 냉동육
밍주화훼시장(明珠花卉市场)	南昌路	화훼
허장농산물도매시장(江河农贸批发市场)	过境公路	농부산품, 담배, 술, 식량, 식용유
위에밍로우도매시장(月明楼批发市场)	沙依巴克区	건과, 설탕, 부식
로우롄창(肉联厂)	奇台路	식품, 음료, 담배, 술.
지리무역성(吉利外贸城)	延安路	영·유아용품, 아동복, 아동용품
시위국제무역성(西域国际商贸城)	大湾北路	잡화, 가전, 위생, 의류, 신발, 가방

그중 대표적인 도매시장인 화링종합도매시장, 벤장빈관, 그리고 훠처토우도매시장을 소개한다.

우루무치 화링종합도매시장

몇 개의 도매시장 가운데 압권은 우루무치 화링종합도매시장이다. 신장을

우루무치 최대의 도매 무역시장인 화링시장

대표하는 도매시장 운영기업인 신장화링공무(집단)유한공사가 설립, 운영하고 있다.

이 도매시장은 수이모고우구(水磨沟)에 위치하며, 100ha에 달하는 광대한 부지에 화링 국제상무공장, 화링공무성 등 건축면적 60만㎡의 거대한 도매시장이 들어서 있다. 거래 상품은 건자재, 가구, 가전, 일용품 등 다양한 품목이 갖추어져 있다. 이 도매시장에는 6,000개 남짓한 점포가 입점해 있고, 하루 방문객은 10만 명에 달한다. 그중 절반이 중앙아시아에서 온 바이어라고 한다. 시장 내에는 세관도 있어 원스톱으로 수출까지 가능한 시스템을 구축하고 있다.

또한 2008년에 화링종합도매시장 6층에 한국의 슈퍼마켓과, 잡화, 가정용품 코너가 오픈되어 신장지역과 중앙아시아에 한국 상품 도소매를 하고 있다.

볜장빈관 (호텔)

우루무치 남쪽에 위치한 볜장빈관 무역센터(边疆宾馆貿易城)에 들어서면 곧바로 생동하는 상업 분위기에 휩싸이게 된다. 주변에는 러시아와 중앙아시아에서 온 상인들로 가득하고, 곳곳에서 러시아어가 들린다. 이들 상인들은 두세 명씩 점포를 누비며 상품 샘플을 자세히 들여다보고 가격을 흥정한다. 창고 앞에는 출하를 기다리는 차량들로 즐비하다. '관세 검사필'을 받은 상품들이 중국 내지에서부터 신장까지 와서 중앙아시아와 러시아로 나갈 준비를 하고 있다.

알려진 바에 따르면 신장 주변국 특히 카자흐스탄의 경우 의복, 신발 등 생활용품의 90% 이상이 중국에서 수입된 것이며, 그중 대다수가 볜장빈관 무역센터에서 운송해 간 것이다. 볜장빈관은 1997년 이후로 국가2류 통상구로서 우루무치에서 대외 수출량으로 본 최대 통상구이다. 호텔 주위에는 의류, 가전, 식품 등 무역업체가 800여 개가 입주해 있다.

볜장빈관 국가2류 통상구 안에는 세관, 창고, 검역, 운송, 공상, 세무, 기술감독, 은행, 호텔 등 상설기구가 있다. 매년 8,000대에서 1만 대의 차량을 통해 40억 위안, 16만~20만 톤의 상품이 유통된다.

볜장빈관 무역중심은 15년 전부터 자생적으로 형성되어 온 상품교역 시장이다. 1992년은 러시아와 중앙아시아5개국의 경제시장이 막 회복되어 발전하기 시작한 때였는데, 바로 이때 볜장빈관이 기회를 잡아 첫발을 내디뎠다. 중앙아시아 경제의 급속한 발전이 막대한 시장을 형성했으며, 이것이 중국 신장지역에 호기로 작용했던 것이다.

우루무치의 무역을 논할 때 신장 사람들이 제일 먼저 생각할 수 있는 것은 볜장빈관 무역센터이다. 이곳은 여러 역경을 겪은 후 형성된 성숙한 시장으로 1999년 볜장빈관 무역센터의 교역량은 1.5억 달러였는데, 2003년의 경우에는 대략 3억 달러를 넘어섰다.

매일 평균 250명의 중앙아시아, 러시아 상인들이 우루무치에 오는데, 1인당 평균 4,000달러 이상의 상품을 구매한다.

훠처토우 상마오청

현재 볜장빈관 무역중심에서 대 중앙아시아 무역이 활발히 이루어지고 있는 것은 사실이지만, 전통적이고 낙후된 경영 방식으로는 시대의 급박한 흐름을 따라잡을 수 없다. 보다 적극적이고 체계적인 협력정보 네트워크를 건립해야만 신장의 대외무역에 더 큰 효과를 가져 올 수 있고, 빠르게 국제무역 경영 시스템과의 연결망을 구축할 수 있다.

이러한 시장을 창건해야만 신장 무역시장이 중앙아시아 각국의 시장과 강하게 연결되어 중앙아시아 각 도시와 시장에 지점을 낼 수 있고, 국외에서도 강대한 구매 네트워크를 건립하여 각국의 중대형 구매상들을 흡인하여 보다 큰 일을 도모할 수 있을 것이다.

'훠처토우 무역센터'는 이런 배경 하에 탄생한 것이다. 그 경영이념은 중국 내지 및 동부 연안 도시와의 연맹을 유지, 강력한 정보 네트워크를 형성하여 더 많은 제조상과 대리점을 끌어들여 대량의 무역상품 공급을 확보하는 것이다.

신장위구르자치구의 유력 무역회사인 더후이실업집단(德汇实业集团)이 훠처토우국제매입기지(火车头国际购入基地)를 운영하고 있다. 이 시장에는 약 1,400개의 점포가 입점해 있다. 취급 상품은 완구, 의류, 피혁, 가전 등이 중심이다.

우루무치 경제개발구

우루무치의 경제개발구는 3개의 구(区)와 4개의 원(园)이 있다. 우루무치 경제기술개발구, 고기술산업개발구, 수출가공구, 미동구 화학공업원, 미동구 고기술산업원, 토우툰허구 공업구, 수이모고우구 공업원이 그것이다.

우루무치 경제기술개발구(乌鲁木齐经济技术开发区)

우루무치 경제기술개발구는 1994년에 국무원의 비준으로 설립되었다. 우루무치 중심에서 10㎞, 비행장에서 1.5㎞ 떨어진 곳에 480㎢ 면적을 차지하고 있다. 수출가공구, 2급통상구, 보세물류센터, 유학인창업원, 대학과학기술원, 박사연구원, 기업연구센터 등을 구비한 종합기술 개발구이다. 제조업기지, 물류기지, 상업기지를 이루어 서부 13개 국가급 개발구 중에서 종합투자 환경평가에서 4위를 차지하고 있다. 개발구 내에 3,600개 기업이 입주해 있으며 세계 500대 기업이 15개 있고, 중국 500대 기업이 24개, 외자기업이 30개 있다.

야금, 풍력, 식품음료를 3대 지주 산업으로, 자동차, 기계설비, 신형건재, 물류를 4대 주도산업으로, 생물의약, 신에너지, 신재료, 정보통신을 4대 신흥산업으로 하여 전국 최대 풍력설비 제조기지, 서부 최대 야금기지, 서부 최대 신흥자동차 기계제조 설비기지, 신장최대 식품가공기지, 중앙아시아 물류 및 수출 가공기지로 육성하고 있다.

고기술 산업개발구(高新技术产业开发区)

고기술 산업개발구는 1992년 설립되었고, 우루무치 신스구 동부에 있고 면적은 59.1㎢이다. 풍부한 자원을 토대로 고기술로 산업화를 이루기 위해 고기술 산업기지를 조성하였다.

수출가공구(出口加工区)

수출가공구는 우루무치 경제기술개발구 내에 위치하며, 2005년에 설립되었고 면적은 3㎢이다. 우루무치 공항과는 2.5㎞ 떨어져 있고 기차북역과는 1㎞ 떨어져 있다. 세관, 검역, 은행, 운수기능이 함께 있어, 통관 수속이 간편하여 중앙아시아등 주변국가 시장을 향한 기업경쟁력을 높이고 있다.

미동구 화학공업원(米东区化工工业园)

미동구 화학공업원은 우루무치와 창지 경제일체화산업전략을 위한 대형 석유화학 산업기지로 신장자치구급 대형 화학 공업원이다. 우루무치 북부의 미동구에 위치해 있으며, 총면적 108㎢로, 알카리화공지구 25㎢, 석유화학 공업구 33㎢와 종합가공구 50㎢로 조성되어 있으며, 상주 인구는 6만여 명이다. 공업원 내에는 중국석유 우루무치지사(中国石油乌石化分公司) 등 260개 기업이 입주해 있으며, 2009년도 총 생산액이 약 300억 위안에 달한다.

미동구 고기술산업원(米东区高新技术产业园)

2007년에 설립되었고 면적은 361.3㎢이고, 우루무치의 신형 공업기지이며 에너지기지이다. 준동(准东) 석탄발전, 석탄화공산업의 종합 서비스기지이다.

토우툰허구 공업원(头屯河区工业园)

토우툰허구 공업원은 1995년에 우루무치 서북부에 설립되었으며, 철강생산, 건재, 석유화공, 생물제약, 식품가공, 철도운송, 대형 창고, 물류배송 등 중대형 기업이 분포되어 있다. 2009년 기준 140개 업체가 입주해 있다.

수이모고우구 공업원(水磨沟工业园)

2003년에 12.1㎢ 면적으로 설립되어 A, B구역으로 나누어져 있다. 도시제조형 공업 공업원으로 재취업을 촉진하기 위해 설립하였다. 우루무치에서 가장 가까운 공업원으로 교통이 편리하고, 부근에 화링건재시장, 왕쟈량강재시장, 바이완좡(百万庄) 기계시장 등 대형 시장이 있어 서로 보완하고 있다. A구역은 가구, 건재, 인쇄업 위주이고, B구역은 열병합 발전 관련 산업이 발달되었다.

우루무치의 한국 상품

우루무치에 한국인이 거주하기 시작한 것은 1994년부터이다. 이때는 한류가 퍼지기 이전으로 한국 상품이 거의 없었다. 한국 드라마 "보고 또 보고"가 "看了又看"로 번역되어 한족과 소수민족에게 크게 인기를 얻었으며, 드라마로 인한 한류의 바람이 이곳에 들어오면서 한국 상품도 같이 들어오게 되었다. 제일 먼저 들어온 것이 화장품이다. 화장품은 특히 한족뿐만 아니라 소수민족에게 인기가 높아 백화점에도 입점 되었고, 많은 한국 브랜드의 화장품이 들어오고 있으며, 심지어 가짜 한국 화장품까지 유통될 정도로 인기가 높다.

이후에 삼성, LG의 핸드폰과 컴퓨터가 중국에서 바람몰이를 하면서 이곳에서 팔리기 시작했고, 마이카 붐과 함께 현대, 기아차가 중국 내에서 생산되면서 우루무치에서도 많은 한국 차를 볼 수 있다. 대우(현재 두산) 굴삭기를 시초로 현대 굴삭기도 이곳의 건설 붐을 타고 많이 들어왔다.

현재 우루무치에는 150여 명의 한국인이 살고 있다. 한국 슈퍼마켓이 열리고, 한국인이 경영하는 한국 식당 외에 중국인이 운영하는 고급 한국 식당, 중국인이 운영하는 분식집 등 한국 식당도 많이 있다. 드라마를 타고 김밥과 떡볶이가 알려져 중국인들도 만들어 판매하고, 삼겹살과 소주도 중국인의 입맛을 채워주는 식품으로 자리 잡고 있다. 김치와 함께 한국식품, 음료, 과자류들이 고급 백화점 곳곳에서 판매되고 있다.

화링무역성에 한국인이 오픈한 마트에는 식품, 잡화, 주방용품, 화장품, 벽지 등도 판매하며 한족과 중앙아시아를 대상으로 한 도소매 기능을 하고 있고, 중국인이 경영하는 소규모의 한국 상품점도 길거리에서 종종 볼 수 있다.

한국인이 직접 경영하는 한국 미용실이 성업 중이고, 피부 마사지점도 열렸다. 겨울철이 길어 중국내 다른 지역과 달리 바닥 난방을 하는 곳임을 착안하여, 린나이 가스보일러가 들어왔고, 의류도 OUR-Q, 신원, 이랜드가 백화점에 있다. 가전제품으로는 삼성, LG의 냉장고, TV, 세탁기가 가전 전문 유통업체인 궈메이(国美), 쑤닝(苏宁) 상가에서 판매되고 있다.

또한 한국 드라마 DVD를 거리와 슈퍼에서 쉽게 볼 수 있고, 2009년에 고급 백화점인 단루(丹璐)에 "가배 두림" 카페가 오픈되어 한국의 커피 문화도 이곳에 알려지고 있다. 태권도가 보급되어 도장이 3개가 들어섰다. 많은 중고등 학생, 일반인이 태권도를 배운다. 우루무치 3년제 직업대학에는 한국어과가 있어 한국 선생님으로부터 한국어를 배운 학생들이 매년 배출되어 한국 기업에 취업되고 있다.

우루무치는 중앙아시아의 물류기지 역할을 하고 있어, 중앙아시아로 화물을 입출하는 운송업체도 들어와 있다. 대한한공이 신장 지역의 관광 수요가 늘어남에 따라 6월부터 10월까지 전세기를 띄운다. 뿐만 아니라 한국의 산업기술도 이곳으로 이전되고 있다. 신장에 6만 개의 지하수정이 있는데, 한국의 지하수 개발업체가 진출해 있고, 연간 60억 위안의 광산탐사 시장에 참여하기 위해서 광산 탐사를 위한 시추업체도 진출해 있다.

한국의 제빵 기술과 천연비누 제조기술로, 현지에서 제과점과 천연비누숍을 오픈하였다. 한국의 차량용 배터리 재생기술이 진출해 농촌의 오토바이, 경운기 배터리를 충전하는 사업도 벌이고 있다. 한국의 성형외과 병원이 이곳 병원과 제휴하여, 한국 의사들이 이곳에 와서 성형 수술을 하고 있고, 중국 병원에서 한국인 치과의사가 시술하고 있다.

한국 기업이 진출했다가 철수한 경우도 있다. 대우굴삭기가 합자회사를 세워 영업하다 지분을 매각하고 철수했으며, 1998년 (주)한화가 우루무치 인근 염호에 무기화학 소재인 무수망초공장을 세워서 생산, 판매하다가 철수하였다. 2005년에는 SK가 우루무치 경제개발구에 중앙아시아 시장

우루무치 공업구에 입주했다가 철수한 SK 핸드폰 공장

을 보고 휴대폰 공장을 세웠다가 철수하였다.

앞으로 전망 있는 사업은 우루무치의 중점 육성산업에 방향을 맞추어 생각하는 것이 좋다. 풍부한 농산물을 가공하는 식품가공업, 사료 개발, 천연색소 개발, 한국의 종자 수출, 농산물 중개업, 이곳의 특산물인 실크, 양모, 양가죽, 면화가공사업 및 중계무역, 138종의 다양한 금속의 광산개발, 중계무역, 신재생 에너지로 뜨고 있는 중국 최대 생산기지인 풍력설비 관련 사업, 지역의 특이성에서 오는 자원을 토대로 신물질을 개발할 수 있는 약재 개발, 바이오상품 개발, 자동차 부품, 자동차 정비업, 자동차 연비효율 증대사업, 난방효율 증대사업, 대기오염 처리사업, 생활분야로는 성형병원, 의료기기, 미용실, 한국의 유명 베이커리, 뷔페식당, 외국어학교 사업과 외국어학원 사업 분야도 유망 분야이다.

비즈니스 팁-현지인과 함께 비즈니스하기

중국인들이 많이 사용하는 말이 있다. "天時不如地利，地利不如人和"(좋은 시기는 좋은 조건들만 못하고, 좋은 조건들은 사람들과의 화합만 못하다) 비즈니스를 위한 좋은 조건과 환경들을 갖고 있어도 관계된 사람들과 화합하지 못한다면 성공하기 어렵다는 말인데, 이곳에서 비즈니스를 하기 위해서 좋은 협력자를 만나는 것은 정말 중요하다. 특히 이방인으로서 시장을 개척하고 정착하기 위해서는 현지인의 도움이 절실한 것이 사실이며, 이들과 어떻게 협력해야하는지는 앞으로 많이 고려해야 할 중요한 이슈이다.

현재 우루무치에서 비즈니스를 하고 있는 한국인들은 주로 유통업과 외식업 등을 하고 있다. 아직 많은 수가 아니어서 눈에 띄게 성공한 사례는 없으며, 대부분 안정된 기반을 확보하지 못하고 있다. 몇 개의 대기업도(SK, 한화, 대우) 최근 몇 년 사이 이곳에서 철수하였다. 우루무치 내 한국인 경영 한국 식당의 경우 4년 전 6곳이 있었는데, 현재까지 유지되고 있는 식당은 겨우 1곳(현지인 명의)만 남아 있는 반면, 중국인이 경영하고 있는 한국 식당들은 대부분 잘 유지, 확장되고 있다.

이런 현상들을 볼 때 한국인이 이곳에서 독립적으로 사업을 한다는 것은 그리 쉽지 않다는 것을 알 수가 있고, 현재 사업을 잘 유지하고 있는 경우의 대부분은 현지인과 협력하여 사업을 꾸려가고 있다는 것이 특징이다.

소규모 비즈니스를 통한 시장조사와 협력자 개발 제안

사업에 앞서 시장을 조사하고 사업의 가능성을 판단하는 것은 매우 중요하다. 많은 사람들이 이런 리서치를 통해 사업을 결정하고 실행하지만, 역시 많은 시행착오를 겪기도 하고 실패하기도 한다. 그래서 이런 시행착오와 실패를 최소화하기 위해 소규모 투자사업(리서치의 성격)을 이용한 현지인 협력자 개발방식을 제안해 본다.

예를 들어 식당을 개업한다면 처음부터 정식 회사를 내어 진행하지 않고, 먼저 우루무치에 와서 학교에 등록해 언어 연수와 비자문제를 해결한다.

학교는 보통 일주일에 20시간의 수업을 하는데, 주로 오전 수업이어서 오후 시간은 여유가 있다. 반년 정도의 시간이면 간단한 의사소통이 될 것이고, 현지인 친구도 생길 것이다. 이때 최소 규모의 식당(분식점)을 현지인 명의로 개업을 하고, 현지인에게 지분을 지급해서 적극적으로 운영에 참여하게 하는 방법인데, 단순히 현지인을 활용한 운영 목적이 아니며 현지인을 통해 시장을 경험하고 배우는 데 크게 목적을 두는 것이다.

이 기간 동안 많은 현지인들과의 관계를 만들게 될 것이고, 언어 습득에도 많은 도움이 될 것이다. 그리고 상호간의 신뢰를 발견하고 확인할 수 있는 중요한 시간이 될 것이다. 그리고 투자금이 회수되었을 때는 정식으로 독립회사를 설립하거나, 합자회사를 만들어 전적으로 사업에 참여하고 진행하면 된다. 이때 현지 협력자를 따로 독립할 수 있도록 한다면 이권 다툼의 문제를 피할 수 있게 되고, 그들은 새로운 형태의 협력자가 되어 계속해서 사업을 확장하고 운영하는 데 많은 도움이 될 것이다. 좋은 협력자를 만나는 것은 쉽지 않은 일이지만, 신뢰를 갖고 꾸준히 노력한다면 결코 어려운 일만은 아니다.

현지인과 협력했을 때의 장점

1) 창업 절차가 쉽고 간편함

소규모 창업 시 불필요한 절차 없이 간단한 수속으로 시간과 비용절감에 상당한 효과가 있다.

2) 정보와 인맥

현지인 협력자를 통해 필요한 관련 정보들을 얻을 수 있고, 주변의 인맥들을 통해 더 많은 정보수집과 다양한 교류가 가능하다.

3) 언어와 문화 습득이 용이

처음 다른 문화를 경험하면서 오는 문화적 충격으로부터 현지인 협력자가 많은 완충 역할이 될 것이며, 그들을 통해 보다 자연스럽게 문화를 배우게 되고 언어 습득에 큰 도움이 된다.

어려운 점

1) 상호간 의견과 이권의 충돌을 조율하는 데 많은 시간과 노력이 필요함.

상대를 인정하고 동등한 입장을 갖는 것은 쉽지 않은 일이지만, 상대를 통해 배운다는 자세라면 어려운 일은 아니다.

2) 투자 리서치와 결과에 대한 두려움

보장되지 않는 결과에 대한 투자가 부담될 수 있고, 현지인이 가질 수 있는 변심과 욕심에 대한 불안함이 있을 수 있다. 이를 위해 투자를 최소화하는 것이 중요한데, 역시 현지인과 함께 할 때만 투자를 최소화할 수 있다는 것을 인정하고, 상대를 검증하기보다는 자신을 상대에게 검증시키는데 중점을 두고, 리서치 성격으로 초기 투자를 할 수 있다면 역시 큰 문제는 되지 않을 것이다.

우루무치에서 해볼 만한 소규모 비즈니스 소개

최근 한국 드라마와 한류 열풍 영향으로 한국 문화와 관련된 비즈니스가 잘 되고 있는데, 당분간은 계속될 것으로 보인다. 우선 최근 한국 식당들이 많이 생겨나고 있는데, 현재 우루무치 안에 약 20개 정도가 있다. 특징은 한국인들이 아닌 중국인들이 한국 식당들을 많이 열고 있고, 장사가 모두 잘 되는 편이다. 하지만 메뉴가 단순하고 대부분 식당들의 메뉴도 비슷해서 좀 더 새로운 메뉴의 식당들이 필요함을 느낀다.

또한 한국 상품점들도 계속 생기고 있는데, 우리나라 천냥 하우스와 같은 형태이나 상품 가격이 높은 편이다. 현재 우루무치에 약 10개 정도의 상점이 있다. 주로 칭따오(靑島)에서 물건들이 들어오고 있는데, 투자 대비 수익성이 비교적 효율적인 비즈니스이다. 이 밖에 의류, 화장품, 미용용품 등의 한국 상품들이 인기가 있으나, 중국산 가짜 제품들의 유통이 워낙 많아 많은 고려가 필요하다.

최근 중국의 물류가 점점 발달하고 있어서 인터넷 쇼핑으로 물건을 사는 사람(젊은층)들이 점점 늘고 있는데, 이와 관련한 비즈니스도 고려한다면 좋은 시장이 될 것이다. 그리고 이곳 대학들 주변의 상권들은 아직 한국이나 대도시와 달리 많이 발달되지 않았는데, 학생들을 상대로 한 새로운 문화 공간들은 앞으로 좋은 시장이 될 것이다.

문의: 예하컨설팅회사(0991-281-0240)

05

우루무치의 대학가와 소수민족 교육

단일·하혜

우루무치의 대학가

우루무치의 대학교육 상황

우루무치는 신장위구르자치구에서 교육의 중심 도시이다. 2012년 현재 우루무치에는 18개의 대학 또는 그에 준하는 수준의 교육기관이 있다. 이 중 신장대학교 등 7개 학교는 학사학위 이상의 과정이 있는 학교이고, 그 외의 11개 학교는 전문대학인데 과정 수료 후 관련된 시험에 합격하면 학 사학위를 취득할 수 있다. 학교 설립의 주체는 3개 직업 학원이 사립인 반 면에 대다수인 15개교가 국립이다.

대학 입시('高考')는 보통 7월에 우리나라의 수능과 같이 전국적으로 치른 다. 성적이 우수한 학생들은 베이징이나 상하이 등지에 있는 중국의 명문 대학에 진학하고, 성적이나 경제여건이 허락된다면 내지의 유명한 대학에

신장에서 가장 크고 유명한 대학인 신장대학 정문

가기를 원한다. 대학원 시험은 보통 2월에 치르는데, 전국적으로 지역별로 일정한 대학원생수의 할당이 있다.

신장 전체에서 종합대학은 신장대학, 사범대학, 의과대학, 스허즈대학, 농업대학 등인데 2012년 중국 전체 792개(2012년 현재) 종합대학 순위에서 신장대학이 전국 79위를 차지해 신장에서 가장 높은 순위를 자랑하고 있고, 그 다음 스허즈대학이 전국 131위로 신장 전체 2위를 기록했다. 신장의과대학이 전국 181위, 신장농업대학이 전국 217위, 신장사범대학이 전국 251위로 각각 신장내부 순위 3, 4, 5위를 기록했다.

〈표〉 2012년도 신장지역대학 전국 순위

전국 순위(위)	대학교 이름
79	新疆大学 신장대학교 (전국중점대학)
131	石河子大学 스허즈대학교 (전국중점대학)
181	新疆医科大学 신장의과대학교
217	新疆农业大学 신장농업대학교
251	新疆师范大学 신장사범대학교
301	塔里木大学 타림대학교
387	新疆财经大学 신장재경대학교
465	伊犁师范学院 이리사범대학교

523	喀什师范学院 카쉬가르사범대학교
560	昌吉学院 창지대학교

〈학비〉

유치원: 월 300~400위안, 고급 사립유치원은 월 800~1,000위안

초등학교: 한 학기에 200~300위안, 호구가 없으면 한 학기에 700~800위안 정도이다. 별도로 기부금을 내야 한다.

중고등학교: 중학교(初中)은 한 학기에 1,000위안 정도, 고등학교(高中)은 1,200위안 정도.

전문대학 및 대학교: 1년 학비로 전공에 따라 3,500~4,500위안을 내며, 따로 기숙사비로 1년에 800위안 정도를 낸다. 책값이나 개인 용돈 등 비용을 전부 합치면 1년에 1만 위안 정도가 필요하다고 한다.

한어 언어연수과정: 대학에 따라 약간의 차이는 있으나, 대략 한 학기에 6,500위안이 필요하다.

〈한국인들이 다닐 만한 교육기관〉

한국 유치원: 농대 하늘유치원

영어 유치원: 신스구유치원, 지더바오, 레드하트(행복로 소재)

초등학교: 다니엘학교

중학교: 농대부중, 사대부중, 실험중학교

중국 신장성 우루무치 시 교육기관 현황 (학사학위 이상)

학교 명	개설 과정	인터넷 주소
신장대학(新疆大学)	21개 계열 70여개 학과의 종합대학	www.xju.edu.cn
신장농업대학(新疆农业大学)	이과, 공과, 법학, 문학, 관리, 농업 등 38개 학부, 29개 석·박사 과정 (농업경제, 수자원관리, 초원 등)	www.xjau.edu.cn
신장의과대학(新疆医科大学)	8개 계열 (중의, 약학, 임상, 위생, 정보통신 등) 16개 학부, 24개 전과	www.xjmu.edu.cn
신장사범대학(新疆师范大学)	인문, 법정, 교육, 문학, 이공, 관리, 역사 등	

	8개 계열에 38개 학부, 39개 전문대	www.xjnu.edu.cn
신장재경대학(新疆财经大学)	관리, 경제, 법학, 문학, 이공계 등 16개 대학원, 22개 학부, 12개 전문대	www.xjife.edu.cn
신장예술학원(新疆艺术学院)	음악, 미술, 무용, 연극영화, 문화예술관리 계열에 20개 학부, 전문대, 성인반 등	www.yishu.xjnt.com.cn
우루무치직업대학 (乌鲁木齐职业大学)	문학, 언어, 교육, 법률, 이공, 예술, 경제 등 39개 학과	www.uvu.edu.cn

나날이 국제화되어 가는 우루무치의 학원가

중국의 한 변방에 불과했던 우루무치는 활발한 국제교류의 장이 되고 있고, 우루무치의 대학가도 나날이 급증하고 있는 외국인 유학생들로 인해 변화의 시기를 맞이하고 있다. 중국의 100대 중점 대학인 신장대학을 비롯하여 신장사범대학, 농업대학, 재경대학, 의과대학에는 지리적으로 가까운 중앙아시아를 비롯한 세계 각지에서 몰려든 외국인 유학생들을 쉽게 볼 수 있다. 외국인 유학생 유치에 가장 적극적인 대학은 신장사범대학으로 현재 700여 명의 외국인들이 중국어를 공부하고 있고 의과대학에 400여 명, 신장대학에는 350여 명 등 모두 3,000여 명의 외국인들이 우루무치에서 유학하고 있다.

이렇게 외국인들이 급증하게 된 이유는 중국 정부가 주관하는 '공자학원' 과 밀접한 관계가 있다. (공자학원은 중국 교육부가 세계 각 나라에 있는 대학들과 교류하면서 중국어와 중국 문화, 역사, 정치, 경제 등의 교육 및 전파를 위해 세워진 사회공익교육 기구이다. 중국과 세계 각국의 우호 관계를 발전시키고 세계 각국 국민의 중국어와 중국 문화 등에 대한 이해를 높이는 한편 중국어 학습자에게 우수한 학습 콘텐츠를 제공하기 위한 것이다.) 중국은 정치·경제적 지위에 비해 자국의 문화적 영향력이 낮다고 보고, 중국어와 중국 문화 등 '소프트 파워' 보급을 위해 2004년 서울에 공자학원을 설립한 것을 시작으로 현재 100여 개국에 340개 이상이 설립되었고, 이보다 규모가 작은 공자학당까지 합치면 670개를 넘어섰다. (중국정부는 공자학원 설립을 원하는 해외단체에 전체 운영비의 10-20%를 지원하고 있다.) 비슷한 성격의 언어 보급기관인 프랑스 '알리앙스 프랑세즈(Alliance Francaise)'가 120년간 1,100개, 영국 '브리티시 카운슬(British Council)'이 70년간 230개, 독일 '괴테 인스티튜트(Goethe Institut)'가 50년간 128개를 설립한 것과 비교하면 엄청난 규모이다. (한국어 세계화를 위해 창설된 세종학당은 2007년 이래 현재까지 전 세계에 109개를 설립하였다)

중국 온라인 신화망(新华网)이 전하는 뉴스에 따르면 중국 정부는 2008년부터 중앙아시아의 키르기즈스탄, 타지키스탄, 러시아 등 4곳에 공자학원을 개원하고, 첫 해에 2,400명이 언어과정에 등록하였으며 각종 문화 활동에 참여한 자까지 포함하면 2만 5,000명이 공자학원의 문턱을 넘어 중국 문화를 체험했다고 한다.

신장위구르자치구 교육청의 통계에 의하면 우루무치 최초의 공자학원은 2009년에 열리게 되었고, 그 해에 중앙아시아와 러시아 등 국가에서 3,200명의 유학생과 중고생들이 우루무치에 유학을 오게 되었다. (중국 정부가 공인한 신장자치구 내 공자학원은 신장대학, 신장사범대학, 신장농업대학, 신장재경대학, 신장의과대학, 이리사범대학, 스허즈대학이다.) 그중 1,025명은 공자 장학금, 실크로드 장학금, 중국 정부 장학금의 장학생으로 오게 되었다. '중국어 열풍'이 계속되면서 중국 신장과 인접해 있는 카자흐스탄, 키르기즈스탄 등 중앙아시아 국가들에서 점점 더 많은 젊은이들이 현지의 공자학원을 찾아 중국어를 배우고 있다.

키르기즈스탄 공자학원 현지 관계자의 말에 의하면, 최근 몇 년간 중국과 중앙아시아 국가들이 경제 및 기타 영역에서 협력관계가 넓어지고, 중국의 국제적 영향력이 날로 높아지면서 중국어와 중국 문화 배우기 열풍이 확산되고 있다고 한다. 대학 교수, 정부 공무원, 대학생, 상인들을 포함해 키르기즈스탄의 각계 인사들이 업무 외 시간을 이용해 공자학원에서 중국어와 중국 문화를 배우고 있다. 현재 신장대학에서 공부하고 있는 한 키르기즈스탄 유학생은 현재 중국어 배우기는 키르기즈스탄 젊은이들 사이에서 일종의 '유행'이 되고 있다고 말했다.

신장사범대학 국제문화 교류학원 궈웨이둥(郭卫东) 원장은 신장사범대학은 키르기즈스탄 민족대학과 카자흐스탄 국립대학에 공자학원을 세웠으며, 공자학원을 다니는 학생 수는 3,000여 명에 달한다고 밝혔다.

각국에 세워진 공자학원을 통해 중국어를 접하게 된 학생들 가운데 일부는 중국 정부가 지원하는 '공자장학금' 장학생에 신청하여 우루무치에서 학업에 열을 올리고 있다. 카자흐스탄, 키르기즈스탄, 우즈베키스탄 등 대표적인 중앙아시아 국가들뿐 아니라 아프가니스탄, 아르메니아, 아제르바이잔, 투르크메니스탄 등 한국인에게 생소한 국가들의 학생들도 우루무치에서는 쉽게 만나 볼 수 있다. '공자장학금'에는 학비는 물론 생활비와 교재비, 기숙사비가 포함된다. (학부생의 경우 매달 1,400위안(한화26만원)이 생활비로 지급되고 석사의 경우 매달 1,700위안(한화31만원)이, 박사과정에는 2,000위안(한화36만원)이 지원되는데 이는 중앙아시아 국가의 대졸 한 달 임금을 상회하는 파격적인 수준이다)

중국 교육부는 정부의 지원금이 헛되이 낭비되지 않도록 장학금을 받는 학생들이 중국어와 중국문화를 제대로 습득하는지에 대해 매우 엄격하게 관리 감독하고 있다. 우루무치의 한 대학 중국어 연수반의 경우 저녁 시간에도 학교에서 개인 학습을 하도록 관리하고 있으며, 학위 프로그램의 경우 성적이 평균에 미달하는 학생의 장학금을 50% 감액하기도 한다.

또한 각종 과제물과 논문을 철저하게 제출하도록 하여 '공짜밥'을 못 먹도록 지도하고 있다. 우루무치의 경우 국가의 정책에 따라 중앙아시아 학생들에게 장학금 쿼터가 책정되어 있으나, 석·박사 과정에 지원하는 중앙아시

우루무치 농업대학의 대학생들

아 학생들이 많지 않아 한국 학생들에게도 장학금 혜택의 기회가 열려 있다. (현재까지 우루무치 소재 대학교에 속한 공자학원에서 석사과정을 마친 한국인은 4명이고(석사과정 문의 dany1006@hanmail.net) 일본인은 1명이며 나머지는 중앙아시아 및 러시아학생들이다. 공자학원 석사과정입학을 위해서는 성적 및 졸업증명서를 주한중국대사관에서 공증을 받아야하며 부교수이상의 직급을 가진 교수2인의 추천서, 신HSK 5급 이상의 성적증명 그리고 중문으로 작성한 지원동기(400자이상), 장학금신청서를 제출하면 된다. (공자학원 홈페이지 http://my.chinese.)) 지원할 수 있는 전공은 국제 중국어 교육학, 중문학, 역사학, 민족학 등 다양하다.

우루무치는 경제적인 측면에서뿐만 아니라, 교육적인 측면에서도 여러 나라에 영향력을 끼치며 중국어를 보급하는 창구로서의 역할을 톡톡히 감당하고 있는 것이다.

한족화 교육의 산물 – 신장 소수민족 '민카오한(民考汉)'
민카오한의 의미

중국에서 이슬람을 믿는 무슬림들은 그들이 사용하는 언어가 완전히 한어와 동일한 부류가 있는가 하면 자신들의 언어를 가지고 있는 부류가 있다. 예를 들어 언어적으로 보자면 회족은 한어(汉语)를 완벽하게 구사하고, 회족 자신만의 언어를 가지고 있지는 않다. 반면에 위구르족, 카작족, 키르기즈족 등은 자신들의 언어를 가지고 있다.

그런데 중국의 서북부에는 비록 위구르족, 카작족, 키르기즈족에 속하지만 자신들의 언어보다 한어를 더 잘 구사하는 집단이 있는데, 그들은 중국어로 민카오한(民考汉)이라고 불린다. '민카오한(民考汉)'이라는 뜻은, 소수민족(民)이지만 대입 시험을(考) 한어(汉)로 쳐서 대학에 들어가려고 준비하는 학생들 혹은 그 졸업생을 말한다.

반면에 민카오한과 대조되는 개념으로 '민카오민'이 있는데 '민카오민(民考民)'이란 자기 민족의 언어로 시험을 쳐서 대학에 들어가려고 준비하는 일반 소수민족 학생들 혹은 그 졸업생이다. 민카오한들은 어릴 때부터 한족 학생들이 대부분인 교실에서 한어로 학습하며 생활하였기에 이들의 한어 실력은 한족들과 별 다른 차이가 없다. 당연히 소수민족 학교에서 공부한 민카오민들보다 한어를 잘한다.

민카오한은 1960년대 자녀들을 한족 중고등학교에 보냈던 일부 소수민족 부모들에(주로 공무원) 의해서 생겨나기 시작했지만, 본격적으로 형성된 것은 한어로 대입 시험을 치르는 소수민족 학생들에게 가산점을 주는 우대 제도가 생긴 후부터이다. 이때부터 한어로 대입 시험을 보는 소수민족을 '민카오한'이라고 부르게 되었다.

과거 민카오한의 숫자는 무척 적었으나, 현재 민카오한 학생 수는 매년 증가하고 있다. 통계에 따르면 2000년도 신장의 초중고 한족학교에서 공부한 민카오한 학생들이 7만 9,000명이었는데, 2005년도에는 13만 1,000이나 되었다. 5년 사이에 66%의 증가율을 보인 것이다. 이렇게 민카오한의 숫자가 증가하면서 소수민족 학생들 중 민카오한의 비율은 초·중·고등학교에 재학 중인 학생 전체(226.2만 명)의 5.8%에 이른다.

만일 이 증가율이 2010년까지 지속되었다면 현재 신장에서 초중고 한족학교에서 수업을 하는 민카오한 학생들은 이미 20만 명에 다다랐을 것이며, 이들이 소수민족 학생들 중 차지하는 비율은 10%에 근접했을 것이다.

소수민족 대학생 중 민카오한의 비율은 이보다 훨씬 높을 것이다.

민카오한의 언어적 특징

이처럼 증가하는 민카오한의 한어 및 민족어 수준은 어떠할까? 한 논문에 따르면 민카오한의 한어 실력은 기본적으로 한족과 동등하다. 예를 들어 한족들보다 더 한어 실력이 높다고 대답한 사람이 42.2%이고, 동일 연령의 한족들과 한어 실력이 같다고 말한 사람은 46.4%, 보통이라고 대답한 사람은 4.2%, 한족보다 한어 실력이 못하다고 말한 사람은 6.6%에 불과했다. 따라서 이들의 한어 실력은 일반적인 한족 학생들보다 좀 더 뛰어나다고 볼 수 있다.

하지만 이들의 위구르어 실력은 한어 실력에 비해 떨어진다. 위구르인 민카오한 중에 자신의 모어(위구르어)로 말도 하고, 글도 쓸 수 있다고 말한 비율은 44%뿐인데 반해, 말은 할 수 있지만 글자를 쓸 수 없다고 대답한 비율이 51.8%에 달한다. 따라서 이들의 모어 구사능력이 파행적이라는 것을 인정해야 한다. 즉 가정에서 생활하는 가운데 듣고 말하는 부분은 어느 정도 유지되지만, 읽고 쓰기 부분에서는 주요 학습언어가 한어이고, 대부분 한어 환경 가운데 생활하기 때문에 체계적으로 모어를 공부할 기회가 적다.

민카오한의 사회적 특징

현재까지 민카오한 출신들은 신장 소수민족 가운데서 사회적 엘리트층을 형성하였다. 한족 간부들은 신장 통치를 위해서 이중 언어를 구사할 수 있는 민카오한을 의지하고, 한어에 능통하지 못한 소수민족들도 민카오한을 의지하였기 때문일 것이다. 이제는 신장 내에서도 한어를 잘하는 소수민족의 비율이 높아졌고, 학교에서 배운 여부와 관계없이 한어 실력이 어느 정도 상승했지만, 아직도 기업에서 소수민족 직원을 구할 때 민카오한으로 한정해서 뽑을 때가 많다. 따라서 신장 지역에서 민카오한은 직업을 구하는 부분, 경제적인 영역에서 환영받는 존재다.

하지만 소수민족 사회에서 민카오한은 가끔 비웃음의 대상이 되기도 한다. 특히 위구르어에 능숙하지 못한 민카오한, 자기 민족과도 한어로 이야기하는 민카오한은 자기 민족의 경멸의 대상이 되고 우스갯소리로 놀림을 받는 대상이 된다. 예를 들어 이런 우스갯소리가 있다. 엄마 양의 젖을 먹던 새끼 양이 길을 헤매다가 배가 고파서 마침 길을 가던 돼지의 젖을 먹고 있었다. 이를 본 새끼 양 주인이 놀라서 새끼 양을 데리고 자기 집에 와서 식구들에게 "우리 집 양이 무슬림이 먹으면 안 되는 돼지의 젖을 먹었으니 어떻게 하면 좋지?" 하고 말하였다. 그 집 식구들이 대답하기를 "괜찮아, 그 새끼 양을 민카오한에게 팔면 되지!"

민카오한의 문화적 특징

민카오한은 이중문화의 영향 하에서 자라난 존재다. 태어나서부터 집안에서 자신의 모어를 사용하며 자라던 어린이가 초등학교 때부터는 모어와 전혀 다른 한어라는 환경에 몰입하여 생활하게 된다. 40~50명 이상의 한 반 학생들 중에 자기 민족이 극소수인 상태에서, 때로는 자신이 소수민족이라는 이유 때문에 친구들로부터 따가운 눈총을 받기도 하고, 때로는 칭찬을 받으면서 성장한다. 처음에는 언어 습득의 어려움과 문화 적응의 갈등이 있지만 차츰 갈등을 이겨내면서 언어뿐만 아니라, 자기 민족과 다른 사고방식과 문화특성을 갖게 된다.

특히 한족이 아니면서도 한족의 문화적 잣대로 자기 민족과 문화를 평가하면서 이들은 자신의 민족 문화에 대해서 비판하는 의식을 가지며 새로운 사상에 대해 열린 마음을 가지게 된다. 하지만 그렇다고 해서 이들이 한족 문화에 완전히 동화되는 것도 아니다. 특히 고등학교 때까지 한족 학교에 다니면서 자신의 정체성 문제를 별 고민하지 않던 민카오한들이 대학에 들어가면서 비로소 정체성의 혼란을 겪는다. 비록 자신이 한족처럼 한어를 잘하는 존재라 하더라도, 결국 중국 사회에서는 우대받지 못하는 소수민족으로 살아가야 한다는 한계를 깨닫고 점차 자기 민족에게 회귀하는 경향을 보인다. 특히 결혼을 통해 가정을 이루고 기존의 모어 집단과 자주 접촉하게 되면서 자신의 민족적 정체성을 확립해 나간다. 물론 이와 반대로 한족과 결혼하는 민카오한도 종종 있다.

민카오한은 비록 한어를 완벽하게 구사하지만 결국에는 그의 정체성은 자신의 본 민족에게 향한다. 초등학교를 비롯해서 고등학교 때까지 한족들에 둘러싸인 환경에서 평소 한족들이 자신의 민족들에 대해서 "게으른" "낙후된" "사고를 일으키는" "교육수준이 떨어지는" 등등의 부정적인 평가를 할 때, 그 내용에 일부 동의하면서도 그로 인한 마음의 상처와 한족들에 대한 불만이 있을 수 있다. 따라서 민카오한 친구를 사귀는 사람들은 그를 한족적 사고방식으로 이해하지 말고, 그와의 개인적인 만남을 통해, 그 인생 배경과 그 마음속의 깊은 사연을 듣고 이해해 주는 것이 필요하다.

민카오한의 미래

신장자치구 정부는 이중 언어 교육이라는 기치 하에 한어 교육을 강화시키고, 유치원부터 한어를 가르치기 위해 한어 유치원을 증설하는 노력을 하고 있다. 그 결과 장래 신장 지역의 민카오한의 숫자가 더욱 **빠르게** 늘어날 것으로 전망된다. 이는 민카오한이라는 집단이 소수민족 가운데 소수의 집단이 아니라, 많은 부분을 점유하는 집단이 될 가능성을 보여준다. 따라서 시기가 다소 이르거나 늦을 수는 있어도 민카오한이 신장 지역에서 이질적인 집단으로 비쳐지는 일은 점차 사라질 것이라는 전망을 하게 만든다.

소수민족 내지학교

중국 정부는 위구르족이나 카작족 등 신장 소수민족 고등학생을 중국 내지에서 교육시키는 제도를 운영하고 있다. 정부의 소개에 따르면 신장의 소수민족을 받아 교육하는 내지 고교는 모두 '신장내지고등학교'라고 부르는데 2000년부터 추진되고 있다.

정부가 내거는 내지 고등학교의 설립 목적은 신장의 소수민족 학생들을 내지에서 받아들여 보다 좋은 고등학교 교육을 받게 한다는 것이다. 내지 고교는 4년제이며, 한어(汉语)로 수업을 진행한다. 하지만 내지고교 제도의 숨은 의도는 위구르 인재들을 보다 빨리 한화(汉化) 시키려는 것이다.

우루무치의 한 교사는 내지 고등학교에서 매년 신장에서 성적이 우수한 위구르족 등 소수민족 학생들을 대규모로 모집한다고 밝혔다.

"그들은 학생들을 모집해 모두 내지로 보내고 있는데, 그들은 내지에서 학교를 졸업한 후 그곳에 남아 돌아오지 않을 것이다. 이렇게 서서히 민족적인 특징을 희석하게 될 것이다. 이 교사는 소위 내지 고교 학생의 80% 이상이 위구르족이라고 했다. "나머지는 카작족, 회족 등 다른 소수민족이며, 이들의 비율은 아주 낮다. 이들은 고등학교나 대학을 마치고 모두 취업한다. 중앙정부도 이 정책을 알고 있는데, 돌아오는 위구르인의 비율이 갈수록 줄어들고 있다."라고 말한다.

06

우루무치의 의료와 사회취약계층

김현우·전진

우루무치의 의료 상황

우루무치는 신장 지역에서 의료 시스템이 가장 발달된 곳이다. 우루무치 시민뿐만 아니라 전 신장의 주민에게 의료 및 보건 서비스를 제공하고 있다. 따라서 신장 각 지역의 많은 주민들이 비교적 중한 질병의 치료와 검사를 받기 위해 우루무치를 방문하고 있다.

중국 정부는 2011년까지 도시 근로자 기본의료보험, 농촌 합작의료보험 (신형농촌합작의료(新型农村合作医疗)는 도농(都农) 의료지원 격차를 축소하기 위해 마련한 제도로 정부의 지원 아래 농민이 자발적으로 가입하고 개인 납부비용과 정부 보조 방식으로 재원을 충당) 등을 확대 보급하여 전체 13억 인구의 90%에 이르는 10억에 이르는 인구가 기본적인 의료보험 제도에 편재될 수 있도록 의료보건법을 개정하고 있다. 또한 2011년 7월부터는 〈중화인민공화국 사회보험법〉을 정식으로 시행하여 국민 모두에게 기초 양로보험제도와 기초 의료보험제도를 적용하고 있다. 이와 같은 의료보험 확대는 기존 의료 혜택을 받지 못했던 농촌 거주자에게 의료 서비스를 제공하게 되고, 도시 거주자들은 보다 쉽게 양질의 의료 서비스를 이용할 수 있게 된다는 점에서 중요한 의미가 있다.

이처럼 의료보험 체계가 구비되어 있어서 의료비는 비교적 저렴하지만 우루무치에서 의료보험이 없거나 도시 호구가 없는 사람들(도시빈민, 이주자, 외국인등)이 진료를 받을 경우 보험소지자 혹은 호구가 있는 주민에 비해 진료비를 몇 배 이상 지불해야 한다.

우루무치의 전반적인 의료 상황을 이해하기 위해 한국의 의료 상황과 비교한 그림이 아래에 있다. 의료 서비스의 양을 나타내는 인구 천 명당 간호사 수, 의사 수, 병상 수 등은 오히려 한국 보다 나은 수준임을 알 수 있다.

한국과 우루무치의 의료 상황 비교

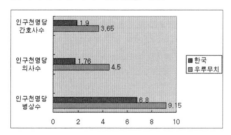

그러나 의료의 질은 많이 떨어지는 실정이다. 오진, 수술 오류, 투약 등에서 의료사고가 빈번하게 발생하고 있으며, 과도한 약물 사용이 문제로 지적되고 있다.

우루무치 병원 소개

1) 신장의과대학 제1부속병원: 우루무치에서 종합병원으로는 가장 크고 현대화된 의료장비들이 있으며, 우루무치 시민들에게 선호도가 가장 높은 병원으로 입원환자와 외래환자의 수가 다른 병원에 비해서 가장 많다. 위치: 의과대학 내(新医路)

2) 신장의과대학 제2부속병원: 신장에서 유일하게 '골관절 및 주위신경 질

란저우 군관구 우루무치병원

병치료 센터' 와 '귓병방지 및 청력회복 센터'가 있다. 위치: 치따오완(七道湾)

3) 신장의과대학 제3부속병원(종양병원): 암과 관련된 질병을 주로 다루고, 특히 부인외과에서는 복강경 수술 1,000번 이상의 시술 기록이 있는 류카이쟝(刘开江) 의사가 있으며, 자궁 종양, 초기 난소암, 난소 내막암 등을 치료한다. 위치: 베이징난루(北京南路)

4) 신장의과대학 제4부속병원(자치구 중의병원): 현대화된 중의병원으로 종합병원 규모로는 우루무치에서 세 번째로 크다. 중의(중국 전통의학)뿐 아니라, 양의도 병행해서 치료한다. 항문과에서는 궤양성 결장염 및 대장종양 질병을 중의적으로 치료한다. 피부과에서는 중의적 방법으로 건선, 습진, 피부염, 여드름 등을 치료한다. 중의만의 특색 있는 치료를 하고 있으며, 동시에 한약재를 사용하지 않고도 치료하는 법을 응용하고 있다.

위치: 황허루(黃河路)

5) 신장자치구 인민병원(제2 병원): '고혈압 치료와 인공관절교체 센터'와 당

> **〈외국인이 병원을 이용할 때 필요한 것들, 진료를 하는 과정〉**
>
> 중국인들이 진료하는 과정과 똑같으며, 먼저 진찰받고 싶은 과(예: 내과, 피부과, 소아과 등)를 정한 후 진찰권(挂号)을 먼저 사야 한다. 동시에 병력(病历)을 기록하는 노트도 구입한다. 의사를 선택해야 하는데, 전문의와 보통의가 있다. 전문의를 선택하면 보통의보다 진료비가 더 비싸다. 그런 다음에 진료 받을 진찰실 앞에서 대기하면 된다. 진찰 후 여러 가지 검사가 필요하면, 의사의 지시에 따라서 움직이면 된다. 예전에는 중국인과 외국인의 진료비가 차이가 났지만, 지금은 똑같이 적용하기 때문에 치료비용에 있어서는 안심을 해도 된다.

뇨병 연구소가 있으며, 심장·폐·신장 이식 수술을 성공적으로 한 바가 있다. 위치: 톈츠루(天池路)

6) 란저우 군관구 우루무치 병원(兰州军区乌鲁木齐总医院): 신장에서 최대의 항문질병 연구 진료센터와 항문 관련된 난치병 치료센터이다. 매주 토·일요일에는 천진 인민병원 항문 전문의 왕허통(王贺桐), 해방군 291 병원 항문전문의 인젠(尹剑), 남경중의원 변비 전문의 딩수칭(丁曙晴) 등 국내의 저명한 전문의들이 와서 진료를 하고 있다. 위치: 요우하오루(友好路)

7) 신장자치구 흉부과 병원: 폐와 관련된 질병을 치료하며, 폐결핵을 전문으로 치료한다. 위치: 옌안루(延安路)

8) 우루무치시 제1 인민병원(북문아동(儿童) 병원): 어린이 전문 병원이다. 위치: 북문(北门)

9) 우루무치시 중의병원(홍산, 남문중의병원): 시급 중의병원이며, 심혈관 질병과 항문 관련 질병을 치료하며, 특히 당뇨병 치료를 전문으로 한다. 위치: 홍산(红山), 남문(南门)

10) 우루무치시 우의병원(제3의원): 심장내과분야 진료와 일반외과의 복강 경 수술은 수준급으로 알려졌다. 위치: 성리루(胜利路)

11) 신장공군병원: 안과가 유명하며 안과(근시, 원시)수술을 잘한다고 알려졌 다. 위치: 베이징베이루(北京北路)

12) 신장위구르 민족병원: 전통 위구르병원으로, 피부과(백전풍) 치료로 유 명하다. 위치: 옌안루(延安路)

13) 신장 쟈인(佳音)병원: 주로 남녀 불임수술 전문이며, 특히 남성(전립선염 관련)질병을 잘 치료한다. 위치: 기차역부근(火车站附近)

14) 신장의과대학 제6부속병원(建工병원): 뼈에 관련된 치료를 전문으로 한 다. 위치: 우싱루(五星路)

15) 우루무치시 제4인민병원: 불면증과 신경 및 정신과 치료를 위주로 한다. 위치: 젠촨루(碱泉路)

16) 우루무치시 구강(口腔)병원: 치과치료 전문병원이다. 위치: 중산루(中山路)

17) 모자보건원: 각 지역에 있으며 유치원입학을 위한 신체검사를 한다.

18) 출입국검역원: 외국인 신체검사 증명을 받는 지정장소이다. 오전에만 검사를 한다. 위치: 베이징난루(北京南路)

신장의 명의소개

1) 진훙위안(金洪元):신장자치구 중의병원에 주임의사로 있으면서, 중국에 서 계승해야 할 전통의학 부문 명의 중의 한 사람이다. 40여 년 간의 임 상을 통해서 각종 난치병을 치료하고 있으며, 특히 간장(肝臟) 및 신장(腎 臟) 관련 질환을 전문적으로 치료한다.

2) 선바오판(沈宝藩) : 중의병원 수석 전문의로 중국에서 계승해야 할 전통

<⟨신장 쟈인(住音) 인터내셔널 클리닉(XinJiang JiaYin International Clinic)⟩

2011년 신장 최초로 가정의학과 및 치과를 중심으로 개설된 인터내셔널 클리닉이다. 최신 자동 디지털 흉부, 복부, 전신, 구강 및 치과 파노라마X-ray, 임상검사 장비 등 초 현대화된 의료 및 치과 장비 등과 함께 VIP 환자들을 위한 병상이 따로 마련되어 있다.

현재 싱가포르, 한국 등에서 온 의료진들이 이 지역에 거주하는 외국 주재원, 비즈니스맨, 학생, 여행자 및 현지인들에게 의료 서비스를 제공하고 있다.

(위치: 잉삔루(迎宾路) http://jyic.jiayinyy.com/ Tel:+86-0991-3773519)

의학 부문 명의 중의 한 사람이다. 뇌혈관 및 심혈관 질병을 전문적으로 치료한다. 오랜 임상과 연구를 통해서 "핑간마이통피안(平肝脉通片)", "화탄마이통피안(化痰脉通片)", "부치마이통피안(补气脉通片)"을 병원에서 자체 제작해서 입원한 환자들에게 투약하고 있으며, 환자들로부터 좋은 호응을 얻고 있다.

3) 쉬잔잉(徐占英) : 신장의과대학 부속병원 침구과 주임의사이며, 40년간의 임상을 통해서 쌓은 경험이 풍부하며, 중풍 후유증과 각종 통증 및 비만 치료에 뛰어나다.

4) 바크 위숩(巴克 玉素甫) : 신장자치구 위구르병원 내과 주임의사 및 위구르 전문의이다. 40여년의 임상을 통해서 많은 환자를 위구르 의약으로 진료하였다.

신장에서 생산되는 중요한 약재

1) 설연(雪莲) : 별명으로는 설하화(雪荷花) 라고 한다. 천산산맥 남 북쪽 경사

설연(雪蓮)

육종용(肉苁蓉)

아위(阿魏)

지에 걸쳐서 자란다. 그리고 알타이산과 곤륜산의 눈 덮인 지역의 깎아
지르는 듯한 절벽에서 볼 수 있다. 빠이청과 하미지역 산중에서 생산된
다. 설연은 신장의 유명한 특산물 중의 하나이다. 약효로는 풍습성 관절
염에 최고의 약으로 알려졌다. 눈 덮인 고산지대에서 강렬한 자외선을
받고 자라기 때문에, 자외선으로부터 보호해 주는 천연화장품의 원료로
도 사용하고 있다. 위구르족과 카작족은 부인과 질병에 사용하고 있다.
종류로는 수이무(水母雪蓮), 마오터우(毛头雪蓮), 몐터우(绵头雪蓮), 신장(新
疆雪蓮), 시장(西藏雪蓮) 등이 있다. 본초강목습유《本草纲目拾遗》에 보면 천산
천지(天池) 일대의 보거다봉에서 자라는 것이 최고 좋은 것이라고 한다.
과거에는 고산 지대에 사는 유목민들이 길을 가다가 설연화를 보면, 그
날은 좋은 일이 생긴다고 하는 이야기도 있다. 설연화 씨는 0℃에서 발
아하고, 3~5℃에서 성장하고, 새싹은 영하 21℃ 아래에서도 자란다. 5
년이라는 시간이 지나야 꽃을 피우지만, 실제적으로 성장하는 기간으
로는 8개월의 시간만 필요하다. 이런 사실들이 생물학적으로 설연화가
상당히 독특한 식물이라는 점을 보여준다.

2) 육종용(肉苁蓉) : 학명으로는 관화육종용(管花肉苁蓉)이며, 약재로 사용할
때는 평이하게 보양해 주는 약이다. "따뜻하면서도 뜨겁지 않고, 보양
해 주면서 맹렬하지 않고, 약의 성질이 부드러워서 이름 또한 종용(苁容)

이라고 했다."고 한다. 또한 고기처럼 말랑말랑하고 두툼해서 육종용(肉苁蓉)이라고 한다. "원기를 보양해 주고, 마음을 안정시키고, 몸의 진액을 보충해 주는 기능"을 해 주기 때문에 신장에 사는 사람들은 이를 "사막의 인삼"이라고 부른다.

또한 노화를 방지하는 성분이 들어 있어서 오랜 세월 동안 몸을 보양하고, 강건하게 하는 약재로 사랑받고 있다. 뿐만 아니라, 식용으로 차나 국을 끓일 때, 고기를 삶을 때에도 사용한다. 다른 이름으로는 따윈(大芸)이라고 한다. 주요 생산지로는 호탠지구 위뗀현 타클라마칸 사막 중간 지역이다. 인공으로 재배할 때는 바람을 막고, 사막의 모래 유실을 방지하는 작용을 한다. 그래서 생태 환경을 개선하는 데 도움이 된다.

3) 아위(阿魏) : 아위는 신장의 독특한 약재이다. 혈액순환을 원활하게 하여, 피로를 풀어주며, 담을 제거하는 효능이 있다. 풍습성 관절염을 치료하고, 위장병을 치료하는 데 사용된다. 위구르 전통의학에서는 살충하는 용도로 사용하며, 마른버짐(건선)을 치료하는 데 사용한다. 중국에서도 신장 서부에서만 볼 수 있는 비교적 귀중한 약용 식물이다. 인체 내의 종양세포만을 선택해서 없애는 작용을 하고, 면역력을 증강시키는 기능이 있다.

그래서 특히 종양이 있는 환자에게는 큰 효과를 볼 수가 있다. 뿐만 아니라, 불포화 지방산을 많이 함유하고 있어서 노화 방지에도 효과가 있다. 현재 야생으로 생산되는 아위는 점점 줄어들고 있어서 그 가치가 날로 상승하여 구하기가 어렵다. 그래서 의학계에서는 이런 말까지 있다. "금은 가짜가 없고, 아위는 진짜가 없다." 그만큼 귀하고 희소하다는 말일 수 있다. 대부분 약재시장에 나온 것은 가짜일 경우가 많다. 그래서 아위는 중국 정부에서 보호하는 중요한 야생 약재 중의 하나이다.

4) **신장 패모**(新疆贝母) : 신장의 패모는 열을 내리고, 폐를 부드럽게 하며, 기침을 그치게 하고, 담을 제거하는 약이다. 생산이 많이 되는 지역으로는 이리, 보러, 타청, 알타이 등이다. 특히 이리의 패모는 생산량이 많을 뿐 아니라, 품질도 뛰어나다고 한다.

5) **신장 감초**(新疆甘草) : 신장 감초의 종류를 살펴보면, 장궈감초(胀国甘草), 황감초(黄甘草), 주광궈감초(主光果甘草), 우라얼감초(乌拉尔甘草), 추마오감초(粗毛甘草) 등 5종류로 분류된다. 그중에서 우라얼감초가 주로 많이 재배된다. 신장 전역에서 생산하지만, 북신장 지역 이리계곡, 준가르분지 남쪽 마나쓰 하류 혹은 삼각주에서 대량 재배된다. 재배하기에 적합한 토양은 모래땅으로 알려졌다. 감초는 모든 약들과 조화를 이루어서 약효를 발휘하는 데 쓰인다. 그래서 가장 많이 사용하는 약 중에 하나이다. 신장의 감초는 천연적인 약초로 오염이 되지 않았고 국내외 시장에서 좋은 평가를 받고 있다.

6) **홍화**(红花) : 주요 생산지역으로는 타청, 어민, 창지, 치타이, 악수, 하미 등지에서 재배되고 있다. 별명으로는 황란(黄兰), 홍란화(红兰花), 차오홍화(草红花), 홍화차이(红花菜) 등이 있다. 50여 종의 품종이 있다. 성장환경으로는 일조량이 풍부하고, 건조한 기후이며, 토양으로는 배수가 잘 되는 땅이어야 한다. 진나라 때 장화(张华)의 저서 박물지《博物志》에 보면 중원에 있는 홍화는 서역(지금의 신장)으로부터 얻었다는 기록을 통해서 볼 때, 실크로드 상에서 생산되는 품종의 하나라고 볼 수 있다. 본초강목《本草纲目》에 보면 혈액순환을 좋게 하고, 통증을 없애고, 생리를 순조롭게 하는 작용을 한다고 기록되어 있다. 부인과 질병뿐만 아니라, 타박상을

입었을 때도 사용하면 좋은 효과를 나타낸다.

홍화씨는 기름으로도 사용할 수 있고, 꽃은 질병을 치료하는 데 쓰인다. 홍화씨 기름을 식용으로 평소에 사용하면 동맥경화, 고혈압, 중풍, 심장병을 예방하는 효과를 볼 수 있다. 그 외에도 다양한 용도로 사용할 수가 있는데, 꽃의 색깔이 선명해서 정원에서 키워도 관상용으로서 훌륭하고, 꽃을 잘 말려서 가루로 만들어서 밀가루를 반죽할 때 넣어도 식욕을 돋구어주는 역할을 한다.

〈여행 시 의료위생 상식〉

1. 신장은 아침저녁의 일교차가 비교적 크다(10-15℃ 정도). 그래서 여행 시 얇은 잠바나, 스웨터를 준비해야 한다. 해발 고도가 높은 곳을 여행할 때면, 기압이 낮고 공기가 희박하기 때문에 고산반응을 일으키기 쉽다(두통, 구토, 발열, 심할 땐 경련, 쇼크 등). 고산반응을 예방하기 위해서는, 너무 빨리 움직이지 말고 천천히 움직이면서 호흡을 조절한다. 충분한 휴식(수면, 식사 등)을 취하면서 쉴 때는 부드러운 몸동작과 심호흡을 한다. 산소호흡기와 심혈관 질병 관련된 약을 준비한다.

2. 신장에선 기차나 버스를 타는 시간이 비교적 길고, 걷는 시간이 많고, 말을 타거나, 낙타를 탈 기회가 있기 때문에 발에 편안한 신발을 신는 것이 활동하기에 좋다.

3. 신장은 기온이 내륙지방보다 낮지만, 해발고도가 높기 때문에 자외선이 강렬하다. 그래서 여행자는 자외선을 차단하는 선크림이나 선글라스, 모자, 양산을 가지고 다녀야 한다. 되도록이면 일광욕은 짧은 시간만 하는 것이 좋다. 여행하는 시간은 이른아침에 출발해서 점심시간 대에는 충분한 휴식을 취하고, 북경시간으로 오후 4-5시 이후(신장시간 2-3시)에 움직이는 것이 좋다.

4. 여름에 여행 시 옷은 통풍이 잘되는 옷으로 하되, 긴 소매로 된 흰색이나 밝은

색 계통으로 한다. 평소보다 물을 많이 먹고, 충분한 염분도 섭취하도록 한다. 만약에 더위를 먹었을 때는 시원한 곳에 누워서 휴식을 취한다. 찬 수건으로 머리나 목 부위를 감싸주고, 상태가 심각해져서 졸도를 하면 손가락으로 졸도한 사람의 인중 부위(코밑과 윗입술 사이)를 누른다.

아니면 양손 열손가락 끝을 침이나 기타 뾰족한 것으로 찔러서 피를 낸다. 여름에 여행할 때는 가능하면 더위 먹는 것을 방지하는 약물을 가지고 다녀야 한다(예, 중국약으로는 곽향정기수(霍香正气水), 박하정(薄荷錠), 청량유(清涼油) 등). 뿐만 아니라, 필요한 상비약을 가지고 있어야 한다(소화기 관련－소화제, 설사약 등).

5. 신장은 과일이 풍부한 지방이다. 만일 과일을 먹고 난 후에 따뜻한 차를 마시면 설사를 일으키기 쉽다. 설사를 심하게 하면 탈수현상까지 나타난다. 그래서 현지인들은 과일과 차를 동시에 먹지 않는다. 여름에는 평소에 유산균 음료를 자주 마시므로 설사를 예방하기도 한다. 그리고 양고기를 먹고 난 후 일반 차는 마셔도 되지만 나이차(奶茶)는 마시지 않아야 하며 차가운 것을 바로 먹어서는 안 된다.

도시 취약계층 철거민 문제

판자촌 주민들

우루무치의 도심에 가까운 산자락에는 도시 취약계층이 사는 판자촌(무허가 간편 주택)이 있다. 판자촌은 간단하게 지어진 집들로 기초가 약하고, 주변에 쓰레기 등이 곳곳에 쌓여 있어 위생이 열악하며, 수도와 전기 시설이 부족하고 질병과 사고에 노출되어 있는 지역이다.

판자촌의 사람들은 대부분이 도시 저소득층으로, 농촌 경제와 잉여 노동력 문제 때문에 도시로 올라온 위구르인들이 많다. 또한 퇴직하거나 실직한 노동자들 중에는 한족도 있다. 이들 판자촌 주민들은 대부분이 외지호구(한국의 주민등록과 같은 것으로서 중국에서는 마음대로 옮길 수 없다)를 가진 사람들로, 위

철거 전 야마리커산 판자촌의 모습

구르족 같은 경우에는 대부분이 한어를 구사하지 못한다. 결국 이들은 한족 도시인 우루무치에서 일자리를 찾지 못하고 판자촌 내에서 호구지책을 찾거나 도시 청소부나 단순일용직 노동자들로 생계를 꾸려나가는 사람들이었다. 한어를 하지 못하는 이유로 단순일용직도 찾기 어렵고, 찾았다 하더라도 노임은 한족의 절반에 해당하는 임금을 받아왔다. 판자촌 아이들의 대부분이 교육을 받지 못하고 질병과 장애인이 많다.

뿐만 아니라 이들의 삶은 결코 평범하진 않다. 필자가 방문해 본 한 가정은 19세의 엄마가 3개월 된 아기를 집에 둔 채 엄마는 아침에 한 번 젖을 먹이고, 식당으로 일하러 가서 저녁에야 돌아와서 겨우 또 젖을 먹이는 가정이다. 그 아이는 늙은 노모가 돌보았는데 그 노모는 배고파 울다가 지쳐 잠든 아이를 그저 바라보기만 했다. 이러한 삶이 판자촌에서의 일상적인 삶이다.

정기적으로 들러본 우루무치의 주요한 판자촌들에는 호탠과 카쉬가르 등지의 시골에서 올라온 사람들이 많았고, 이곳에서 어려움을 겪더라도 다시 귀향하는 일은 적다.

유동인구 통제와 판자촌 철거 사업

신장자치구 정부는 지난 2009년 우루무치 7.5사태의 원인을 '인원 통제'

에 실패했기 때문이라고 본다. 인원 통제의 핵심 사항을 우루무치에 호구가 없는 인원인 '유동인구' 에 대한 통제' 로 보고 있다. 우루무치 당위원학교에서 발간한 문건인 "우루무치시 유동인구 정보화관리 강화에 관하여 (加强乌鲁木齐市流动人口信息化管理的思考)"에 의하면 사회 안정을 해치는 가장 주요한 원인으로 '유동인구 통제의 어려움' 을 들고 있으며, 그 대표적 사례로 7.5사태를 들어 설명하고 있다. 7.5사태 이후 각 집들에 대한 검문검색, 거리와 교통 운송수단에 대한 검문검색의 강화는 이러한 정책적 원인 분석의 결과라고 볼 수 있다.

고향을 떠나 타지에 일하러 가는 위구르족 남자들

공안부 자료에 의하면 우루무치의 유동인구는 2010년 5월 약 52만 명이고, 2008년 이후부터 세입자를 받는 주택 수는 16만 203호이다. 현재 정부에서는 유동인구가 주로 사는 세입자 관리를 위해 1,602명의 인력과 1.9억 위안의 재정을 투자하고 있다. 이러한 유동인구가 주로 몰려 있는 곳이 도시의 대표적인 취약 계층이 거주하는 판자촌이다.

아마도 우루무치의 첫 판자촌 철거 사업은 야마리커산 사업일 것이다. 야마리커산의 판자촌 개조 사업은 이미 2006년부터 시작된 바 있다. 야마리커산의 판자촌 전체 면적은 7㎢이고 현재 이주시킨 가구는 1만 300호이다. 현재 1차, 2차로 새로운 주택들이 건설되어 입주자들이 이미 입주를 하고 있고, 3차의 고층 주택들이 건설되고 있는 실정이다.

본격적인 우루무치 판자촌 철거는 2010년 5월 7기 9차 인민대회에서 자치구 당위원회 총서기 장춘셴(张春贤)이 5개년 계획을 발표한 이후 시작되었다. 우루무치는 2010년 35억 위안을 21개 판자촌 개조사업에 투입하기로 하였는데, 당시 우루무치에는 크고 작은 48곳의 판자촌이 있었다. 우루무치의 판자촌 집중지역은 헤이지아산(黑甲山), 위에진졔(跃进街), 류따오완(六道湾) 등 21곳이었다.

2011년 초까지 이미 5만 6,000호가 철거되었고, 62.6억 위안이 투자되었다. 2012년에는 50억 위안을 36곳의 판자촌에 투입해 개조작업을 하였는데, 약 1만 호를 철거하였다. 그렇다고 이 철거사업이 일반적으로 생각하는 판자촌 철거와 같이 판자촌 지역주민들을 쫓아내기 위한 것만은 아니다. 2012년 한 해만 우루무치 전체에 보장성 주택 12만 호, 저월세 주택 5,000호, 경제적 용방 2,500호, 공공임대 주택 4,500호를 건설하여 판자촌 주민들과 저소득층들에게 보급하였다. 이외에도 우루무치 근교의 농촌에 지진 안전주택 8,680호를 2015년까지 건설할 계획을 세우고 있다.

잠재적인 철거민들

정부에서는 판자촌 개조를 통하여 판자촌 주민들이 새 집과 개선된 환경을 갖게 되었다고 선전하지만, 철거민 중에서 주택 혜택을 본 사람은 많지 않을 것이다. 집문서(주택등기 등)가 있을 시에만 철거 시 보상주택이 제공되는데, 실제로 철거된 판자촌 지역은 말 그대로 판자촌이고, 정상적으로 시멘트 건물을 지어 집문서를 받은 사람들은 극소수이기 때문이다.

많은 수의 판자촌 위구르족들은 한어를 구사할 수 없고, 판자촌 자체로 형성된 사회 속에서 근근이 먹고 살았던 사람들이어서 적은 보상금으로는 최근 매년 20~30%의 물가가 상승하는 우루무치에서 실상 생계를 유지할 수 없게 된다. 많은 이들이 현재는 보상금을 생활 밑천 삼아 생계수단을 찾고 있지만 언제라도 이들의 밑천이 바닥난다면 어느 곳에서든 판자촌은 다시 출현할 수 있다.

위구르 판자촌 주민들은 어디로 가게 될까? 한어를 구사하지 못하는 위구르인들이 한족 지역에 정착할 리는 만무하다. 이들은 도시 개발지역의 정반대 지역인 도시 남쪽 위구르 지역에 정착할 가능성이 크다. 결국 위구르 지역은 도시 저소득층 지역으로 전락할 가능성이 크다. 정부에서는 이들의 재활을 위해 직업교육과 사회적응 교육을 병행할 것이라고 하나 실제적으로 인력배치나 재정투자는 거의 없는 수준이다.

위구르 도시 빈민, 판자촌 철거사업은 지금까지의 사업진행 수준을 볼 때 근본적인 해결책인 위구르 저소득층들을 위한 교육과 직업 창출의 노력은 거의 없고, 도시 외적인 변화와 통제를 강화하는 경향을 보이고 있다.

〈유수푸 이야기〉

유수푸는 우루무치에 온 지 25년 된 그나마 '호구'가 있는 우루무치 시민이다. 판자촌 철거 후 자신의 삶의 터전을 잃은 그는 완전히 실의에 빠져 있다.

그는 전형적인 도시 취약계층으로 한어도 모르고, 전혀 어떤 다른 기술을 가지고 있지 않다. 그래서 그는 수도시설이 없는 판자촌 곳곳을 다니며, 물을 길어다 가마차로 물을 팔아 생활을 연명했다.

야마리커산은 가파른 산기슭에 어지럽게 지어진 판자촌들이 즐비했고, 여기저기 쓰레기 산이 쌓여 있었고 정부에서는 수도와 교통 시설을 지원하지 않아 마차나 오토바이를 이용해 산을 오르며 물을 팔아야 했다. 그랬기에 한때는 먹고 살 만할 정도는 됐었다.

하지만 그는 현재 완전히 판자촌이 철거가 되면서 수입도 없고, 이제 어떻게 살아야 할지 미래가 막막하다고 말한다.

우루무치시 고아원 현황

중국에는 수많은 고아들이 있으며, 장애를 가진 고아 아동만 해도 200만 명 이상 되는 것으로 알려져 있다. 신장과 우루무치에도 많은 고아들이 있다. 아래에서는 우루무치에서 고아들을 양육하는 복지시설 두 곳을 소개하고자 한다.

첫 번째, 우루무치시 아동복지원은 캉푸루(康复路 269号)에 위치하고 있다. 2012년 현재 400여 명의 고아가 있으며, 그중 95% 이상 대부분의 아동은 장애를 가지고 있다. 장애아동 중에는 정박아동의 비율이 높고, 그 다음은 지체장애와 심장병 순이다.

2001년부터 시복지원에서는 "사회복지 사회화"의 일환으로 가정에서 양육하는 가정위탁제도를 운영하고 있다.

두 번째, 우루무치시 국제 SOS 어린이 마을이다. 카라마이시제(克拉玛依西街 2365号)에 위치하고 있으며, 국제 민간단체에서 건립했고, 2000년 12월 25일부터 정식으로 아동들을 받고 있다. 신장, 간쑤성, 칭하이성, 산시성 등 4개 성, 8개 민족 아동들로 구성되어 있다. 자선단체의 후원과 사회의 기부로 운영되며, 입양은 금지되어 있고, 양육에 도움을 주는 것만 허용된다.

장애가 없는 신체 건강한 고아들로 구성된 고아원이다. 155㎡ 규모의 14채로 지어진 건물에서 일반 가정처럼 거실, 주방, 화장실, 침실을 갖춰서 아이들에게 최대한 가정을 느끼게 하려고 한다. 이 가정 방식은 집처럼 엄마의 역할을 할 수 있는 사람을 상주하게 하는데, 현재는 1년 계약으로 있는 엄마(보모)가 있다.

〈참고문헌〉

徐德峰, 通讯员, 陈恩, 〈新疆将用 5 年时间完成棚户区改造任务〉, 中华建筑报第002版, 2010.6.3.

〈新疆 35742 名矿山人将告别棚户区〉, 新疆日报(汉) 第004版, 2011.4.19.

余晓明, 黄玲娣, 马, 〈新疆保障性住房发展现状及对策研究〉, 新疆财经 2011年第1期. 申南乔, 〈加强新疆城市社会管理的重要路径〉, 中共新疆区委党校政治学教研部, 2012.2.25.

07

우루무치의 문화 및 여가활동

김한수·이슬기

문화관련 기관

신장의 성도인 우루무치에는 크고 다양한 문화관련 기관들이 있어서 정부나 당의 문화 분야 업무를 수행할 뿐만 아니라 대중들의 문화적 수요를 충족시키고 있다. 우루무치의 문화관련 기관들은 대부분 정부에 의해 운영된다. 그러나 개혁개방 이후 정부 보조가 줄어들고, 일정부분 경제적 자립을 해야 하기 때문에 경영마인드가 도입되고, 경제적 수입이 적은 부문에서는 이전보다 활동이 축소되고 있다.

출판

12개의 출판사가 있으며 그중 도서출판사가 7개, 음향전자출판사가 2개 있다. 2010년 위구르어, 한어, 카작어, 몽골어, 타직어, 시보어 등 6종 언어로 교재 포함 6,956종의 도서가 출판되었고 그중 소수민족어 도서가 4,713종이다. 출판음향제품과 전자출판물은 546종이다. 출판사로는 신장인민출판사가 제일 크며 신장교육출판사, 신장대학출판사 등이 있다.

신문

공개 발행된 신문은 54종으로, 이 중 한어 신문이 30종이고 위구르어가 18종, 카작어가 5종, 몽고어가 1종이다. 같은 신문이 다른 언어로 발행되는 경우가 많은데 예를 들어 정부기관지인 신장일보는 한어, 위구르어, 카작어, 몽골어로 발행된다. 그러나 한어로 발행되는 신문에 비해 소수민족어로 발행되는 신문 부수는 적다.

우루무치석간신문(乌鲁木齐晚报), 도시소비조간신문(都市消费晨报), 도시신문(都市报), 신장경제신문 등이 가장 영향력과 공신력이 있다. 그중 도시소비조간신문은 구독자수, 발행부수, 발행면수 면에서 신장 최대의 신문이다.

저소득층은 일에 대한 정보가 많이 있는 서비스마켓신문(服务超市报)을 주로 구독하고 있다. 독자들이 가장 선호하는 신문 내용은 젊을수록 체육·오락 분야에, 소득이 높을수록 경제 분야에 대한 관심도가 높은 것으로 나타났다. 정기간행물이 모두 267종이며, 그중에 소수민족 문자로 된 간행물이 111종, 외국어가 3종이다.

방송국

라디오 방송국으로는 신장인민방송국, 신장경제방송국, 우루무치시 인민방송국이 있고, TV방송국으로는 신장TV방송국, 우루무치시TV방송국, 병단TV방송국 등이 있다. 그 외 유선TV 서비스를 제공하는 신장광전네

신장방송국의 모습

트워크(新疆光电网络有限公司)가 있고, 영화 제작사가 1곳 있다. 신장TV에는 한어, 위구르어, 카작어 방송이 있고 가끔 카작어 채널을 통해 키르기즈어 방송을 하기도 한다. 하루에 몇 시간 중앙아시아 국가를 향해 송출하기도 한다. 우루무치TV에는 한어와 위구르어 방송만 있다.

기본적으로 모든 언론과 출판은 정부의 검열을 거친다. 언론의 자유는 상당히 제한적이다. 어떤 교수는 언어 관련 교과서를 집필했는데, 검열에서 당 관련 내용이 부족하다고 거부당했다고 한다. 소수민족 언어로 하는 언론 출판은 전반적으로 위축되어 가고 있다. 그 이유는 이전보다 한어를 강조하고 있고, 소수민족어 출판물에 대한 경제적 지원이 줄어들고 있기 때문이다

박물관

신장자치구 박물관이 대표적이다. 이 박물관은 1959년에 최초 개관을 했고 2005년 9월에 신축 개관을 하여 현재의 모습을 지니게 되었다(위치: 西北

자치구 박물관의 전경

路). 역사관, 민족문화관 등에 5,000여 건의 문화재가 소장되어 있으며, 각
종 민족의 복식과 공예품도 전시되어 있다.

특히 이곳에는 세계적으로 유명한 미이라 전시관이 있다. 난후루(南湖路)
시 정부청사 근처에 있는 우루무치시 박물관은 우루무치시의 역사를 볼
수 있는 사진이 전시되어 있으며, 도서관이 같은 장소에 위치해 있고 근처
에 미술관도 있다. 그 외의 박물관으로는 각종 암석이나 고대 화석을 전시
하는 신장지질박물관(위치: 友好北路)도 있다.

기타 문화시설

문화관과 예술관은 도서관과 공연장과 전시실을 갖추고 있어서 각종 공연
이나 미술전시회를 볼 수 있으며, 저렴한 가격으로 전통 춤과 노래를 배울
수 있다. 그리고 노인들을 위한 노인활동센터(노인복지관)와 청소년관 등이
있다.

문화시설	전화
우루무치 도서관 乌鲁木齐市图书馆	南湖南路 2818978
위구르자치구도서관 维吾尔自治区图书馆	北京南路 3817171
위구르자치구문화역사관 维吾尔自治区文史馆	民主路 2335316
위구르자치구박물관 维吾尔自治区博物馆	西北路 4552826
우루무치 박물관 乌鲁木齐市博物馆	南湖南路 6193619
우루무치 톈산구문화관 乌鲁木齐市天山区文化馆	解放北路 2827033
우루무치 군중예술관 乌鲁木齐群众艺术馆	青年路5号 2615377
우루무치 청소년관 乌鲁木齐市青少年宫	黑龙江路 5813705

문화 및 여가산업

영화 및 영화관

신장에서는 매년 적어도 한두 편씩 소수민족 영화가 꾸준히 만들어지고 있다. 소수민족 영화는 감독에 따라서 3가지 분류로 나눌 수 있다.

첫 번째, 설산에 온 손님(冰山上的来客, 타직) 아름다운 고향(美丽家园, 카작), 영생양(永生羊) 같은 한족 감독이 만든 소수민족 영화가 있다. 두 번째, 투르판 정가(吐鲁番情歌), 매맷의 2008(买买提的2008) 같은 위구르 감독이 만든 위구르 영화가 있다. 세 번째, 다른 민족의 영화를 제작한 소수민족 감독의 작품이 있다. 화염산에 온 고수(火焰山来的鼓手), 매맷 외전(买买提外传)은 시보족 감독이 만든 위구르 영화이며, 생화(鲜花)는 위구르 감독이 만든 카작족 영화이다.

내용을 보면 소수민족 영화 가운데는 정부 입장을 대변하여 민족 화합을 다루는 내용인 우루무치의 하늘(乌鲁木齐的天空)과 같은 영화도 있고, 민족과 지역적인 특성을 나타내는 투르판 정가(吐鲁番情歌, 위구르), 민족적인 정서와 풍습을 보여주는 생화(鲜花) 등이 있다.

이미 상영을 마친 영화의 DVD는 대형 서점인 신화서점이나 얼따오챠오

남산 스키장

와 옌안루 사이에 있는 음반 상점에서 판매하고 있다.

우루무치에 현재 9개의 영화관이 있으며, 이 중 남문에 위치한 인민극장은 오래되어서 시설이 낡았지만 가격이 저렴하여 학생들이 많이 가는 편이고, 요우하오루(友好路)에 있는 오스카극장 (奥斯卡友好国际影城)은 시설이 깨끗하며 쇼핑과 식사를 같이 할 수 있는 공간이 가까이에 있다. 지하에 있는 매장에서는 반값으로 표를 구할 수 있다. 모든 영화관은 학생증을 소지하면 요금을 할인받는다.

스포츠 시설

홍산체육센터, 자치구체육관(二工), 바이화춘(百花村) 다기능체육관, 메이쥐(美居) 물류원에 있는 성단야(聖丹亞) 운동오락광장 등이 대표적이다. 수영장으로는 환치우(环球) 수영장, 홍산수영장, 홍루(红楼) 수영장 등이 있다. 외국인들은 주로 4성급 이상 호텔에 있는 수영장을 이용하는데 타림(塔里木) 호텔, 밍위안신스지(明园新世纪) 호텔, 메이리화(美丽华) 호텔 등의 수영장이 이용할 만하다.

우루무치 도심의 휴식처 인민공원

테니스장과 볼링장으로는 인두(銀都) 호텔의 테니스장과 볼링장, 홍루(紅樓) 호텔의 테니스장이 비교적 좋다. 가장 편하게 이용할 수 있는 곳이 헬스클럽인데, 헬스뿐만 아니라 춤과 태권도 등도 같이 배울 수 있는 공간이다. 골프장으로는 쉬에롄산(雪蓮山) 골프장이 있다.

겨울 스포츠로는 주로 스키를 즐기는데, 남산의 대표적인 실크로드(丝绸之路) 스키장을 포함해 여러 개의 스키장이 개장한다. 도심 가까운 곳으로는 수이모거우 스키장이 있다. 최근에는 목욕과 안마를 즐기며 쉴 수 있는 대형 시설이 등장하였다. 알타이루의 웨이메이(維美), 요우하오루의 시원라이(喜运来), 신민루의 따허(大和) 등이 대표적이다.

공원

공원은 일반 대중들이 쉽게 이용할 수 있는 대표적인 여가생활 공간이다. 시 중심에 위치해서 접근이 용이한 곳으로 홍산공원, 런민공원, 난후광장이 대표적이고, 놀이공원처럼 비교적 위락시설이 잘 구비된 곳으로서 수

이상러웬(水上乐园)이 있다. 이러한 곳들은 2007년 5월부터 무료입장이 가능해져서 대중들이 더 많이 이용하고 있다.

이외에도 도시 내에서 자연을 감상할 수 있는 곳으로서 수이모거우 공원이나 식물원을 들 수 있다. 또한 어린이들을 위한 얼퉁(儿童) 공원도 있으며, 교외 지역에 전국 최대 규모를 자랑하는 천산야생동물원이 있다.

그러나 아직도 대중들이 오락과 여가를 즐길 수 있는 다양한 문화시설이 절대적으로 부족하다. 예를 들어 겨울이 6개월이나 되어 무척 길고, 실외가 매우 추운 상황이어서 겨울철에 실내에서 가족이 함께 즐길 수 있는 오락공간이 절대적으로 필요하다.

대학생들의 여가생활

우루무치의 대학생들은 대부분 지방에서 올라온 학생들이다. 전원 기숙사에서 생활하는 이들은 당연히 가장 많은 시간을 보내는 곳이 학교와 학교 주변이다. 하지만 한국의 대학가와 달리 이곳의 대학 주변은 다른 거리의 모습과 그리 다르지 않다. 또한 이들의 수업 시간표 대부분이 필수과목으로, 아침부터 저녁까지 교실에서 공부를 하므로 우리가 봤을 때 마치 고등학생처럼 보이기도 한다. 물론 많은 동아리들이 학년 초마다 신입생들을 대상으로 회원을 모집하고 있다. 저녁시간 이후로 도시 중심가를 향해 나가는 많은 학생들을 볼 수 있다.

과연 이들은 어떠한 여가생활을 즐기고 있을까? 2011년 우루무치의 한 대학교에서 여가생활에 관련된 설문조사를 했다. 총 153명의 응답을 조사한 결과, 민족별로 약간의 차이점을 발견할 수 있었다.

먼저 동아리 활동 여부는 한족이 위구르족보다 2배가량 높았고 종류도 좀

여가시간에 축구를 하는 위구르족 학생들

더 다양했다. 하지만 공통적으로 체육활동과 언어공부에 치우쳐 있었다. 연극, 음악, 전통문화, 사진 등 다양한 문화체험을 하는 한국의 대학과 다른 것은 다양성보다 일체성을 요구하는 사회주의 교육의 영향으로 보이며 더불어 이곳의 대학생들도 취업 준비에 힘쓰는 것으로 생각된다. 특히 위구르족의 경우 공용어인 한어 공부를 병행하며 대학에 진학해서야 외국어를 처음 접하는 학생들이 많기 때문인지 동아리 활동의 대부분이 언어공부에 관련되어 있었다.

주말 여가 시간을 주로 보내는 장소는 PC방, 공원, 기숙사, 상점가 등 비슷한 대답이 나왔고, 취미생활로 남자들은 컴퓨터나 운동을 주로 한다고 대답했으며, 여자들은 독서를 주로 한다고 대답했다. 운동과 관련해서 실제 농구장에서 농구를 하는 학생들은 대부분 한족 학생들이고, 축구장에서 축구를 하는 학생들은 대부분 위구르족 학생들이다.

컴퓨터 사용과 관련해서 게임과 TV, 영화 시청의 비율이 비슷했다. 기숙사에서 공동생활을 하는 이들은 TV를 시청하기 위해서 인터넷을 이용할 수밖에 없다. 취미 부분에서 한족과 위구르족의 차이점을 보자면 위구르족 학생들은 남녀를 불문하고 춤과 노래의 빈도가 높은 편이었다(한족은 거의 없었다). 실제로 위구르족 학생들의 기숙사에서는 서로 맘에 맞는 사람들끼리 음악을 틀고 춤추는 모습을 쉽게 볼 수 있다. 대부분의 위구르 학생들은 누구나 자신들의 전통 춤을 제법 출 수 있다.

한 달 용돈은 평균 500-600위안 정도를 사용하고 있으며, 가장 높은 비율을 차지하는 것은 역시 식비였다. 식비를 제외한 나머지 부분을 보았을 때 한족 학생들은 생활 잡화구입과 취미활동에 사용한 반면, 위구르족 학생들은 의복 구입과 생활 잡화구입의 비율이 높았다. 이러한 결과로 봤을 때 위구르족 학생들이 패션과 외모에 더 민감하고 많은 관심이 있는 것으로 보인다.

실제로 교정을 다니는 학생들을 보면 위구르족 학생들이 한족 학생들보다 더 잘 꾸미고 다니는 것을 볼 수 있다. 또한 시대 변화에 맞추어 인터넷 상점을 통해 필요한 물건을 구입하는 학생이 늘어나고 있으며, 학교 정문에는 매일 택배회사 직원들이 물건을 쌓아두고 학생들을 기다리고 있는 것을 볼 수 있다.

선호하는 영화는 순위는 조금씩 다르지만 중국, 미국, 한국이 가장 많이 나왔고 특히 위구르 여학생들의 한국 영화와 드라마에 대한 선호도가 높았다. 위구르족은 무슬림이지만 이슬람권 영화에 대한 관심은 비교적 적은 편이었다.

이번 조사에서 질문하지는 못했지만 주변 많은 학생들에게 물어보면 친구들과 함께 시내 중심에 있는 춤추는 장소나 K-tv(노래방)에도 많이 간다고 한다. 시대가 변하면서 젊은이들의 문화도 많은 변화를 보이고 있다. 중국의 다른 도시 청년들과 마찬가지로 젊은이들의 사회적 교류를 위한 여가 생활이 이전 세대와는 많이 다르다.

개혁개방 이후 특히 최근 10년 들어 급속도로 밀려들어오는 외래문화의 유입과(TV와 영화를 통해 간접 경험한 대학생들에게는 크게 어색하지 않다.), 사회주의의 영향으로 점차 확대되는 개인주의적 경향 때문일 것이다. 대학생들의 옷차림은 점점 미국, 한국의 대학생들과 비슷해져 가고 있다. 저녁마다 함께 춤과 운동을 즐기던 공터에서 젊은 사람들은 찾아볼 수 없다. 그들이 듣는 음악에서 팝송과 한국 가요가 점점 늘어나고 있다. 실제로 만나서 교제하는 대신 메신저를 통해 교류하는 대학생들이 늘어가고 있다. 과연 10년 후에는 또 어떻게 변해 있을지 궁금해진다.

문화의 현대화, 국제화: 한류와 국제문화의 영향

우루무치 시민은 외국과의 교류나 외국 문화에 대한 접촉이 많아지게 되면서 외국 문화에 많은 영향을 받고 있다. 한국과 연관해서는 한류의 영향력을 피부로 느낄 수 있다. 한류에 관한 삼성경제연구소의 보고서에 의하면 한류는 첫 번째는 드라마, 영화, 음악, 게임 등 한국의 대중문화와 스타에게 매료되어 열광하는 단계(러시아, 멕시코 등), 두 번째로 드라마, 관광, DVD, 캐릭터상품 등 한국 대중문화 및 스타와 직접적으로 연관된 상품을 구매하는 단계(일본, 홍콩 등), 세 번째는 전자제품, 생활용품 등 일반제품을 구매하는 단계(중국, 베트남)로 구분된다. 실제로 우루무치의 상황도 이미 첫 번째와 두 번째 단계를 지나, 세 번째 단계에 들어갔다고 할 수 있을 것이다.

이곳에서 한국 드라마와 영화, 음악에 대한 호응이 대단하고, 이것은 한국 및 한국 상품에 대한 좋은 이미지를 형성하는 데 영향을 주고 있다. 전자제

한국 상품을 모방한 조선족이 운영하는 의류점

품, 자동차 외에도 화장품이나 의복, 생필품 등 모든 영역에서 한국 상품에 대한 호감이 있다. 그래서 심지어 한국인이 경영하지 않는 상점도 한글 간판을 내걸고, 한국 상표가 붙은 위조 물품들이 많이 유통되고 있다. 이러한 추세에 발맞추어 2008년 5월 화링시장에 한국 상품성을 세웠다. 현재까지 잘 운영이 되고 있는 한국 상품성은 한국인뿐 아니라 중국인의 발길도 많이 늘고 있음을 볼 수 있다.

한국 상품에 대한 관심뿐 아니라, 이곳에 젊은 층을 중심으로 인터넷 쇼핑이 활발히 이루어지고 있음을 볼 수 있다. 올 초 한 쇼핑몰의 통계에 의하면 신장 지역의 소비 총액은 하위권에 속하지만, 1인당 평균으로는 전국 9위, 서부 지역에선 3위를 기록하고 있다고 한다. 1인당 평균 소비금액은 약 7,661위안으로 인터넷 쇼핑 이용자들은 싸고 다양한 물건을 구입할 수 있어서 자주 이용한다고 대답했다. 주 소비층인 대학생들은 사용 이유로 저렴함을 꼽았으며, 30대~40대 초 연령은 다양한 물건 구입이 가능해서 인터넷 쇼핑을 자주 이용한다고 응답했다.

한국어 습득에 대한 관심도 비교적 높아지고 있다. 직업대학에는 한국어과가 설치되었으며, 몇몇 대학이나 여러 사설학원에서 한국어 강좌를 개설하고 있다. 한편 태권도에 대한 관심도 높아서 태권도를 가르치는 도장이 여러 곳 있고, 우루무치 태권도협회가 결성되어 2004년부터 매년 태권도 경기대회를 열고 있다. 2005년에는 우루무치시 주관으로 한국문화영화 주간 행사가 열리기도 했다. 한국문화 뿐만 아니라 서구문화의 영향력도 증가하고 있는데, 그 한 예로서 시내에 서양식 레스토랑이 급격히 늘고 있는 것을 들 수 있다.

한편 전체적으로 국경의 개방으로 인해 주변국가와의 문화·종교적인 교류가 증가했다. 특히 국경을 마주하고 있는 주변 이슬람 사회와의 교류가 활발하게 이루어지고 있다. 최근 들어 중앙아시아 국가들과의 관계 급증으로 인해 중앙아시아 지역에서 많은 바이어들이 들어옴으로 러시아어에 대한 수요도 많이 늘고 있음을 볼 수 있다. 외국인을 상대하는 시장에서는 러시아어를 하는 직원을 선호하고 있다.

또한 파키스탄, 아프가니스탄 등 주변 이슬람 국가들을 통해서는 좀 더 근본적인 이슬람교의 영향이 들어오고 있다. 한편 구소련 권 국가와의 접촉을 통해 보다 세속적인 서구의 문화가 유입되고 있고, 중앙아시아 국가들의 독립국가 수립으로 인해 신장의 소수민족에 대한 정치·문화적인 영향력도 나타나고 있다.

중국 정부는 이러한 문화 교류로 인해 외부 이슬람 세력의 영향력이 신장 위구르 분리주의 운동을 부추기는 결과를 가져오게 될 것을 염려하고 있다. 그래서 때로는 불법 수입상품에 대한 단속을 하면서 외국에서 수입된 종교 관련 문헌, 전단 및 CD 등을 압수하기도 한다.

다른 한편으로 도시의 현대적 문화는 이곳 소수민족의 전통 문화에 영향

태권도를 배우는 소수민족 학생들

을 주고 있다. 그중의 한 예가 위구르족 등 소수민족들이 명절을 지키는 생
활문화 방식의 변화이다. 빠른 도시화와 현대화로 인해 도시 내 소수민족
들의 전통 절기에 현대적 요소들이 많이 포함되기 시작했고, 사람들은 여
가시간을 본인들의 생활수준을 높이고 개선하는 데 사용하기 시작했다.

더욱 중요한 것은 경쟁사회의 위기감과 긴박감이 사람들로 하여금 전통적
인 방식으로 손님을 접대하고 명절을 준비하는 데 쓰는 시간을 아깝다고
느끼게 했으며, 시간과 정열을 아낄 수 있는 방향으로 명절 풍속도가 바뀌
어 가고 있다는 것이다. 그래서 명절 음식을 상점에서 구입하거나 간소화
하고, 보다 실용적인 면에서 물품을 구입하는 등 변화가 일어나고 있다.

〈참고문헌〉
우루무치연감 2010
신장통계연감 2011
삼성경제연구소, "한류 지속화를 위한 방안" 2005.
晨報 2012. 1. 16

08

우루무치의 소수민족 관계

하현

우루무치에서 소수민족이 주로 거주하는 지역을 가게 되면 눈에 띄는 문구들이 있다. "민족단결"이라는 문구이다. 이 문구를 볼 때마다 느껴지는 것은 "민족 단결"이 정말 잘안 되는 구나였다.

중국 정부가 지향하는 민족 정책은 민족 평등과 민족 단결이다. 하지만 민족 평등과 민족 단결의 문제는 주로 한족과 소수민족, 특히 위구르족과의 관계에 집중되었다. 다른 글에서도 이 문제를 많이 언급했다. 그런데 소수민족들 간의 관계는 어떠한가? 그들 간에는 민족 평등과 단결이 실현되고 있는가? 그 속내를 들여다보면, 같은 무슬림 투르크계 민족 간의 관계에서도 갈등이 존재하고, 기타 소수민족 간에도 서로에 대한 불신 및 반감이 존재하고 있는 것을 볼 수 있다.

이 글에서는 우루무치에서 한족을 제외한 위구르족, 카작족, 회족 그리고 몽골족, 이렇게 네 개의 민족의 삶을 주거지를 중심으로 서술하고, 위구르족과 나머지 민족 간의 관계에 대해서 살펴보고자 한다.

우루무치의 주요 민족별 주거지 및 특징

신장에서 대부분의 민족은 지역성이 강하다. 그래서 같은 민족이라 하더라도 같은 동네 출신들끼리 모이는 습성이 있다. 위구르족의 카쉬가르 출신 사람들은 우루무치에서도 모여 사는 동네가 있고, 호탠 사람이나 악수 사람들도 동일하게 특정 지역에서 함께 모여 살고 있는 것을 볼 수 있다. 마찬가지로 민족별 주거지에도 그 특성이 있고, 지역적 구분이 있다. 당연히 지역 구분 없이 서로 섞여 살아가는 사람들도 있다. 위구르족과 카작족, 회족 그리고 몽골족이 주로 거주하는 지역을 살펴보기로 하자.

위구르족

2009년 말 우루무치 위구르족의 총 인구는 30만 9,853명으로 우루무치 전체 인구의 12.8%를 차지한다. (이 통계는 호구를 지닌 정식거주인구를 말하며 우루무치 호구가 없는 위구르인들은 포함되어 있지 않다. 호구가 없는 주로 농촌출신 위구르인들의 숫자도 상당한 것으로 알려진다) 이 중 약 61%의 위구르인들은 우루무치에서 비교적 오래된 거주지인 톈산구(区)와 싸이빠커구(区)에 모여 살고 있다.

이렇게 절반이 넘는 위구르인들이 함께 무리를 이루어 살고 있는 거주지에는 위구르인들 뿐 아니라 여러 무슬림 소수민족들이 함께 살고 있다. 예로부터 이 지역에는 많은 이슬람 사원이 세워졌고, 이곳을 중심으로 하루 다섯 번의 기도를 해야 했기에 자연스럽게 사원 주위로 사람들이 몰려들게 되었다. 또 다른 이유로 상업적인 면을 생각해 볼 수 있는데, 타 지역으로부터 문물

위구르족의 대표적인 상권인 얼따오챠오시장

이 들어오고 물건이 팔리는 유통구조 속에서 상권이 형성된 곳이다. 실크로드 당시부터 뛰어난 상인이었던 위구르 사람들이 이곳에서 한족과 차별된 상권을 형성했기에 이곳이 그들만의 집단 거주지가 될 수 있었다.

이들이 살아가고 있는 곳은 그 특징별로 지역을 구분할 수 있다. 이들은 퇀제루(团结路)와 헤이쟈산제(黑甲山街) 사이, 옌안루(延安路), 성리루(胜利路), 싼툰베이루(三屯碑路), 신장대학교 주변을 주거주지로 하여 위구르 전통양식의 집과 현대식 아파트 등에서 살아가고 있다. 중심 상권은 주로 얼따오챠오(二道桥), 제팡루(解放路), 허핑루(和平路)를 중심으로 이루어져 있는데, 기타 이슬람 민족의 상권도 함께 형성되어 있다.

퇀제루 주변으로는 이슬람식 식당들이 상권과 어우러져 형성되어 있으며, 볜쟝빈관(边疆宾馆) 주변에는 대(对) 중앙아시아 무역시장이 형성되어 있어, 중앙아시아의 다른 투르크계 민족들과 러시아 등의 외국인들이 많이 모여 있다.

우루무치에서 위구르족 도시 원거주민이 사는 지역과 이주민이 사는 지역이 나뉘어져 있으며, 경제적인 차이도 확연히 드러난다. 위구르족은 예로부터 종교와 상업적인 이유로 우루무치 남문 이남에 거주해 오면서, 점점 많은 위구르족이 산시항과 옌안루 중심으로 거주지를 옮겨가고 있다. 심지어 우루무치의 다른 곳에 살고 있던 위구르 부유층들도 위구르족 집단 거주지로 옮겨가고 있는 추세이다. 그 외 이주민들은 주거비용이

우루무치의 대표적인 위구르족 모스크인 베이툴메무르 모스크 (옌안루 소재)

비싼 이 지역을 피해 또 다른 집단 거주지를 형성하고 있다. 특히, 이주민만으로 만들어진 집단 거주지에 거주하는 사람들은 대체로 빈곤한 생활을 하고 있고, 이주민으로서 도시 생활에 적응하는 힘든 삶을 살고 있다. 우루무치 원거주자 위구르인들은 자신감과 당당함이 있지만, 시골 출신 위구르족은 도시 위구르족이 정도 없고 삭막하다고 말한다.

이렇게 남문 이남의 위구르족 집단 거주지에는 우루무치 원거주자 위구르 사람들이 주로 사는 반면, 도시화로 인하여 타지에서 도시로 몰려온 이주민들은 자신들만의 또 다른 집단 거주지를 형성할 수밖에 없는 데에는 몇 가지 이유가 있다.

첫째, 이주 전 기존 거주지에서는 소수민족들끼리 주로 살았기 때문에 한족 등 타민족 문화에 적응하기 힘들다. 둘째, 한어 구사가 능숙하지 못하다. 셋

째, 직업을 찾아서 온 하층민들이 많다. 이러한 거주지의 특징은 빈곤하며, 기본 생활시설이 갖추어지지 않았다는 점이다. 그리고 도시 문화에 적응하지 못하는 이주민들의 삶이 더더욱 악화되어 가고 있다. 이렇게 같은 민족이라고 해도 그들이 도시 사람이냐, 시골 사람이냐에 따라서, 또한 도시화의 영향을 얼마나 받았느냐에 따라서 삶의 정도에 차이가 나타나고 있다.

도시화 문제에서 한 가지 더 생각해 보아야 할 것은 호구 문제이다. 실제로 우루무치로 이주한지 10년 넘은 사람도 호구를 얻기가 쉽지 않다. 한족의 호구 이전보다 위구르족의 호구 이전이 더 어려운 이유를 위구르인들의 도시 이주 억제를 위해서라고 추측해 보지만, 분명한 한가지는 많은 사람들이 호구를 얻지 못한 상태로 우루무치에서 살아가고 있다는 것이다. 안정된 직업이나 주택을 가져야만 호구를 가질 수 있는데, 대학을 졸업하고도 호구를 얻지 못한 사람이 많다. 그래서 대부분의 이주자들은 임시 거주증만 얻어서 생활하고 있다.

카작족

현재 우루무치에 살고 있는 카작족은 2009년 통계로 6만 7,483명이다. 그러나 이것은 공식적으로 등기된 인원이며, 미등기 인원을 포함하면 이미 10만 명을 넘어선 것으로 추산하고 있다. 카작족이 많이 살고 있는 곳은 역시 카작족이 많이 일하고 있는 직장 주변이다. 사회주의 단위제도의 특징상, 직장 내에 주거지가 함께 있기 때문에 이러한 집중적 주거지가 자연스럽게 형성된 것이다.

신장대학과 근처의 카작 중학교로서 최근 한족학교와 합병된 36중학, 그리고 카작족 소학교인 17소학교 주변의 직원 숙소에 카작족이 많이 거주하고 있다. 신장일보사 주변, 방송국 주변, 출판사 주변에도 카작인들이 비교적 많이 살고 있다. 특히 카작 라디오방송과 2개의 카작어 채널을 가진 신장방송국 주변에 카작 사람들이 많이 살고 있다.

최근에 일어난 특이한 현상은 이러한 직장 외에 일반 주거지에 카작족이 집중적으로 거주하는 지역이 만들어지고 있다는 것이다. 예를 들어 신장 방송국 주변과 따완(大湾) 지역에 형성된 주거지다. 이는 직장에서 주택을 주는 사회주의 단위제가 점차 해체됨에 따라 일반 직장인들이 주택문제를 스스로 해결해야 하는 필요들이 생겨나고, 우루무치에 이주하는 사람들이 늘어나면서 형성된 주거지이다.

이렇게 따완 지역에 카작인들이 몰리는 이유는 카작인들이 주로 활동하는 벤장빈관, 시위빈관, 방송국, 신장대, 기술언어 학원들, 36중학 17소학 등에서 가깝기 때문이다. 이런 카작인들의 활동공간에 대한 높은 접근성과 함께 무엇보다 도시 외곽지역에 위치하고 있기에 집세가 싸다는 이점이 있다. 그 지역은 도시 외곽지역으로서 농촌과의 경계선에 위치하고 있었다. 현재 이곳 주변에는 대단위 주택단지 개발이 이루어지고 있다. 원래 이곳에는 회족이 들어와서 땅을 임대하고 집을 짓고 살았다. 세를 구하는 수요가 늘자 1층짜리 집을 4~5층으로 짓고 방을 여러 개로 나눠서 세를 주기도 하였다.

보통 방 한 칸씩을 대여하는데 방세는 월 300위안, 겨울에는 400위안 수준이다. 공중 화장실을 사용하지만 세면하고 간단히 식사를 준비할 수 있는 공간이 있다. 한 방에는 2~3명이 함께 거주할 수 있어서 일인당 100위안만 부담하면 한달 집세를 낼 수 있다.

또한 지방 소도시(县城)에서 자녀들을 우루무치 학교에 보내려는 가정이 이곳에서 집을 사서 자리를 잡거나, 퇴직하고 집을 구해서 나온 사람들이 이곳에서 자리를 잡는 경우도 많다. 최근에는 주택 수요가 많아지면서 따완 주변의 허수이(河水), 싱푸화웬(幸福花园) 등의 주택가에 집을 구하고 사는 사람들도 늘어나고 있다.

회족

우루무치에는 2009년 말 통계로 24만 3,213명의 회족들이 살고 있는데, 그들은 우루무치에서 위구르족 다음으로 큰 소수민족이다. 전통적인 건축 양식에서부터 현대적인 양식의 다양한 약 200여 개의 회족 이슬람 사원들이 도시 전역에 분포하고 있다. 회족은 사원을 중심으로 도시 전역에서 흩어져 살고 있지만, 이들이 많이 모여 사는 밀집지역이 몇 군데 있다.

예를 들면 도시 남쪽의 남문지역, 마시소구역, 산시항, 따완(大湾) 지역, 황허루의 광창지역, 얼따완지역 그리고 우루무치 북쪽에 다수 분포하고 있다.

우루무치의 회족은 노동자, 상인, 회사원, 공무원 등 다양한 직종에서 일하지만 회족은 전통적으로 뛰어난 상인이며, 도시 여러 곳에서 주로 작은 규모의 생업에 종사하고 있다. 그들은 자본이 많이 들어가는 큰 사업보다는 작은 상업을 선호한다. 그리고 가장 많이 눈에 띄는 직종은 식당업이다. 이들 중에는 훌륭한 요리사가 많으며, 주로 이슬람식 칭전(清镇:칭전은 중국어로 순결하고 진실됨의 의미이며 아랍어 halal를 뜻한다.) 음식점과 제과점을 운영하고 있다.

대부분의 회족 식당은 푸른색으로 칠하여 이슬람의 특색을 강조한다. 그러나 이곳의

우루무치의 회족 모스크인 산시모스크,
중국화 된 건축 양식이 특징이다.

회족 식당은 한족 식 요리도 (재료는 청진) 함께 팔고 있다. 그만큼 이들은 음식 문화에서도 한족들과 함께 생존하는 방법을 습득하고 있는 것이다. 또한 도시 이곳저곳의 야시장에서도 많은 상점을 잘 운영하는 것으로 알려져 있다. 이들은 일반적으로 친절하며, 한번 잘 사귀어 친구가 되면 좋은 관계를 오랫동안 유지할 수 있다.

예전에는 부모들이 남여를 불문하고 학교에 가지 말라고 할 정도로 교육에 대한 관심이 적었다. 아이들에게 장사 기술을 가르치려고 하지, 학교에서 공부를 하는 것은 별로 중요하지 않다고 생각해 왔다. 그러나 지금은 조금 변하여 교육에 관심이 많아졌다고 한다.

전체 회족의 60% 이상이 이 (李, 깐쑤성 이왕의 후손) 씨거나 마 (馬) 씨라고 한다. 마씨가 많은 이유는 마호메트의 중국 발음이 마에 가깝기 때문이라고 한다. 회족은 이미 중국화된 이슬람 민족이기 때문에 중국 정부가 정치적으로 민감하게 생각하지 않는다. 그래서 그들은 하지 (Haji) 등 해외여행에 위구르족보다 관대한 대우를 받는다.

몽골족

오이라트족 (서몽골족) 은 1982년 중국 인구조사에서 독립적으로 인정되었고, 그 전에는 공식적으로 몽골족에 포함되었다. 현재 신장의 몽골족은 약 17만 명으로 우루무치에는 약 8,000명 정도가 살고 있다. 우루무치 내 그들의 대부분은 신문·방송사 주변, 신장몽골사범대학, 신장사범대학, 신장농업대학교 근처에 거주하고, 사범대 북캠퍼스 (師大北校) 에도 거주하고 있다.

대부분의 몽골족은 지식수준과 문화수준이 비교적 높은 편이며, 그들의 직업은 정부기관, 대기업, 단체 (라디오방송국, 신문사, TV방송국) 에서 일을 하거나,

자영업을 하고 있다. 그들은 스스로 자질과 소양이 높다고 생각하고 있는데, 실제로 친구 사귀기를 좋아하고 부지런하고 순박하다. 우루무치 내에서의 몽골족은 타 소수민족에 비해 상류층에 속하고 있다.

소수민족간의 관계

위구르족과 회족

같은 무슬림이면서도 위구르족과 회족과의 관계는 사이가 별로 좋지 않다. 회족에게, 위구르족과 어떤 관계를 맺고 있는지 질문하면, "위구르족과의 관계는 아무 문제가 없으며, 오히려 편안한 관계를 맺고 있다."라고 말한다. 그렇지만 어떤 회족 여성은 위구르족과 함께 일하는 것을 꺼려했다. "위구르족은 성실하게 일을 하지 않고 게으르다."는 것이 이유였다. 위구르족에게 물어보면 회족에 관하여 더 많은 불신과 반감을 갖고 있는 것을 발견할 수 있다. 이런 반응은 근대사에 일어난 역사적 사건을 이해해야 알 수 있다.

일반적으로 회족은 중국 내 한족이 많은 지역에서는 이들만의 정체성을 지키기 위해, 이슬람 신앙을 중심으로 분리된 생활을 하려고 한다. 그러나 한족이 별로 없는 중국의 변방 지방에서는 한족의 특성을 많이 나타내며, 한족 친화적 성향을 나타낸다. 이것은 아마도, 이슬람이면서 한어를 쓰며, 오랫동안 중국 문화 속에서 생존해 오면서 체득한 습관인 것 같다. 전통적으로 중국의 통치자들은 이 점을 이용해 왔다.

1911년부터 1949년까지 닝샤, 간쑤성, 칭하이성 등 중국 북서부 지역을 지배하던 오마(五马) 군벌의 중심 세력은 회족이었다. 이들은 1937년에 중앙아시아 쪽으로 세력을 확장하려던 인민군의 세력에 결정적인 패배를 안겨 주었던 군벌 세력이며, 다른 한편으로 이들은 신장 위구르 독립 세력을 무자비하게 정벌하고, 국민 당기를 파미르고원과 천산으로 옮겨 왔다.

중국 국민당 창시자인 쑨원의 사진을 위구르 민족의 자존심인 카쉬가르 이드카 사원에 걸었던 사람이 바로 회족 이슬람 장군이었다. 그래서 위구르 민족은 회족이 같은 무슬림 형제임에도 자신들을 배반했다고 여기며 적대시하고 있다. 회족들은 이 사실을 알면서도 절대 이런 이야기를 입 밖에 내놓지 않는다. 그러나 독립을 갈구하는 위구르 민족에게는 잊혀 질 수 없는 뼈아픈 기억으로 남아 있는 것이다.

위구르족과 카작족

위구르족과 카작족은 한족을 향해서 동일한 반감을 나타낸다. 그러나 서로를 향하여서도 반감과 불신이 팽배하다. 정확히 역사적으로 어떤 일들이 그들에게 있었는지는 알 수 없지만, 역사적으로 내려오는 반감과 불신이 있다. 위구르족은 카작족을 향하여 양을 치며, 양과 함께 사는 촌뜨기에다 지저분한 민족이라고 무시한다. 게다가 이슬람을 믿으면서도 제대로 된 신앙이 없다며 그들의 종교성으로 흠을 잡는다. 위구르족이 그들을 무시하니 카작족도 위구르족이 좋을 리가 없다. 카작족은 도리어 위구르족에는 거지가 있고, 도둑이 있다는 것을 비판하며, 자기 민족에게는 거지가 없고, 도둑이 없다는 것에 자부심을 가진다. 이슬람을 신실하게 믿는다는 위구르족에게 거지가 있고, 도둑이 있다는 것은 그들의 신앙이 거짓된 신앙이라고 한다.

최근 들어서는 카작족이 도리어 여유가 있다. 자신들은 카자흐스탄이라는 자신들의 나라가 있다는 것에 자부심을 가지며, 나라가 없는 위구르인들을 도리어 무시한다. 천지에서 만났던 한 카작족 남성은 자기 민족의 이름으로 나라가 있다는 것에 대해서 매우 만족해하며 자부심을 가졌다. 그러면서 그는 나라가 없는 위구르족이 불쌍하다고 하며, 그래서 나라없는 그들이 아무렇게나 행동한다고 했다.

한 카작족 남성은 "우리 민족은 성실하게 공부합니다. 그러나 위구르족은 그렇지 않습니다. 그래서 사업을 한다면, 위구르족과 함께 하기보다는 차라리 한족과 함께 할 것입니다."라는 의외의 말을 했다. 또한 경험할 수 있었던 놀라운 사실은 우루무치 7.5사태에 대해서 한족보다는 위구르족의 잘못을 지적하는 카작족을 적지 않게 만나볼 수 있다는 것이다. 이는 같은 무슬림 민족임에도 불구하고, 카작족이 느끼는 위구르족에 대한 불편한 감정을 엿볼 수 있는 대목이다.

위구르족과 몽골족

가전제품을 사러 갔다가 만난 한 몽골 여성은 이리 사람으로 한어, 위구르어 그리고 카작어까지 구사하였다. 그에게는 한족 친구와 위구르족 친구 그리고 카작족 친구까지 있었다. 다른 민족에 대한 반감이 전혀 없었다. 의과대학에서 중의 본과과정을 전공한 이 몽골 여성은 그의 생일에 위구르족 친구와 카작족 친구를 초대했다. 한족 친구는 없었다. 2009년 7.5사태가 발생한 후였지만, 이 몽골 여성은 위구르족에 대한 특별한 반감을 보이지 않았고, 도리어 자신의 생일에 위구르족 친구를 초대한 것이었다.

몽골은 역사적으로 그들이 정복한 지역의 문화를 쉽게 수용하는 민족이었다. 그런 면에서 몽골족은 다른 민족에 대한 수용성이 뛰어난 것 같다. 그들이 중국을 지배하던 원나라 시대에는 위구르족을 관리로 등용하여 중요한 직책을 부여하였다. 그리고 옛 위구르어 문자를 자신들의 문자로 받아들일 만큼 위구르와의 관계는 특별하다. 몽골족에 있어서 타민족에 대한 반감과 불신은 그렇게 쉽게 찾아볼 수 없었다.

그런데, 위구르족 입장에서는 다른 의견을 보였다. 어떤 위구르인은 몽골족이 한족보다 더 지저분하다며, 싫은 감정을 그대로 표출했다. 몽골족은 이슬람이 아니기 때문에 함께 어울릴 수 없고, 역사적으로 몽골족이 신장에 제국을 형성하였을 때 나쁜 짓을 많이 했기에 반감이 있을 수밖에 없다고 했다.

민족단결의 길

지금까지 살펴본 것처럼 중국 정부의 민족평등과 민족단결 정책에도 불구하고, 한족과 소수민족 사이뿐만 아니라, 소수민족과 소수민족 간에 불신과 반감들은 여전히 사라지지 않고 있다. 그것에는 여러 이유들이 있겠지만 첫째, 우루무치의 민족별 인구분포 현황에서 찾을 수 있을 것이다. 우루무치에서 소수민족 간의 갈등은 위구르족을 중심으로 다른 소수민족들과 나타나는 양상들이다. 이미 우루무치에서 한족 다음으로 다수를 차지하는 위구르족이기에 그 속에서 소수로 살아가는 다른 소수민족들과 사소한 문제들이 발생할 수밖에 없다. 이것은 아이러니한 일이다. 다수의 한족들 속에서 소수민족인 위구르족이 겪는 어려움들을 생각한다면, 전체 신장에서 다수인 위구르족이 다른 소수민족들에 대해서 관대해야 함에도 그렇지 않다는 것이다.

둘째로, 역사적인 사건에서 찾을 수 있다. 특히 회족과의 사이에는 이 역사적인 사건이 주된 요인으로 작용하고 있는데, 앞서 언급한 대로 1930년대

중반 회족에 의하여 위구르 독립 세력이 무차별하게 정벌당한 사건이 그것이다.

우루무치가 고향이고 신장대학을 졸업한지 얼마 되지 않은 두 명의 위구르 남성은 다른 소수민족들과의 관계가 나쁠 것이 없다는 반응을 보였다. 위구르족은 다른 민족과의 관계에서 그들이 투르크계 민족인지, 이슬람을 믿는 민족인지를 살핀다고 했다. 그래서 우루무치에 있는 다른 투르크계 민족들과 특별한 문제없이 잘 지낸다고 했다. 카작족과의 반감을 말하는 위구르인들은 소수일 것이고, 만약 그런 말을 하는 사람들이 있다면 남신장의 위구르인들일 가능성이 높다는 말을 했다.

우루무치에서는 카작족을 자주 접하고, 어려서부터 가깝게 지낸 친구들이 많기 때문에 잘 지낸다고 했다. 몽골족이나 회족에 대한 의견도 비슷했는데, 같은 곳에서 살아가는 민족들이기에 그들의 문화를 존중해야 하고, 그들과 다투며 살아갈 필요가 없다고 했다. 필자가 들었을 때, 아주 정치적인 답변처럼 들렸다. 그러나 다른 한편으로 생각해 보면, 민족을 떠나 얼마나 가까운 관계를 유지하느냐에 따라서 그 관계의 깊이가 달라질 것이다.

카페에서 일하는 회족과 카작족, 위구르족 여성은 함께 일하기 전에 서로에 대한 반감이 있었다. 회족은 위구르족과 함께 일하기 싫어했고, 카작족은 회족과 일하기 싫어했다. 그러나 함께 일을 시작한지 얼마 지나지 않아 서로에 대한 반감은 사라졌다. 이들은 서로 "함께 일을 해보니 생각보다 괜찮네!"라는 반응이었다.

우루무치에서의 예는 아니지만, 시골 지역에서 위구르족들과 어려서부터 가깝게 지낸 한족들 중에서 위구르어를 능숙하게 구사하며, 위구르 문화를 존중하는 사람들을 볼 수 있었다. 투르크계 민족들이나 몽골, 회족들에게서도 어려서부터 위구르족이 많은 곳에서 살았던 사람들은 위구르 문화를 존중하며, 위구르어를 구사하는 사람들이 많다는 것을 쉽게 볼 수 있을 것이다. 자주 만나고 어울리는 사람들은 민족을 초월하여 쉽게 친구가 될 수 있다. 이들은 서로를 존중한다.

그런데, 흥미로운 사실은 위구르족이 아닌 다른 소수민족들 중 위구르어를 구사하는 사람들이 많은 반면, 위구르족 중에서는 다른 소수민족 언어를 하는 사람들이 거의 없다는 것이다. 소수민족들 중 다수를 차지하는 위구르족이 우위에 있다는 것을 보여주는 단적인 예이다.

우루무치에서 소수민족 간의 갈등이 주로 위구르족을 중심으로 다른 소수민족들과의 사이에서 나타나는 이유 중 하나가 이 때문이 아닌가 여겨진다. 위구르족은 한족에 대해서는 소수민족으로서의 불만을 말하지만 다른 소수민족들 역시 다수민족으로서의 위구르족에 대해서 불만을 가질 수 있다는 사실이다. 결국 구호가 아니라 많은 시간 서로 함께 하고 상호 이해와 존중을 하는 것만이 정부가 희망하는 민족단결을 이뤄낼 수 있는 길이라는 생각을 갖게 되는 것이다.

〈참고 문헌〉

〈신장통계연감〉, 2011
〈중국의 소수민족 정책 변화와 정책적 함의〉, 이규태, 구광범, 경제인문사회연구회, 2011
〈실크로드의 심장, 우루무치〉, 신장지역연구동우회, 2008
중국의 소수민족: 다양성과 통합 사이, 공봉진, 2009

09

우루무치 주변 여행가이드

하혜

신장은 그 독특한 자연환경과 실크로드에 위치한 그 역사적 특성 때문에 많은 여행객들을 충분히 만족시켜 줄 수 있는 관광자원이 풍부하다. 단 대한민국의 17배에 해당하는 신장 전역을 다 여행하려면 적어도 한 달 정도의 시간이 필요할 것이다. 아쉬움을 뒤로 하고 대부분의 여행 기간이 1주일 미만이라는 것을 전제할 때, 보통 우루무치와 인근 관광지를 돌아보고 한 군데 정도 우루무치에서 멀리 떨어진 여행지를 방문하는 일정을 세우는 것이 좋다. 이 글에서는 살펴볼 만한 우루무치 주변의 주요 관광지 및 역사 유적지와 우루무치에서 맛볼 수 있는 소수민족의 독특한 음식과 특산과일을 소개하도록 하겠다.

우루무치에 와서 시내에서 꼭 방문해야 할 곳을 꼽으라면 얼따오챠오 국제대바자르(二道桥国际大巴扎), 홍산공원(红山公园), 자치구박물관(自治区博物

館)이며, 우루무치 부근에서 당일에 갔다 올 수 있는 곳은 천산천지(天山天池)와 남산(南山) 초원 그리고 투르판을 들 수 있다. 만일 우루무치에 3일 머무른다고 한다면 첫째 날은 시내 여행을 하고, 둘째 날은 투르판을 당일로 다녀오고, 세 번째 날은 남산초원이나 천산천지에 가서 휴식을 취하는 것도 고려할 옵션 중의 하나일 것이다.

우루무치 시내의 가볼 만한 곳

홍산 공원

서울의 남산에 해당하는 우루무치의 홍산은 시내의 중심에 있으며, 전체적으로 붉은 바위들로 이뤄진 산의 모습에서 홍산이란 이름이 붙여졌다. 최근에는 조림사업을 많이 해서 제법 산다운 면모를 갖췄고, 정부에 의해 규모가 큰 종합 휴식공간이 조성되었다. 시내에서 접근성이 용이하기 때문에 항상 사람들로 많이 붐빈다. 공원 가운데 우뚝 세워진 전망대(누각)에 5위안을 내고 올라가면 탁 트인 우루무치 전경과 함께 잘 정리된 우루무치의 발전상을 사진과 조형물로 볼 수 있다. 홍산 맞은 편에 야마리커산이 있다.

예전에 우루무치에서 홍수가 자주 날 때 사람들은 용이 홍수를 일으켰다고 생각했다. 그래서 청나라 건륭 53년(1788년)에 홍산에 9층짜리 홍산보탑(红山宝塔)을 짓고, 야마리커산에도 보탑을 만들어 홍수를 막으려고 했다고 한다. 공원 안에는 대불사(大佛寺)라는 절도 있으며, 곳곳에 도교의 영향을 받은 그림이나 벽화를 볼 수 있다.

청나라 때 아편을 몰수하여 폐기함으로써 국가를 구하고자 했으나, 오히려 정치적으로 숙청되어 이곳으로 유배되어 왔지만, 국가를 원망하지 않고 이 지역과 주민들을 위해 선정을 베풀었다고 하는 임칙서(林则徐)의 동

허탄루에서 바라본 홍산의 모습

상도 이곳에 있다. 또한, 서울의 남산타워 옆에 있는 '사랑의 자물쇠'와 비슷한 열쇠들이 주렁주렁 달린 곳이 있다. 서로의 사랑이 변치 않고 오랫동안 지속되길 바라는 마음으로 두 개씩 짝지어 자물통을 잠근 후 열쇠는 산 아래로 던져버리는 모습이 우리나라 사람들의 모습과 너무도 흡사하다.

얼따오챠오와 국제 대바자르

얼따오챠오는 원래 이곳에 있었던 이도교(二道橋)라는 작은 다리(橋)에서 유래된 지명인데, 왜 '얼따오챠오'라는 이름이 붙었는지 설명하자면 다음과 같다. 다리가 없어 불편하던 이곳에 한 목수의 주도로 다리가 완공된 뒤에 도시 내에 이미 두도교(头道桥: 의역하자면 먼저 길 다리)가 있으므로 얼따오챠오

예전의 얼따오챠오 시장 모습

(두 번째 길의 다리)라고 부르자고 했다. 지금은 그 유래를 알리는 작은 조형물만 남아 있다.

얼따오챠오 길 건너편에 국제 대바자르가 있다. 바자르는 페르시아어로 시

국제 대바자르의 야경

장이란 뜻으로 우리가 흔히 말하는 바자회의 어원이 된다. 얼따오챠오 시장 건너편에 위구르족, 카작족, 키르기즈족의 건축 양식으로 지은 국제시장이 있다. 이곳에 3,500개의 상점 및 대형 매장으로는 '까르푸'가 있어 쇼핑이 편리하며, 뒤쪽에 220대의 주차시설이 있다.

신장 위구르자치구 박물관(新疆维吾尔自治区博物馆)

박물관 안에는 신장 지형 모형도를 시작으로, 신장 12개 소수민족의 풍속을 보여주는 민족 민속관, 신장 역사문물 전시관이 있으며 특히 2층에는 다른 곳에서 볼 수 없는 '고대의 미이라' 전시관이 있는데, 이 시체들이 건조한 사막에서 썩지 않고 그대로 말라버린, 그래서 골격과 힘줄, 피부까지도 직접 볼 수 있는 점이 이곳을 다녀가야 하는 이유가 된다. 한편 이 박물관의 단점을 들자면 신장의 역사를 한족 중심의 역사관으로 재편성했다는 것이다.

야마리커산탑(雅马里克山塔) – 속칭으로는 야오마샨(妖魔山:요마산)

야마리커산 탑은 도교 건축물로 야마리커산에 위치하며, 홍산 보탑과 서로 마주보고 있다.

야마리커산 탑은 청나라 건륭제 53년(1788년)에 건설되었으며, 1922년에 군사상의 이유로 철거되었으나, 1985년에 다시 탑을 세웠는데 원래의 모양을 회복하지는 못했다. 이전에 야마리커산에는 지방에서 올라온 위구르인들이 임시 거주지를 이루어 살고 있었으나, 현재는 철거되어 부유한 사람들의 별장이 밀집되어 있는 새로운 거주처가 되었다. 야마리커산을 오르면 시내 전경을 살펴볼 수 있다.

시내 중심 상권들

우루무치는 소비 중심의 도시로서 상권이 발달되어 있다. 컴퓨터 전문 상가가 밀집되어 있는 홍치루(紅旗路)와 피자헛, KFC 등 젊은이들의 거리 중산루(中山路), 의류와 신발 도소매시장인 따시먼(大西门), 샤오시먼(小西门) 등이 있다. 참고로 우루무치 시내 상권 중심지에 남문(南門), 북문(北門), 서문(西門) 등의 지명이 있는 것으로 볼 때, 예전의 우루무치 도시가 아주 작은 도시였음을 생각해 볼 수 있다.

우루무치 교외지역 중 가볼 만한 곳 (하루 거리)

천지 (天池)

백두산의 천지와 같은 이름인 천산천지는 천산산맥의 주봉 중 하나인 '보거다봉(博格达峰)' 기슭의 해발 1,950m에 위치하며, 남북의 길이 3㎞, 동서의 폭 1㎞, 면적은 약 5㎢ 정도 되는 산속의 신비한 호수이다. 만년설로 뒤덮인 산과 침엽수림, 무성한 떡갈나무, 높이 솟은 바위 등이 호수와 어우러져 보는 이로 하여금 감탄을 자아내는 곳이다. 호수에서는 작은 유람선이나 보트를 탈 수 있고, 주변 카작 전통 천막집에서 숙박도 가능하다.

빼어난 경관만큼 입장료도 100위안으로 비싼 편이며, 입구에서 셔틀버스

여름 천지의 모습, 뒤쪽 봉우리가 눈에 덮인 보거다봉이다.

비용 70위안을 따로 더 내야 한다. 입구에서 천지까지 거리가 멀기 때문에 걸어가기는 무리이다. 우루무치에서 90㎞ 정도(1시간 30분 거리) 떨어져 있으며, 저렴한 여행사 상품을 이용할 경우 150위안~200위안 정도에 입장료와 점심 식사가 제공된다. 개인적으로 승용 차량을 빌릴 경우 400~500위안 정도가 든다.

여름 남산(南山) 초원

원래 '우루무치'라는 말은 몽골어로 '아름다운 목장'이라고 한다. 하지만 지금 우루무치 시내에서 아름다운 목장을 찾기는 어렵고, 그런 목장을 보기 원하는 분들은 남산에 가 보실 것을 권한다. 그곳에는 맑고 푸른 하늘과 초원과 나무, 그 가운데 양과 말이 어우러져 있다. 우루무치 시내에서 거리가 가장 가까운 곳은 50㎞ 정도 떨어져 있다.

남산은 우루무치의 남쪽에 있는 산이라는 의미인데, 산세가 험하지 않고 초원과 침엽수가 발달해 있어 예로부터 유목민들이 많이 사는 곳이었다. 그래서 남산목장이라고도 부른다.

남산 초원의 모습

남산에는 수십 개의 크고 작은 계곡이 있는데, 수이시거우(水西沟), 동바이양거우(东白杨沟), 시바이양거우(西白杨沟), 덩차오거우(灯草沟), 따시거우(大西沟), 먀오얼거우(庙儿沟), 반팡거우(板房沟) 등이 대표적이고 기본적인 풍경은 비슷하다. 남산에는 카작족이 모여 살고 있는데, 그들이 사는 천막(키그즈위)에서 묵을 수 있고, 식사가 가능하며, 말을 타는 즐거움도 누릴 수 있다. 그 외에 카작족의 풍습을 살펴보는 기회도 될 것이다.

겨울 남산 - 스키와 눈썰매 타기

겨울철 우루무치는 자주 안개가 끼고 대기 오염도 심각한데, 이 기간에도 남산의 날씨는 매우 화창하여 신선한 공기를 마시며 눈썰매, 스키 등 겨울철 스포츠를 천산산맥 기슭에서 누릴 수 있는 기회를 제공한다. 그 구체적인 장소를 소개하자면 다음과 같다.

실크로드 국제스키장은 우루무치 시에서 38㎞ 떨어졌으며, 수이시거우(水西沟) 핑시량(平西梁)에 위치해 있다. 초보자부터 전문 스키어까지 모두 이용 가능한 6개의 슬로프 시설을 갖추고 있다.

수이시거우(水西沟) 바이윈(白云) 국제스키장은 우루무치에서 45㎞ 떨어져 있으며, 초중 고급 단계의 3종류의 슬로프가 있으며, 눈썰매, 스노우보드 등을 즐길 수 있다. 쉬에렌산(雪莲山) 조명스키장은 우루무치 시내에서 6㎞ 떨어져 있는 수이모거우(水磨沟)에 위치하며 스키보드, 회전스키, 스케이트 타기, 눈썰매 등의 스포츠를 즐길 수 있다.

웨이쓰터(维斯特) 환러청(欢乐城) 조명스키장도 우루무치 시내에서 가까운 수이모거우에 위치해 있어서 주야간에 눈썰매와 스키를 즐길 수 있다.

우루무치 야생 동물원

우루무치에서 남산 가는 방향으로 35㎞ 정도 떨어진 곳에 있다. 2005년 9월 20일에 개관하였고, 75㎢의 넓이다. 이 야생 동물원은 도시 내의 동물원과는 다르게 초원 위에 동물들이 각 구역별로 살도록 만들었다. 공원 내에서는 셔틀 버스가 운행되며 각 구역으로 이동시켜 준다.

예를 들어 첫 코스에는 기린이 있어서 아이들이 먹이를 주면서 기린의 목을 쓰다듬을 수 있다. 호랑이 공연, 앵무새 자전거 타기 등의 공연도 있어서 가볼 만한 곳이다. 주의할 점은 이곳이 한여름에도 서늘한 바람이 불기에 긴 팔 옷을 반드시 준비하는 것이 좋다.

투르판(吐鲁番) – 우루무치 근처의 유서 깊은 도시

투르판은 우루무치에서 동남쪽으로 차로 2시간 반 정도 떨어져 있다. 투르판이라는 말은 "낮은 땅"이란 뜻이다. 지형적으로 지구상에서 사해 다음으로 낮은 곳이며, 매우 건조하고 여름철 기온이 섭씨 50도나 되기 때문에 사람이 살기에는 매우 어려운 곳이다. 최근에 급속한 발전을 이룬 우루무치에 비해 투르판은 규모는 훨씬 더 작지만 오랜 역사를 자랑하는 유서 깊은 고도이다.

역사적으로 투르판은 위구르인들이 세운 '이드쿤 위구르 왕국'(866-1393년)의 수도가 있었던 곳이다. 그래서 위구르인들은 지금도 고창고성(高昌故城)을 '이드쿤' 이라고 부르고 있다. 투르판은 이 역사 만큼이나 볼거리들이 많은 곳인데, 잘 알려진 곳으로는 칸얼징, 교하고성, 포도계곡(葡萄沟), 소공탑, 화염산, 아스타나고분, 고창고성, 베제클리크 천불동, 토욕계곡마을(吐峪沟), 아이딩호 등이 있다.

우루무치에서 투르판을 가기 위한 교통편은 기차와 시외버스가 있는데, 투르판의 기차역이 시내와 많이 떨어져 있고, 호객 행위와 바가지가 심하기 때문에 우루무치의 산툰베이 남부시외버스터미널(三屯碑南郊客运站)에서 버스를 타고 가는 것이 좋다. 투르판까지는 버스로 약 3시간 반이 걸리며, 요금은 40원 정도에 배차는 30분당 1대씩으로 비교적 자주 있는 편이다.

투르판 관광지 입장료	
교하고성	40元
베제클리크천불동	20元
아스타나고분	20元
소공탑	30元
포도계곡	60元
칸얼징	40元
토욕계곡	40元

칸얼징(坎儿井 카레즈)

'칸얼' 이란 '정혈' 이란 뜻으로 당시의 특수한 관개 시스템이다. 칸얼징은 이미 2000여 년의 역사를 가지고 있는데 그 공사 방법은 지하의 물길을 찾아 일정한 간격으로 우물을 파고, 그 우물을 도랑으로 연결하여 물이 흘러갈 수 있도록 길을 만들어 준다. 칸얼징의 물은 천산의 깊은 산속에서 녹아

칸얼징 내부의 모습

내린 눈(雪) 물이므로 여름에도 지속적으로 흘러내린다.

투르판 분지에는 약 1,200개의 칸얼징이 있는데, 이 칸얼징은 기후가 매우 건조하고, 토양 조건이 비슷한 이라크, 터키, 아프가니스탄, 파키스탄 등 중동 지방에서도 발견되는 것으로 자연과의 투쟁에서 인간이 만들어낸 걸출한 작품 중의 하나로 평가된다.

포도계곡 (葡萄溝)

투르판이 포도의 도시라고 하는 것을 실감할 수 있는 곳이다. 화염산의 서쪽에 있는 수목원으로서 500m 정도 폭으로 약 8km쯤 이어지는 계곡의 수로를 따라 나무숲이 이어진다. 이곳에서 나는 포도는 특히 맛이 좋고 달기로 유명하다. 약 200여 종의 포도가 재배되고 있으며, 포도 이외에도 여러 가지 과일들을 재배하고 있다.

고창고성 (高昌故城-이드쿨)

투르판의 남동쪽으로 46km 떨어진 곳에 있는 이 옛 성터는 둘레가 5.4km,

고창고성의 유적, 제대로 보존되지 못한 채 방치되어 있다.

면적이 200만㎡로 방대한 크기이다. 현장 법사가 인도에 가는 도중 들렀
던 곳이기도 하다(630년). 866년 이후로 이곳은 위구르인들의 수도가 되었
다. 위구르어로 이곳의 이름은 '이드쿤' 임을 앞서 말했는데 '이드쿤' 이란
'행복의 주인' 이라는 의미이다. 지금은 폐허가 된 고창고성에 들어가서
그 옛날의 번영했던 도시를 그려볼 수 있다. 14세기에 멸망한 이 고창국 유
적에는 현재 성벽, 성문, 사원, 다각형의 불탑 등이 남아 있지만 오랜 세월
의 풍화작용으로 많이 훼손되어 있어 더욱 그 독특한 정취를 나타낸다.

교하고성(交河故城)

투르판에서 서쪽으로 13㎞쯤 되는 곳에 있는 오래된 성곽이다. 동서
300m, 남북 1,650m의 고성은 남쪽에 입구가 있고, 교하고성 전체를 조망
할 수 있는 중앙의 전망대까지 곧게 도로가 뻗어 있다. 안에는 불탑, 불전,

유네스코에서 유적지로 지정된 교하고성

사원, 관청, 감옥과 민가의 흔적이 지금도 남아 있다. 이곳은 유네스코 지정 유적지이다.

화염산 (火焰山)

강렬한 태양빛으로 인해 붉은 색의 빛의 기이한 바위들이 빛을 발하고 마치 불 같은 열기가 상승해서 구름과 맞닿아, 불이 붙는 것 같이 타오르고 있는 것처럼 보인다고해서, '화염산' 이라는 이름이 유래되었다고 한다. 실제로 한여름에는 지표면 온도가 80℃를 넘기 때문에 접근하기조차 어렵다. 이곳은 '서유기' 의 배경이기도 하다.

베제클리크 천불동 (柏孜克里克 千佛洞)

시내에서 남서쪽으로 50㎞ 떨어져 있는 천불동은 화염산 북쪽 기슭의 무

화염산의 모습을 파노라마로 찍은 사진이다.

제클리크 천불동

르투크강 강 절벽에 만들어진 석굴 사원이다. '베제클리크 (Bezeklik)'란 위구르어로 '장식된 집'이라는 의미이다. 이곳에는 화려한 부처·보살 등의 벽화가 있었다. 이 지역에서 융성했던 불교 문화재는 이슬람화의 진행 과정에서 무슬림들에 의해 파괴되거나, 근대의 외국 탐험가들에 의해 벽화나 경전 등의 일부가 국외로 유출되면서 손상당했다.

소공탑 (蘇公塔)

시내에서 약 3㎞ 떨어진 곳에 둥근 기둥 모양이 우뚝 솟아 있는 듯한 탑으로, 준가르 귀족 반란을 진압하는 과정 중 세운 그의 아버지 어민호자의 혁혁한 공로를 기념하기 위해서 투르판의 지방군주 술라이만(苏来满)이 1779년에 건축한 것이다. 아래는 넓고 위로 가면서 좁아지는 원주체(圓柱體) 이

며, 높이는 37m, 아래 직경이 10m이고, 벽돌로 쌓아졌으며 15종의 기하학적 문양이 새겨져 있다.

우루무치에서 맛볼수 있는 소수민족 풍취

음식

신장의 소수민족은 자연환경, 종교, 생활양식 등의 영향을 받아 독특한 음식 문화를 형성시켰다. 건조한 기후와 뜨거운 햇볕의 영향으로 인해 건과류와 각종 과일이 풍성하며, 이슬람의 영향 아래 '칭전(清真:돼지고기를 안 먹는 깨끗한 음식을 뜻함)'이라는 음식 문화를 만들어냈다. 또한 유목과 농경 문화에 의해서도 다양한 음식이 만들어졌다.

위구르 전통식당

신장 특색 음식의 종류

요리명	중국어 표기	특 징
폴로	抓饭(쫘판)	주로 양고기, 당근, 양파를 큰 솥에 넣고 만드는 볶음밥의 일종으로, '십전대보밥(十全大补饭)'이라고 불릴 만큼 영양이 많고, 건포도와 같은 건과류를 곁들여 먹기도 한다. 결혼식이나 명절 때 빠지지 않는 음식 중의 하나이다.
라그맨	拌面(빤멘)	신장 소수민족의 주식으로, 손으로 뽑은 쫄깃한 면에 양고기와 야채로 만든 양념을 비벼 먹는다.
쏘맨	炒面(차오멘)	면을 짧게 잘라서 볶은 것으로 라그맨과 비슷한 요리다.
따판지	大盘鸡	닭고기와 감자로 만든 요리로, 우리나라의 닭도리탕과 비슷하다. 면을 추가해서 함께 먹으면 더 맛있다.
카왑	烤肉(카오로우)	신장의 양은 좋은 목초를 먹고 자라서 맛이 좋기로 유명하며, 카왑은 羊肉串(양꼬치), 烤全羊(통양구이) 등 다양한 요리법이 있다. 특히 등뼈카왑(벨카왑)이 유명하다.
쌈싸	烤包子(카오빠오쯔)	네 면을 접어서 만든 양고기 만두로, 화덕에 구워서 만든 양고기 구운 만두라고 할 수 있다.
수육아쉬	汤饭(탕판), 回面(후이멘)	양고기 수제비라고 할 수 있는 국물이 있는 요리이다.
난	馕(낭)	난은 페르시아어로 빵이라는 뜻이다. 화덕에 구운 빵으로 전형적인 사막 기후에서 오래 전부터 먹어 왔던 주요 음식 중 하나다. 난은 크기, 지역, 재료 등에 따라 다양한 종류가 있고 양고기, 차 등과 함께 다양한 형태로 먹는다.

라그맨(빤멘)

폴로(쫘판)

양고기 꼬치구이(카왑)

난 파는 아저씨

특산 과일

신장에는 예부터 많은 과일이 있었다. 지역별로 그 특징적인 과일을 알아 보면 다음과 같다. 투르판의 포도, 산산의 하미과(멜론), 쿠얼러의 배, 쿠차 의 살구, 예청의 석류, 아투스의 무화과, 호탠의 호도, 악수의 사과, 하미의 대추 등이 유명하다.

1) 포도

신장은 포도의 주 생산지로 2000년의 역사를 갖고 있다. 사막 기후의 건조 함과 뜨거운 햇볕과 병충해가 거의 없는 조건이 맛있는 포도를 생산할 수 있는 이유다. 그 종류만 해도 200여 종으로 다양한 포도가 재배되고 있고, 당도는 80% 이상을 자랑한다.

2) 하미과

참외, 메론 등의 맛이 동시에 느 껴지는 신장의 특산 과일 하미 과. 원산지는 산산(鄯善)으로, 청 나라 건륭제 때 신장 지역의 크 고 작은 반란을 모두 평정한 후

하미과

석류를 파는 상인

중앙 정부에서 이 지역을 관장하는 관리를 파견하였다. 당시 하미 지역 지방관이 황실로 공물을 보냈는데, 지금의 하미과를 끼워 보냈다. 하미과를 처음 먹어 본 건륭 황제는 맛이 너무 좋아 신하에게 이름이 무엇이냐고 물었지만, 신하도 처음 보는 과일이라 이름을 모르던 차에 하미에서 진상한 과일이니 그냥 생각나는 대로 '하미과' 라고 하였다. 이후 이 과일의 이름을 하미과라고 부르게 되었다고 한다.

3) 석류

석류는 문명의 발상지 페르시아(현재의 이란, 아프가니스탄)에서 탄생하여 6000년 전부터, 생약과 식품으로 존중되어 왔다. 구약 성경에도 석류가 '생명을 지탱해 주는 중요한 음식물' 로 등장하고 있으며 이집트 의학서, 그리스 의학서, 중국 한방서, 인도 의학서 등에도 석류의 효용이 기재되어 있다.

지금도 석류의 주 원산지인 이란의 사람들은 건강을 위해 석류를 음료로 마시고 있고, 중국에서 석류를 재배하는 곳은 산동성과 신장인데, 특히 신장

각종 건과류를 파는 상점

에서 재배되는 석류가 가치를 인정받고 있다. 겨울철에는 시장 어디를 가든 석류를 구입할 수 있고, 즉석에서 짠 석류즙은 한 컵에 5~10위안 정도 한다.

4) 건과류

건조한 기후에 맞게 다양한 말린 과일들이 있다. 투르판의 건포도는 그 종류만 해도 수백 종에 이르고, 말린 살구, 대추, 아몬드, 매실, 무화과, 호두, 대추 등 다양한 건과류를 맛볼 수 있다

우루무치 여행시 주의사항

1. 관광지 특히 얼따오챠오, 대바자르 등에서는 소매치기가 많다. 가방을 배 앞쪽으로 매고 다니고, 주머니 속의 지갑, 핸드폰 및 카메라 분실에 유의하는 것이 좋다.
2. 신장은 위구르족과 한족의 갈등이 역사적으로, 지속적으로 존재하는 곳이다. 또한 실제로 2009년에 7.5사태라는 일련의 사건 속에서 보이듯이 한족과 위구르족이 서로 죽이는 일이 있어 왔다. 따라서 야간에는 위구르족이 거주하는 지역을 다니지 않는 게 좋다. 한족으로 오해 받아서 피해를 입을 가능성도 고려해야 할 것이다.

10

우루무치의 생활과 정착가이드

조은걸

우루무치 생활정보

비자

우루무치는 다른 지역과 달리 현지도착 비자를 받을 수 없기 때문에 미리 비자를 받아서 들어와야 한다. 외국인에 대해 비자 업무를 처리해 주는 여행사가 아직 없어 장기 체류 시 여러 가지 불편함이 있다. 여행비자(1, 3개월 비자)로 들어와서 이곳에서 기간 연장은 원칙적으로 불가능하지만 특별한 사유가 있을 때는 시 공안국 외사처에서 한 차례, 한 달 간의 기간 연장을 받을 수 있다. 1개월 비자는 여권 사진만으로 발급이 가능하고, 3개월 비자는 방문지 지인의 장기거류증, 신분증 복사본, 주소가 필요하다.

우루무치에 장기간 체류해야 할 경우는 학생 비자나 사업 비자를 받아서 체류할 수 있다. 이 중 학생 비자는 우루무치 안의 주요 대학에서 언어과정

주요 대학	문의 연락처
신장대학 (新疆大学)	858-2221
농업대학 (农业大学)	876-3881
사범대학 (师范大学)	433-2535
재경대학 (财经大学)	784-2203
예술학원 (艺术学院)	255-5401
의과대학 (医科大学)	436-2344
직업대학 (职业大学)	882-5404

을 수강하면 받을 수 있는데, 보통 한 학기 수업료(일주일 20시간)는 6,500위안 정도로 학교마다 조금씩 차이가 있고, 수강시간에 따라 수업료도 절충이 가능하다. 혹시 가족이 있을 경우 한 사람만 수강을 해도 가족들의 비자를 해결 받을 수 있다. 학생 비자는 일반적으로 여행비자로 들어온 후 현지에서 변경을 한다.

필요한 서류는 여권, 사진, 최종학력 증명, 가족관계 증명(가정일 경우 중국어 공증 필요), 수속 비용 등이고, 등록 시 신체검사 증명과 필요한 몇 가지 서류를 제출하면 된다.

사업비자는 이곳 정부가 정한 일정한 투자금을 투자하여 설립한 회사를 통해 노동부의 노동허가를 얻은 후 받을 수 있는데, 이를 위해 많은 절차들이 필요하다(회사 설립 대행업체: 예하컨설팅 281-0240). 반드시 외국에 있는 중국 대사관에서 취업비자(Z비자)를 받아 입국한 후 시 공안국 외사처(公安局 外事处)에서 장기거류 허가를 신청한다(공안국 외사처〈公安局 外事处〉 연락처: 467-5686 난후 시정부(南湖市政府) 맞은편). 가족들은 보통 여행비자를 가지고 들어와서 취업자의 가족 비자를 신청한다.

여행객은 반드시 호텔에 묵어야 하는데, 방문객이 일반 집에 머물 때는 24시간 내에 관할 파출소에 간단한 신고를 해야 한다. 그리고 초청자가 학생일 경우 그 전에 초청자의 소속기관 담당자(학교 외사처)의 승인을 받는 것이 원칙이다. 호텔에 머물 때는 반드시 3성급 이상이어야 한다는 규정은 없으며, 공안국과 보고 체계가 되어 있는 서와이(涉外) 호텔이면 된다.

시차

우루무치는 현재 공식적으로 북경 시간을 사용하고 있지만 북경과 비교해서 2시간의 시차가 있고, 한국과는 3시간의 시차가 있다. 이곳에서는 보통 신장시간과 북경시간으로 나눠서 사용하고 있어서 현지인과 시간 약속을 할 때는 어느 시간인지 확인하는 것이 좋다(예:북경10시는 신장8시임).

여름에는 백야 현상이 있어서 보통 밤 10시가 넘어야 해가 지는데, 이 때문에 5월부터 9월까지 모든 관공서가 썸머타임제를 사용하고 있다. 관공서에서 업무를 볼 때는 시간을 확인하고 가는 것이 좋다.

북경시간 기준	겨울철(10월~4월)	여름철(5월~9월)
출근 시간	오전 10시	오전 9시 30분
점심 시간	오후 2시~3시 30분	오후 1시 30분~3시
퇴근 시간	오후 7시	오후 7시 30분

우루무치 교통

1) 시내 버스

최근 많은 투자로 곳곳에 도로 확장을 하고 있고, 생활 수준이 높아지면서 급속도로 증가하는 차량들로 인해 시내 교통 상황이 점점 어려워지고 있다. 겨울이 길어 노면 상태가 좋지 않고, 곳곳에 추돌 사고가 많아 겨울철 운전은 상당한 주의가 필요하다.

최근 시 정부는 교통 체증을 해결하기 위해 BRT(Bus Rapid Transit)를 3개 노선으로 운영하고 있는데, 일종의 고속 도시버스 시스템으로 전용버스 차로를 만들어 운행하고 있다. 한국의 서울시를 롤 모델로 삼았는데, 도로 폭이 좁아 아직 큰 효과는 없어 보이나 앞으로 BRT 노선을 더 확대하고, 곳곳의 통행 체계를 일방통행으로 계획하고 있어 향후 좋은 효과들이 기대된다.

새로 도입된 BRT 정류장과 차량

BRT는 아침 7시 30분부터 밤 12시까지 1~3분 간격으로 운행되고 있고, 요금은 1위안이다.

BRT 1호선

1机械厂站 2轴承厂站 3农机厂站 4财院站 5二宫站 6铁路局站 7科学院站 8小西沟站 9经管学院站 10大寨沟站 11大西沟站 12儿童公园站 13八楼站 14友好路站 15明园站 16西虹路站 17红山站 18文化宫站 19碾子沟站 20长江路站 21火车南站

2호선(노선변경 예정)

1银川路站(原毛纺厂站) 2师范大学站 3医学院站 4八楼站 5友好路站 6明园站 7西虹路站 8红山站 9西大桥站 10教育学院站 11北门站 12大十字站 13南门站 14二道桥站 15延安路^胜利路站 16新疆大学站 17三屯碑站

3호선

1儿童公园站 2医学院站 3师范大学站 4王家梁站 5移动公司站 6电信公司^南湖站7南湖小区站 8劳动街站 9宏大广场站 10北门药材公司站 11北门站 12大十字站 13南门站 14二道桥站 15延安路^胜利路站 16新疆大学站 17三屯碑站

우루무치 BRT 안내 사이트 http://www.wlmqbrt.com

시내버스는 주요 노선만 파악하면 저렴하고 편리하게 어디든 갈 수 있다.
(운행시간: 06:00~23:00 요금: 1위안, 22:00 이후는 1.5위안)

버스노선 안내 사이트
http://bus.mapbar.com/wulumuqi
http://wulumuqi.bus84.com
http://wulumuqi.gongjiao.com

2) 택시

택시 이용은 비교적 저렴한 편인데, 겨울철과 출퇴근 시간에는 택시 잡기
가 매우 어렵다(기본요금 6위안/3km, 1.3위안/1km, 시간거리 병산제). 최근 시정부가 택
시 수를 계속 늘리고 있지만 여전히 그 수가 많이 부족해서 택시 이용의 불
편함이 많다. 거기다 택시 강도를 예방하기 위해 밤 8시부터 다음날 아침
까지 남자는 앞 좌석에 탑승할 수 없게 하고 있는데, 밤에는 남자 4명이 1대
의 택시를 이용할 수 없다.

그래서 최근에 많은 자가용 차량들이 택시 영업을 하고 있는데, 이를 헤이
처(黑车)라고 한다. 타기 전에 요금을 흥정해야 하는데, 택시에 비해 요금이
비싸고 무엇보다 불법 영업이므로 사고 시 여러 문제들이 발생될 수 있어
급하지 않다면 이용을 피하는 것이 좋다.

3) 시외버스 노선 안내

시외버스는 목적지에 따라 버스터미널이 각각 다르고 장거리는 침대버스
이다. (아래 표 참조)

시외버스 터미널	목적지
쥔공 军供客运站(589-2362)	후투비(呼图壁), 마나쓰(玛纳斯), 빵차오후(芳草湖), 신후(新湖), 쿠이툰(奎屯), 스허즈(石河子)
난쟈오 南郊客运站(286-6635)	호텐(和田), 카쉬가르(喀什), 악수(阿克苏), 예켄(莎车), 예청(叶城), 투르판(吐鲁番), 퉈커쉰(托克逊), 산산(鄯善), 쿠얼러(库尔勒)
밍위안 明园客运站(429-1787)	카라마이(克拉玛依), 스요지띠(石油基地)
베이쟈오 北郊客运站(487-5555)	푸캉(阜康), 치타이(奇台), 지무싸얼(吉木萨尔)
녠쯔거우 碾子沟长途汽车站 (587-8637)	이닝(伊宁), 훠청(霍城·清水河), 공류(巩留), 신위안(新源), 자오쑤(昭苏·特克斯), 후얼궈쓰(霍尔果斯), 니러커(尼勒克), 보러(博乐市), 타청(塔城市), 어민(额敏), 허펑(和丰), 퉈리(托里), 톄창거우(铁厂沟), 위민(裕民), 알타이(阿勒泰), 베이툰(北屯), 푸하이(福海), 하바허(哈巴河), 부얼진(布尔津), 푸원(富蕴), 지무나이(吉木乃), 칭허(青河), 하미(哈密), 싼따오링(三道岭), 쿠얼러(库尔勒), 옌치(焉耆), 룬타이(轮台), 허징(和静), 우쑤(乌苏), 두산쯔(独山子), 사완(沙湾)

4) 국제버스

우루무치-알마티 국제버스

벤장빈관(边疆宾馆) 혹은 녠쯔거우에서 매일 한 차례 오후 6시에 운행하고 있고, 알마티까지 24시간 소요된다(토요일과 세관이 닫힐 때는 운행하지 않음). 요금은 420~460위안이며, 반드시 여권을 지참해야 한다.

우루무치-아스타나(카자흐스탄 수도) 국제버스

월, 수, 일요일 저녁 7시 일주일 3회 운행, 요금: 480위안

문의: 587-8637(녠쯔거우 터미널)

5) 비행기

우루무치 공항은 국제선 36개, 국내선 106개, 총 142개 노선이 운행되고

있는 비교적 규모가 있는 공항이다. 공항의 위치는 시내 중심과 30~40분 거리로, 비교적 가까운 거리에 위치해 있지만 겨울철 안개와 눈으로 인한 연착과 결항이 자주 일어나기 때문에 비행기 이용 시 미리 공항 상태와 날씨를 확인하는 것이 좋다(공항 인터넷 사이트 이용). 공항은 3개(T1, T2, T3)의 터미널로 나눠져 있고, 항공사별 탑승 수속하는 곳이 다르다.

T1: 화물 터미널

T2: 남방항공을 제외한 국내선 모든 항공사들 탑승 수속.

T3: 남방항공과 국제선 모든 노선의 탑승 수속.

공항 인터넷 사이트: http://www.xjairport.com/index.asp 전화: 380-1453

航班号	出发站	特殊站	计划到达▲	实际到达	航空公司	状态	航线
CZ6868	阿克苏		00:05		南方		阿克苏-乌鲁木齐
CZ6830	伊宁		00:10		南方		伊宁-乌鲁木齐
CZ6808	喀什		00:15		南方		喀什-乌鲁木齐
HU7345	北京首都		00:30		海南		北京首都-乌鲁木齐
CZ6956	温州	长沙	00:30		南方		温州-长沙-乌鲁木齐
CZ6956	温州	长沙	00:30	03:57	南方	到达	温州-长沙-乌鲁木齐
CZ6306	合肥	西安	00:45		南方		合肥-西安-乌鲁木齐
CZ6944	成都		00:45		南方		成都-乌鲁木齐
HU7153	广州		00:50		海南		广州-乌鲁木齐
CZ6986	福州	郑州	00:50		南方		福州-郑州-乌鲁木齐
CZ6802	喀什		01:00		南方		喀什-乌鲁木齐
CZ6012	阿拉木图		01:35		南方		阿拉木图-乌鲁木齐
CZ6820	和田		01:35		南方		和田-乌鲁木齐
CZ6020	杜尚别		07:00		南方		杜尚别-乌鲁木齐
CZ6024	巴库		07:00	06:51	南方	到达	巴库-乌鲁木齐

국내선 항공권 가격은 시기에 따라 가격 할인에 많은 차이가 있는데, 비수기(1, 4, 6, 11, 12월) 때는 정가의 30% 이하의 표도 많이 나오는데, 최근에는 인터넷 사이트에 저렴한 표들이 많이 나오고 있어 쉽게 가격과 시간 등의 정보를 조회하고 구입할 수가 있다.

항공권 사이트: http://www.qunar.com 스마트폰 어플 사용시 유용(기차표, 호텔조회가능)

표를 구입한 후 부득이하게 표를 취소해야 할 경우는, 할인 정도에 따라 표

값의 20~50%의 손해를 보게 되는데 혹 몸이 좋지 않아 취소할 경우, 의사 소견서를 제출하면 손해 없이 표 값을 환불할 수 있고 같은 할인율의 다른 시간대로 항공권을 변경해 사용하면 손해를 피할 수 있다. 하지만 표를 구매할 때 시간 변경이 불가능한 표들이 있는데 구입 전 확인이 필요하다.

6) 기차

기차표는 기차역(581-4203)과 시내 곳곳의 열차표 판매소에서 표를 살 수 있

우루무치 시내 매표소

序号	代售点名称	地址	营业时间	窗口数量
1	乌鲁木齐米东区售事代售点	新疆乌鲁木齐市米东区稻香中路58号	07:30~21:00	3
2	乌鲁木齐西山路代售点	乌鲁木齐市沙区西山西街南一巷16号（信达雅山新天地27栋一层）	07:30~21:00	4
3	乌鲁木齐黄河路售事代售点	新疆乌鲁木齐市黄河路329号	07:30~21:00	5
4	乌鲁木齐南湖东路售事代售点	新疆乌鲁木齐市南湖东路南一巷368号	07:30~21:00	4
5	乌鲁木齐郊客运始发售事代售点	新疆乌鲁木齐市南湖北路969号北郊客运站内	07:30~21:00	4
6	乌鲁木齐建设路售事代售点	新疆乌鲁木齐市建设路249号	07:30~21:00	6
7	乌鲁木齐五星南路售事代售点	新疆省乌鲁木齐市五星南路289号	07:30~21:00	4
8	乌鲁木齐甘泉大厦售事代售点	新疆乌鲁木齐市北京南路7号	07:30~21:00	6
9	乌鲁木齐江苏西路售事代售点	新疆乌鲁木齐市江苏西路4号	07:30~21:00	6

우루무치 기차 남역

는데, 보통 기차 출발 10일 전부터 전국 연결, 왕복표를 살 수 있다. 최근에 는 승차권 실명제를 시작하여 신분증(여권)을 갖고 발권을 하여야 하며, 표의 기록과 여권번호가 다르면 탑승할 수 없게 되었다. 전화와 인터넷으로 발권이 가능하지만 역시 신분증을 갖고 매표소에서 표를 수령해야 한다. 전화: 12306, 95105105 관련 사이트: http://www.12306.cn/mormhweb/

우루무치-알마티 국제열차

매주 월, 토요일 밤 11시 58분에 출발한다. 보통 33시간이 걸리는데, 중국과 카자흐스탄의 국경선 지역에서 양국간 열차 바퀴의 폭이 달라 바퀴를 교환하는데 시간이 많이 걸린다. 요금은 편도가 약 1,000위안이고, 기차역 옆에 있는 야오우빈관(亚欧宾馆)에서 표를 판매하고 있으며, 반드시 여권을 지참해야 한다(대행업체: 시위여행사(西域旅行社) 13579285355)

우루무치에서의 자기운전

1) 운전면허

외국인이 우루무치에서 운전을 하려면 현지 면허로 바꿔야 한다. 이곳의 신호 시스템이 한국과 비슷해 운전하는 데 별 문제는 없지만 중국이 아직 국제면허 회원국에 가입되어 있지 않아 국제면허를 사용할 수 없다.

갱신 방법은 먼저 한국 면허증을 번역 사무실(남문 근처)에 가서 중국어로 번역을 한 후 공증처(南门公证处 남문 중국은행 맞은편 九华大厦 11층 281-7048)에 가서 공증을 받는다. 그리고 우라바이 면허시험장(乌拉泊驾照考试场: 565-9087)에 가서 간단한 신체검사와 서류를 접수하고, 필기시험만 치르면 되는데 필기시험은 최근에 한국어로 치를 수 있게 되었고, 100문제 중 90문제 이상을 맞춰야 합격이다. 외국인이 받을 수 있는 면허는 "C1" 면허인데, 9인승 이하의 차량(남색 번호판 차량)을 운전할 수 있다.

2) 자동차 운행정보

자동차를 운전할 때는 반드시 면허증과 싱스정(行驶证: 자동차의 정보를 담은 일종의 차량증명)을 반드시 소지해야 한다. 만약 면허증을 소지하지 않은 채 운전하다 단속되면 무면허 운전으로 처벌을 받게 되고, 싱스정(行驶证)을 소지하지 않았을 때는 무등록 차량으로 간주되어 차량을 압류하는데, 차를 찾을 때 많은 벌금이 부과된다.

운전 중 교통사고가 발생했을 때는 먼저 교통경찰(122)을 부르고, 해당 보험회사에 연락을 해서 담당자에게 알리고, 인사 사고일 경우 먼저 병원(응급:120)에 연락해 환자를 병원으로 옮겨 치료를 받게 하고 교통경찰을 기다렸다 지시를 받으면 된다. 사고 처리는 운전자가 직접 해야 하는데 교통경찰국(交警队)에 가서 사고 경위 등의 서류를 작성해서 보험회사에 제출하고 보험 처리를 받으면 된다.

3) 자동차 운영 비용(5인승 가솔린 차량 기준)

종류	내용	금액
车船使用费	일종의 자동차세 배기량 별 차등 적용	300~4000위안/1년
진청페이(进城费)	시 자체에서 받는 도로세 (없으면 벌금 200위안)	7위안/일, 1,200위안/년
보험료	항목별로 선택이 가능하지만 기본책임보험은 들어야 함.	기본책임보험 1,200위안 종합보험 약 4,000위안
유류	휘발유: 무연(#93), 유연(#90)	#93(7.92위안/리터)
정비	오일, 필터 교환	약 350위안
주차 비용	시내 기준	3위안/시간

4) 자동차 구매 요령

자동차 구매는 중고차를 구매하는 것과 새 차를 구매하는 것으로 고민할 수 있는데, 외국인에게는 수속 절차와 차량 관리를 생각한다면 새 차 구입을 권장하고 싶다.

우선 우루무치 중고차 시장은 매 주말 미촨(米泉)에서 열리고 있다. 중고차 가격은 생각보다 높고 전문업자들이 많아 외국인에게는 바가지의 우려가 많다. 가능한 개인 소유자들을 찾아 거래하는 것이 좋은데, 자동차를 구입할 때는 먼저 차 상태를 살핀 후, 차에 관련된 서류를 확인하는 것이 중요하다. 그리고 차량번호로 어느 지역의 차인지 알 수 있는데, 가능한 우루무치 차량(新A00000 번호판)을 구입하는 것이 좋다. 자동차 이전 시 우루무치 차량은 명의 이전만 하면 되지만, 다른 지역의 차량은 등록 원본 서류들을 해당 지역 차량관리소에서 가져와야 하는 등 여러 절차와 비용이 든다. 무엇보다 우루무치 차량이 아닌 외지 차량은 출퇴근 시간대에는 시내 진입을 할 수 없고, 연식이 오래된 차량의 경우 우루무치로 이전이 불가능하다.

새 차는 각종 자동차들이 전시되어 있는 싸이보터(赛博特) 라는 시장에서 원하는 차량을 구경할 수 있고 시승해 볼 수 있다. 신차를 할부 구매할 때는 각 회사별 여러 할부 프로그램을 이용할 수 있다. 보통 보증인이나 담보가 필요하지만 담보 없이 구매자의 수입 증명을 통해서 할부 구매가 가능한 곳도 있다.

우루무치 통신

1) 이동전화

우루무치에서는 크게 3가지(GSM, WCDMA, 뗸이(天翼)) 방식이 있다.

GSM 방식은 유럽에서 사용하는 방식인데, 통화 품질이 비교적 우수하고 안정적이다. 서비스는 중국이동통신(中国移动通讯), 중국롄통(中国联通) 두 회사에서 하고 있는데 서비스망은 중국이동통신이 좀 더 넓다.

WCDMA 방식은 한국에서 현재 사용하고 있는 방식이며, 우루무치는 한국 통신사들의 로밍서비스 지역이다. GSM 방식에 비해 사용료가 저렴하지만 통화 품질은 좀 떨어진다. 현재 중국롄통(中国联通) 에서 서비스를 하고 있다.

톈이(天翼Esurfing)는 중국전신(中国电信)에서 자체 방식(TD-SCDMA)으로 운영하는 서비스이다. 신호 감도가 비교적 떨어지지만 유선 전화와 사용료가 같고, 3G 서비스를 하고 있어 많은 사람들이 사용하고 있다.

한국에서 사용하던 스마트폰은 중국이동과 렌통의 서비스를 이용할 수 있는데, 유심카드만 바꿔 사용하면 된다. 하지만 중국이동은 3G망이 없어 렌통을 이용하는 것이 3G 서비스 이용에 용이하다. 최근 출시 되는 스마트폰은 모든 국가에서 사용할 수 있지만, 그렇지 않은 경우 한국에서 컨트리락을 해당 통신사에 해제요청을 해야만 이곳에서 사용할 수 있다.

한국에서 가져온 스마트폰의 경우 문자 발신의 문제들이 있는데, 인터넷에서 중국 롬을 다운, 설치하면 문제없이 사용할 수 있다. 만약 어렵다면 휴대폰 전문 상가(中山路 中泉广场)에 가면 해결할 수 있고, 보통 100위안의 수수료를 받는다. 그리고 한국의 LTE(4G) 폰의 경우 중국의 LTE(4G) 서비스 방식이 달라 LTE 서비스를 이용할 수 없다.

2) 전화와 인터넷

유선 전화와 인터넷은 중국전신(中国电信)이 대표적인 서비스 회사이고 사용자들이 많다. 그밖에 여러 가지 인터넷 서비스 회사들이 있으며, 설치할 장소의 위치에 따라 설치 가능 여부가 결정되는데 설치 전 확인이 필요하다. 전체적인 인터넷 서비스 속도는 한국 수준에 비해 많이 떨어지지만 사용하는 데 크게 불편하지 않다.

중국전신의 워더이쟈(我的e家 Our Home)라는 서비스는 월정액(88~339위안) 패키지 상품으로 3~20Mb 속도의 인터넷 서비스을 제공하는데 일반적으로 4Mb 속도를 이용하고 있다. 그리고 이용 시 패키지에 따라 모뎀, 무선 공유기, 유선 TV, 유선 전화, 톈이 스마트폰(天翼手机), 무료통화 등의 서비스를 제공하고 있다(단 1~2년의 약정기간이 있음).

중국전신 사이트: http://xj.ct10000.com/wlmq/ehome)

부동산 임대 정보

최근 몇 년 사이 우루무치 시내의 부동산 가격이 급격하게 올랐다. 100㎡ 크기의 아파트를 기준으로 매매 가격은 60~80만 위안 정도인데, 위치에 따라 다르고 임대의 경우 월 2,000~2,500위안 정도 이다. 5년 전과 비교한다면 약 2배 이상 가격이 상승했다.

방을 임대할 때는 중개업체나 인터넷을 통해 구할 수 있는데, 중개업체의 경우는 수수료가 있으며 보통 한달 임대료의 50%을 받고 있다. 보통 계약기간은 1~2년이고, 계약 후에는 임대인과 함께 계약서, 신분증, 사진을 갖고 관할 파출소에 신고를 하고 외국인 등기카드를 발급받아야 한다.

부동산 정보 사이트: http://xj.58.com/zufang/

생활정보 전화 "바이스통"(百事通)

118114: 전화번호, 날씨, 길 찾기, 식당 예약, 행사 문의, 필요한 제품 정보 등은 물론 어떤 궁금한 것도 전화해서 알아 볼 수 있다(이용요금은 시내요금과 동일).

식당 정보

우루무치에 있는 식당은 종교적 문화 때문에 "칭찬(清餐)"과 "한찬(汉餐)"으로 구분되어 있다.

칭찬은 무슬림 식당으로, 돼지고기나 무슬림에게 금기된 재료를 사용하지 않는 식당을 말하고, 보통 식당 간판에 "清真" 표시가 되어 있다.

그리고 한찬은 음식 재료 사용의 제한을 두지 않는 한족 식당을 말한다. 특히 소수민족과 식사를 할 때는 실례가 되지 않도록 미리 고려해야 할 사항이기도 하다.

우루무치의 특징적인 음식은 양고기 꼬치, 쫘판(기름에 익힌 밥), 난(피자 모양의 구운 빵), 라그맨(면 종류) 등 양고기를 주재료로 한 여러 음식들이 있다.

식당 이름	주소	연락처
血战大盘鸡 쉐잔따판지	알타이루(阿勒泰路) 44号	4659788
	"따판지" 전문점, 한국의 닭도리탕과 흡사한 요리	
新疆第一盘 신장띠이판	난후난루(南湖南路) 1600号	4619777
	"따판지" 전문점, 요리를 담는 그릇이 큰 것이 특색 (清真)	
葡萄园 푸타오위안	옌안루(延安路)	2859999
	"라그맨" 전문점 여러 가지 고기, 야채 등의 소스와 면을 비벼서 먹는 요리, 양고기 꼬지, 쫘판 등 여러 특색 음식 (清真)	
塔里木大酒店 타림호텔	베이징베이루(北京北路) 24号	
	라그맨 전문식당은 아닌데, 환경이 깨끗하고 맛이 좋음. 타림호텔 내에 위치 (清真)	
阳光绿岛 양광뤼따오	난후동루(南湖东路) 168号 阳光绿岛生态酒店	4681111
	생태공원 형태로 식당을 장식해 놓았는데, 200개가 넘는 홀과 수백 명의 요리사가 있다. (한찬, 칭찬으로 구분)	
勤和居 친허쥐	톄루쥐(铁路局)7854666, 시베이루(西北路)4849088, 난후(南湖) 4619066	
	다양한 음식들을 저렴하게 즐길 수 있는 곳 (한찬)	
一路吉祥 이루지샹	카라마이동루(克依东路) 73号 택시회사 맞은편	4603688, 4814201
	저렴하지는 않지만 여러 음식들이 특색 있고, 환경이 깨끗함 (清真)	
名流火锅 밍류훠궈	양쯔장루(扬子江路) 14号	4501688, 8868976
	중국식 샤브샤브 요리인데, 손님이 많아 예약이 필요 (清真)	

福润火锅	베이징베이루(北京北路) 3855111, 동펑루(东风路) 8831111
푸룬훠궈	동북에서 가져온 고기를 사용, 깔끔하고 위생적임(清真)
米拉吉	카라마이동제베이샹(克拉玛依东街北巷) 176号 (3중 맞은편)
미라지	여러 개의 분점이 있고, 여러 가지 양 구이가 특색(清真)

한국 식당	주소	연락처
한성(汉城)	요우하오베이루(友好北路) 658 루이(如意) 호텔 2층	483-4333
	각종 한국 음식	
K 한국요리	원화공제(文化宫街) 부근 한국인 경영	587-0781
	각종 한국 음식, 구이 전문점	14709980480
청와대	메이메이 쇼핑몰 5층 중국인 경영	699-9792
	각종 한국 음식, 환경이 깨끗함	
강원도	난후(南湖)공원 부근, 알타이루 2호점 중국인 경영	468-1555
	부페식 구이 전문점	
부산항	젠서루(建设路) 부근 조선족 경영	233-5828
엄마요리	투하빌딩(吐哈大厦) 부근 한국인 경영(清真)	13999853954
(1,2호점)	각종 분식과 김밥 전문점, 2호점은 구이 전문	
순희네	조선족 구이 전문점, 톄루쥐, 싼공 부근 2호점	13199806658
김철 한식 미식점	조선족 식당 한국인 입맛에 맞음. 남문 부근(清真)	277-6611
낙원 한식점	농업대 난창루(南昌路) 부근	15022950595

기타 식당	주소	연락처
바인	서양식 광밍루 시대광장(光明路 时代广场) 부근	230-4831
랑데뷰	서양식(피자, 케이크 전문) 옌안루(延安路) 소재	255-5003
텍사스	텍사스식, 런민루(人民路) 컴퓨터상가 맞은편	
아로마	이태리 식당 젠서루(建设路) 부근	283-5881
가베두림	한국 커피전문점, 小西门단루(丹璐) 백화점 지하1층	283-8864

각종 전문시장

마트 및 백화점	
까르푸(家乐富)	얼따오챠오(二道桥), 난후루(南湖路), 베이징루(北京路) 소재
바이성(友好百盛)	홍산 소재, 백화점 내 지하마트로 약간의 한국 식품을 팜.
요우하오상창(友好商场)	요우하오루(友好路) 소재, 백화점 마트로 여러 지역에 분점이 있음.
하오쟈샹(好家乡)	베이징루와 북문 등 여러 곳에 분점이 있음.
톈산백화점(天山百货店)	인민광장 소재, 백화점 내 지하 마트로 약간의 한국 식품을 팜.
왕푸징(王福井) 백화점	인민광장 근처에 소재, 베이징 왕푸징백화점의 분점
단루(丹璐)백화점	샤오시먼(小西门) 부근 최근 생긴 고급 백화점
메이메이(美美)	요우하오루(友好路) 위치 명품브랜드 백화점이며, 식당가와 영화관이 있음.

재래 시장	
베이웬춘(北园春市场)	우루무치 내 가장 큰 농축수산물 시장으로 카라마이시루(可拉玛依西路) 소재. 야채, 각종 육류, 어패류, 견과류, 곡류, 과일류 판매
치이장웬(七一酱园)지하	황허루(黄河路) 끝자락에 위치. 각종 야채, 육류, 어패류, 곡류, 건과류 판매
싸이마창(赛马场)	육류를 직접 잡아서 살 수 있는 곳
렁쿠(冷库)	치타이루(奇台路) 인싱호텔(银星大酒店) 옆, 냉동해물 도소매
과일 도매시장	치타이루(奇台路), 신베이웬춘(新北园春市场)

식품 재료	
메코믹 (味好美, McCormick)	신화난루(新华南路), 구 동물원 건너편 소재. 제과제빵의 모든 재료를 판매한다. 피자치즈, 원두커피, 바질, 오레가노, 커리, 마늘가루, 계피가루 등의 향신료 판매. 모든 가게들이 각종 제과제빵 식재료, 틀, 기구, 포장재를 판매하며, 분야별로 파는 곳과 모두 파는 곳이 있다.

한국 식재료	
수원상사	원저우제(溫州街) 소재, 일반적 한국상품과 식재료 판매

부흥상회	전화로 한국식료품 배달 (전화: 13639926631)
한국성	화링시장 구 건물 5층 우루무치에서 가장 큰 한국 마트, 상품종류가 다양
문화궁	원화공제(文化宮街) 소재. 각종 한국 상품과 식품 판매

문화용품	
남문(南门)	신화서점(新华书店) 옆 소재. 각종 문구류, 미술용품, 우드락 판매
사범대 정문 건너편	미술 재료, 소묘 석고상, 문구, 골판지 판매
신화국제 도서성 3층	요우하오루(友好路) 선전청(深圳城) 소재. 문구, 계산기, 미술재료 등
밍주 화훼시장 내 1층	난창루(南昌路), 주름지, 구김지, 각종 리본 테잎, 그물포장지 판매(단 도매)
샤오시먼(小西门) 옷감시장 지하	각종 구슬, 글루건 등 판매

패션, 잡화류를 파는 곳	
샤오시먼(小西门)	잡화, 액세서리, 의류, 아동의류, 신발, 등 중저가 패션 잡화 판매
따시먼(大西门)	브랜드 의류, 잡화 등의 중고가 의류 판매
까르푸(家乐富) 1층	난후루(南湖路) 각종 의류, 신발류, 잡화, 액세서리 판매
얼따오챠오(二道桥)	성리루(胜利路) 소재. 위구르 전통 소품, 액세서리, 카펫, 전통 옷 판매
야신(亚新)	홍치루(红旗路)에 있는 지하상가로 고급 의류, 신발류, 체육용품 판매
남문 지하상가	각종 의류, 신발류, 패션잡화, 액세서리 등 판매

원단시장(布料市场)	
샤오시먼	커튼, 나염 천, 옷 천, 각종 재봉 관련 재료 판매
따시먼	나염, 위구르 전문 천, 커튼, 옷 천, 재봉 관련 소모품 판매 및 의상실
화링시장 5층	커튼, 이불 전문 시장

화훼시장(花卉市场)	
밍주 화훼시장	우루무치 내 가장 큰 화훼시장으로 난창루(南昌路) 소재. 꽃, 식물류 뿐 아니라 물고기, 어항, 화분 등 판매
동물원 옆 화훼시장	신화난루(新华南路) 소재, 식물, 물고기, 관련 소모품 등 판매
베이웬춘	화분, 물고기 등 판매

가구 및 주택 용품 전문시장	
화링시장	가구, 가전, 장판, 등, 집 장식 재료, 주방용품, 문화용품, 체육용품 판매
메이쥐물류(美居物流)	가구, 가전, 장판, 등, 집 장식 재료, 주방용품, 문화용품, 체육용품 판매

창장루(長江路)	생활용품, 잡화, 액세서리, 주방용품, 완구, 유모차, 자전거, 문화용품, 체육 용품 전문시장
무차이창(木材厂),허핑루(和平路)	각종 중고 가구와 저렴한 가격의 신 가구 판매

체육용품 파는 곳	
민주루(民主路) 지하상가	각종 브랜드의 체육용품 판매
상마오청(商貿城)	문화 체육용품 상가. 비교적 큰 규모로서 각종 도복, 인라인, 러닝 머신 등 의 체육용품 판매
화링시장 4층	각종 체육용품 판매

전자제품 파는 곳	
홍치루 전자상가(红旗路 电脑城)	컴퓨터, 컴퓨터 부품 및 소모품, 전자제품, 각종 영화, 드라마 DVD 판매
홍산(红山) 전자상가	각종 음향기기, 전자게임기 등 판매
궈메이(国美), 쑤닝(苏宁电器)	전자제품 마트

이닝

실크로드 초원길의 중심지, 중앙아시아 무역 관문으로

이리 카작자치주 개관과 여행정보
이닝의 경제 · 이닝의 정치사회문화
이리지역의 소수민족

01

이리 카작자치주 개관과 여행정보

야성일

不到新疆, 不知中国之大 不到伊犁, 不知新疆之美
(신장에 와보지 않으면, 중국이 얼마나 큰지 알지 못하고, 이리에 와보지 않으면, 신장이 얼마나 아름다운 지 알지 못한다)

이리 카작자치주는 신장위구르자치구 내에 존재하는 카작족 자치주로 이리지구(이닝), 타청지구(타청), 알타이지구(알타이) 3개 지구를 포함하며 중국에서 유일하게 하나의 자치주(지구급)가 다수의 지구를 포함하는 자치주이다. 대외적으로 몽골, 러시아, 카자흐스탄과 국경을 접하고 있다. 이닝시는 이리 카작자치주의 수도이자 이리지구의 중심 도시이다.

이리(伊犁) 카작자치주의 역사

주전 3세기 말부터 인도유럽 계열의 오손족이 지금의 이리 지역을 중심으로 오손(烏孫) 국을 세웠다. 당시 비단길을 개척하던 한(汉) 나라와 우호적

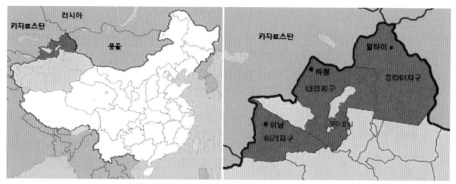

그림: 탈간의 부분이 여러 카작 자치주이다

인 관계를 유지했다. 6세기 중엽 서투르크(서돌궐)가 오손국을 점령하고 중앙아시아를 지배하였고, 당(唐) 나라가 비단길에 대한 영향력을 행사하던 시기에는 이 지역에 관청들과 군사적 기구들을 설치했다.

13세기 초 칭기즈칸의 정복 시기 중 천산을 통하는 '타러치' 통로가 개척되었다. 칭기즈칸의 사후 중앙아시아와 북신장 지역은 차가타이칸국이 세워져 통치되었으며, 명나라 말과 청나라 초기에 준가르족이 이리를 중심으로 마지막 유목제국을 세웠다.

1755년 준가르를 정복한 후 청(淸) 나라는 이리 최고 사령부를 설립하고 군대와 여러 민족들을 이주시켜 땅을 개간하고 지배권을 확립했으나 청나라 말기 중앙정부의 영향력이 약화되면서 군벌들이 실질적인 통치를 하게 되었다. 청나라의 멸망 이후 소련의 지원을 받아 잠시 독립 정부가 세워졌으나 소련과 중국 공산당의 협의에 의해 중국에 편입되게 된다. 1954년 11월 이리 카작자치주가 성립되었지만 당시 중국으로의 편입을 반대하고 해외 망명한 지도자들의 영향을 받아 아직까지 분리 독립운동이 사라지지 않고 있다.

신장 최대의 녹지지역으로 농업과 목축업이 주를 이루며 풍부한 광산 자원을 이용한 공업단지가 발달했다. 현재 중국과 중앙아시아간의 무역 중심지로 새롭게 개발되고 있다.

특히 이리지구는 유명한 세모양(细毛羊)과 대미양(大尾羊)의 주요 산지이며, 역사상에서 유명한 "이리마(伊犁马)"의 고향이다. 이곳에서 생산되는 말은

고대 이리 지역에 거주했던 오손인의 모습, 서구적인 외모이다.

2천 년 전부터 그 이름을 날려 한무제 때에 명마로 알려졌던 "천마(天马)"의 고향이 바로 이곳이다.

중국에 거주하는 카작족의 대부분이 이리 카작자치주에 살고 있지만 이리 카작자치주의 최대 민족은 한족이다.

지역 소개

알타이(阿勒泰) 지구

1) 지리

이리 카작자치주의 북부에 위치하며 신장의 최북단으로 카자흐스탄, 러시아, 몽골과 국경을 접하고 있다. 면적은 11.8만㎢이며 산림과 초원의 비율이 높다. 인구는 2010년 통계로 65만 7,726명이며 그중 소수민족이 38만 3,864명으로서 소수민족 비율이 약 58% 정도이다. 소수민족으로는 카작족, 회족, 위구르족, 몽골족 등이 살고 있으며, 그중 카작족(33만8,253명)이 대부분을 차지하고 있다. 지구의 행정 중심지는 알타이시이다.

2) 자원과 산업

어얼치스하, 우룬구하, 지무나이샨천 등 3개의 큰 강과 56개의 크고 작은 물줄기로 인해 신장에서 가장 물이 풍부한 지역 중 하나이다. 특히 풍부한 수량을 이용한 수력발전량이 2,139㎿에 달한다. 물이 풍부한 만큼 수산자원도 풍부하며 호수, 강과 123㎢에 달하는 양식장 등에서 생산되는 34종의 어자원이 연간 5,000여 톤에 달한다.

황금과 비철금속, 옥석 등 84종의 광산자원이 풍부하게 존재하며, 특히 베릴륨, 백운모, 갑장석의 매장량은 중국에서 가장 많은 것으로 조사되었다. 하지만 탐사능력과 채굴기술의 부족으로 실제 개발되는 자원양은 적다.

풍부한 초원을 이용한 목축업이 발달했으며, 가축 사육은 최대 519.7만 마리이고 연말 기준 319.25만 마리에 달한다. 연간 육류 생산량은 3.37만 톤에 달한다. 연간 축산업 생산액은 13.45억 위안에 달하고 이는 농업 총생산액의 48.4%를 차지한다.

아름다운 자연 풍경을 이용해 180여 군데의 관광 자원을 개발했다. 또한 40여 군데의 문화보존 지역이 있어 오랜 초원 역사와 민족 문화를 보존하고 있다. 4곳의 대외 육로 통상구 역시 관광지를 겸해 발전시키고 있다. 2006년 통계로 128만 명의 관광객이 방문하여 10.5억 위안의 관련 수입이 발생했으며, 이는 지구 전체 GDP의 13.3%에 달한다.

타청(塔城) 지구

1) 지리

타청지구는 이리 카작자치주의 중부에 위치하며, 카자흐스탄과 국경을 접하고 있다. 총 면적은 10.45㎢이고 지구 안에 카라마이시와 두산즈 석화지대(두산즈석화지대(独山子区)는 행정구역상으로 카라마이시에 속해 있다), **쿠이툰시**(카라마이 시와 두산즈석화지대(카라마이시 직할구역)는 타청지구가 아닌 독립된 행정구역이며 쿠이툰시는 이리직 할지구에 포함된다)가 있다. 인구는 2010년 통계로 102만 명이다. 행정 중심지 는 타청시이다. 전체적으로 북고 남저의 지형으로 크고 작은 14개의 강줄 기가 흐르고 있으며, 역시 초원과 산림의 비율이 다른 신장 지역에 비해 높 은 편이다.

2) 자원과 산업

사금, 석회석, 석영, 소금, 철, 석탄, 크롬, 대리석, 석유, 천연가스 등 30여 종의 지하자원과 각종 약초를 비롯한 식물자원과 동물자원이 풍부하다. 또한 양질의 양털 생산 중점지역이다. 공업 분야에서는 식품, 방직, 에너 지, 건축자재, 화공업 등을 중심으로 발전시키고 있다. 2003년 공업 생산 액은 13억 위안이다. 2003년 말 시간당 발전량은 51.75만MW, 연간 석탄 생 산 412.6만 톤, 소맥분 생산 22.54만 톤에 달해 1955년과 비교해 각각 3,619배, 325배, 61배의 성장을 이뤘다.

이리직할 지구

1) 지리

이리직할 지구는 이리 카작자치주의 서남부에 위치하며, 카자흐스탄과 국 경을 접하고 있다. 동남북 3면이 산맥으로 둘러싸여 사막의 건조한 바람을 막아주고 풍부한 강수량으로 매우 풍요로운 지역이다.

면적은 약 13만km²이고, 인구는 2011년 통계로 248만 명으로, 행정 중심지는 자치주 전체의 수도인 이닝시이다. 지구 소속 두 개의 시 중 하나인 쿠이툰시가 타청지구 안에 있다. 이닝시 남쪽 차부차얼현은 중국 유일의 시보족 자치현이다.

2) 자원과 산업

이리강과 지류를 따라 초원이 많아 목축업과 양식업이 발달하고, 지구를 둘러싼 산맥을 이용한 광산업이 발달하였다. 석탄, 철, 금 은, 우라늄 등 10여 종의 광물질이 존재하며 개발하기도 매우 쉬운 편이다. 북신장 최대의 과일 생산지이며, 약 20여 종의 어자원을 생산하고 있다. 카자흐스탄과의 국경 지역에 3개의 대외 육로 통상구를 지정하여 교류하고 있으며, 그중 후얼궈쓰 육로 통상구는 신장 대외 교역지 중 가장 크게 발달하는 지역으로, 자치주 전체 8개 대외 육로통상구 중 가장 중요한 무역지이다. 이리직할지구는 역사적으로 중앙아시아의 중심지 역할을 해왔기 때문에 역사적인 유적이 많으며, 아름다운 자연환경과 더불어 풍부한 관광자원을 형성하고 있다.

이닝 시

1) 지리

면적 521㎢, 인구 50만 명의 이리 카작자치주의 행정 중심지이다. 중앙아시아와 중국을 연결하는 교통의 요지이며, 이리 강을 이용한 농업이 발달한 지역이다. 차카타이칸국을 비롯한 중앙아시아를 정복한 유목민족 국가의 수도 역할을 해왔던 도시로 "이닝"이라는 명칭은 몽골어에서 유래했다. 위구르족은 "굴자"라고 부른다. 예부터 아름다운 경치 덕분에 화성(花城, 꽃의 도시)이라는 이름으로 불리기도 했다. 이리 카작자치주의 중심도시이지만 이닝시에서는 위구르족의 비율이 가장 높고(48.3%) 카작족의 비율은 매

이닝시 전경

우 낮다(4.8%). 이는 청나라의 정복 후 이닝시의 관개농업을 위해 남신장의 위구르족과 내지의 한족을 이주시켰기 때문이다. 최근 경제개발에 힘입어 한족과 카작족의 인구가 크게 증가하고 있다.

2) 자원과 산업

중앙아시아를 향한 항공, 철도, 도로가 하나로 모이는 교통 중심지로 중국 내지와 중앙아시아를 연결하는 중국 서부 제일의 국경 무역 지역이며 건축자재, 자동차, 경공업품 제조기지로서 역할을 감당하고 있다. 특히 후얼궈쓰 육로통상구를 통한 무역량이 증가함에 따라 물류 유통지역으로써 역할이 더욱 커지고 있다. 이닝시 정부는 이러한 경제발전에 힘입어 인구 백만의 도시를 목표로 모든 역량을 집중하고 있다. 특히 도시 서부에 새로 개발되는 지역(开发区)은 기존 도심과 비슷한 넓이의 지역이며, 수많은 아파

세계 4개 초원 중의 하나인 나라티초원의 아름다운 모습

트 단지와 공업단지가 들어서고 있다.

이리 카작자치주 관광 정보

자연경관 관광지

1) **탕불라산림공원**(唐布拉森林公园) : 이리지구의 유명한 초원 중 하나로 니러커현(尼勒克县) 동부에 있다. 니러커현과 90㎞, 두산즈(独山子)와 163㎞, 우루무치와 560㎞ 떨어져 있다. 315번 도로와 카스 강을 접하고 있다. 산림과 초원으로 이루어져 있고 온천, 눈 봉우리, 하천을 모두 볼 수 있다. 오손 고무덤 군 등 고대 오손국의 유적도 찾아 볼 수 있다.

2) **나라티초원**(那拉提草原) : 나라티 초원은 세계 4대 초원 중 하나이며, 마치 알프스에 온 듯한 풍경을 지닌 곳이다. 바인부르크 초원에서 80㎞ 떨어진 곳으로 2시간 정도 걸린다. 나라티초원은 바인부르크 초원과 연결된 경관

이며, 산등성이를 사이에 두고 나뉘어 있다.

나라티란 지명은 칭기즈칸이 서역을 징벌할 때 이곳까지 쳐들어 왔는데 사흘 동안 눈이 내렸다고 한다. 눈이 그치지 않아 회군하려 했는데 눈이 멎고 햇빛이 비쳐 칭기즈칸이 "나라티"라고 외쳤다고 한다. 햇빛이 처음 비쳤다는 말 '나라티'가 지명이 되었다는 것이다. 6월~9월까지 넓은 초원이 가지 각색의 꽃으로 덮여 있다. 이닝을 통해서 갈 수 있고, 쿠얼러~이닝 구간을 이용하면 천산산맥의 대협곡인 산맥 3개를 넘어야 나라티에 도착한다.

3) **싸리무호**(賽里木湖) : 실크로드의 서쪽 끝에 위치한 최고의 해발과 최대의 면적을 자랑하는 싸리무 호수는 동서 길이 30km, 남북 너비 27km이며, 수역 면적 358㎢, 최대 수심 91m, 수면 해발이 2,073m이다. 신장 보러(博乐) 시 서남쪽에 위치하며 우루무치~이닝시 간 버스가 싸리무호를 경유한다. 7월 13일부터 15일까지 몽골족, 카작족 유목민들이 호숫가에서 나담대회를 열어 양 빼앗기, 경마, 씨름, 노래와 춤, 술 마시기 등 민족 행사를 선보인다. 또한 나평지역에는 끝없이 펼쳐진 유채밭이 있어 장관을 연출한다. 이닝~싸리무호는 3시간가량 걸리며, 보러(博乐)행 버스를 타고 싸리무호에 내리면 된다.

4) **과일계곡**(果子沟) : 싸리무호와 이닝시 사이에 위치한 과일계곡으로 현재는 고속도로 건설로 계곡을 많이 훼손한 상태이다. 알프스산과 같은 송수림과 설산을 동시에 볼 수 있다. 각종 야생 과일나무와 백여 종 이상의 약재들이 있는 환경이 우수한 자연 동식물 공원이다.

5) **통후샤라폭포**(通呼沙拉瀑布) : 이 폭포는 천산의 깊은 곳, 터커쓰현(特克斯县)이 바인부루크 초원과 만나는 지점에 있다. 폭포의 윗부분 폭이 7미터, 아래 폭이 약 10미터이다. 30미터 위에서 떨어지는 폭포수 소리와 소나무

들 가운데서 나는 바람소리는 독특한 숲속의 교향곡을 만들어 낸다. 밝게 비취는 햇살 아래의 폭포수 안개 속에 불분명하게 나타나는 아름다운 무지개는 그야말로 장관이다. 무성한 초록의 소나무들과 천연색 꽃들은 폭포를 더욱 아름답게 한다.

6) 이레이무호(伊雷木湖) : 알타이지구 푸윈현(富蕴县) 커커튀하이진(可可托海镇) 서남부 4㎞ 지점 단층 저지대 안에 있으며, 이레이무는 카작어로 "소용돌이"라는 뜻이다. 해발 1,150m, 남북 5㎞, 동서 2㎞, 최고 깊이 100m이며, 호수 서남부 하이즈커우(海子口) 지하에는 수력발전소가 있다. 호수 동서로 많은 산들이 마주보고 있고, 남북으로는 숲이 둘러싸고 있으며, 끝없이 펼쳐진 비옥한 농토와 점점이 박혀 있는 농가들, 방목하는 소와 양, 그리고 화려하게 장식된 카작족의 전통 천막을 볼 수 있다. 이레이무호는 중국에서 가장 추운 곳 중의 하나로 가장 추울 때는 영하 53도까지 내려가기도 한다.

7) 카나스호(喀纳斯) : 카나스는 몽골어로 "아름답고 신비로운"이라는 뜻이다. 알타이지구 북부 알타이산구(阿尔泰山区)에 있다. 서부와 북부는 알타이산맥을 사이에 두고 카자흐스탄 및 러시아와 접하고 있고 동부는 몽골공화국과 접하고 있다. 총면적 약 1만㎢이며 오염되지 않은 아름다운 자연을 간직해 인간 정토라고 부르기도 한다. 와룽만(卧龙湾), 월량만(月亮湾), 신선만(神仙湾)의 3대 만(물굽이)의 아름다운 풍경과 변색호수(变色湖水), 운해불광(云海佛光), 백리화곡(百里花谷) 삼절의 신비로움, 몽고족투와인(蒙古族图瓦人), 음악화석장식(音乐化石苏尔), 행방이 묘연한 호수괴물(行踪诡秘湖怪)의 3대 수수께끼는 사람을 매료시킨다.

카나스호(喀纳斯湖) 안의 주요 관광지로 아꿍까이티초원(阿贡盖提草原), 와

룡만(卧龙湾), 월량만(月亮湾), 신선만(神仙湾), 성천(圣泉), 야저호(鸭泽湖), 화치우곡(花楸谷), 백호(白湖), 쌍호(双湖), 도와인촌락(图瓦人村庄), 관위타이(观鱼台), 백화림(白桦林) 이 있고, 주변에 허무(禾木), 바이하바(白哈巴), 나런초원(那仁草原), 우정봉(友谊峰) 등이 있다. 카나스호는 중국에서 가장 아름다운 5대 호수 중 하나이고, 가장 아름다운 6대 고대 마을 중 하나이며, 외국인이 가장 즐겨 찾는 중국 50개 지역 중 하나이다.

역사유적 관광지

1) 이리주박물관(伊犁州博物馆) : 이리지역의 고대 문명인 스키타이 문명과 오손국 시기의 유물이 보관되어 있다. 입장료는 무료이며, 단체 관람객의 경우 입구에서 요청하면 안내원이 함께 동행한다. 평일 오전 10시에서 오후 7시까지 개장한다.

2) 3구혁명기념관(3区革命纪念馆) : 1943년 지금의 이리카작자치주 3개 지구(이리지구, 타청지구, 알타이지구)에서 당시 군벌과 국민당 정부에 반발한 카작족, 위구르족 등 소수민족들이 반란을 일으켰는데, 중국 정부는 인민의 공산주의 혁명으로 칭하고 기념하고 있다. 인민공원에 위치하고 있다.

3) 한족공주기념관(汉家公主纪念馆) : 기원전 118년경 한나라 시기 이 지역에는 오손국이 있었다. 한나라와 우호적인 관계를 유지했고, 우호의 표시로 한나라 공주와 오손국 왕의 혼인 정책을 유지했다고 한다. 기념관 내에는 오손국의 예술작품, 문학작품, 조각상, 지도 등 당시의 생활상을 알 수 있는 유물과 기념물이 전시되어 있다. 쟝쑤따루(江苏大道) 에 있으며 총면적 7000㎡, 주 전시실 면적은 500㎡ 이다.

4) 임칙서기념관(林则徐纪念馆) : 서양 세력으로부터 청나라를 지키기 위해

이닝시 임칙서 기념관 안에 있는 임칙서 동상, 제국주의와 맞섰다고 하여 청나라의 관료였지만 공산당에 의해 민족 영웅으로 받들어지고 있다.

서양을 연구했던 임칙서는 광동성 흠차대신으로 부임한 이후 영국 상선이 밀수입하던 아편을 모두 태워버렸다. 이 사건으로 인해 아편전쟁이 일어나고, 영국 군대에 굴복한 청 정부는 모든 책임을 임칙서에게 돌리고 신장 이리지역으로 귀양을 보낸다. 그는 이닝에 와서 이슬람에 대해 연구하는 한편, 지역 주민들의 화합을 유도하고 치수에 힘써 새로운 농지를 개척하게 된다. 공산화 이후 국민 영웅으로 추대되며 그의 기념관을 세우게 된다. 이닝의 기념관은 임칙서가 살았던 집을 이용해 만들었다.

5) 터커스빠꾸아성(特克斯八卦城) : 터커스현 빠꾸아성은 1220년대 지은 건설물로 700년 이상의 역사를 가지고 있다. 세계에서 가장 큰 규모이면서, 가장 보존이 잘 된 팔괘성으로 중국의 도교문화 전통지역이다.

6) 궁위에성(弓月城) : 당, 송 왕조 때 형제 민족이던 씨에궁족(携弓族)과 따이위에족(戴月族) 이 당, 송 지방 군사들에 대항하며 세운 성으로 '궁위에'를 뜻하는 고대어는 투르크어로 양(羊) 에 가까워 양성(羊城-양이 많은 지역)으로 해석할 수도 있다.

7) 티무르칸무덤(禿黑鲁铁木儿汗陵) : 이 능(陵) 은 이닝으로부터 80킬로미터 거리에 있다. 투헤이루 티무르칸은 칭기즈칸의 7대 손으로서, 신장에서

숙소 및 교통 정보

이닝 시내 주요 숙소(지역번호 0999)

☆☆☆☆ 伊犁大酒店 이리따쥬뎬: 斯大林街 802 6666

☆☆☆ 伊犁新发地国际酒店 이리신파띠궈지쥬뎬: 火车站 重庆北路 815 5555

☆☆☆ 伊阳商务酒店 이양상우쥬뎬: 解放路 西大桥 秦疆商厦 2-4楼 679 3333

☆☆☆ 友谊宾馆 요이빈관: 斯大林街 3巷 802 3900

☆☆ 伊犁花城宾馆 이리화청빈관: 阿合买提江街 7巷 812 5050

☆☆ 伊犁宾馆 이리빈관: 迎宾路 802 3126

☆☆ 伊犁特大酒店 이리터따쥬뎬: 胜利街 803 5600

*호텔 사정에 따라 외국인이 숙박할 수 없을 수도 있으니 미리 연락해 보고 가는 것이 좋다.

무슬림을 믿은 첫 번째 몽골인이다. 그러므로 그는 죽었을 때 이슬람식으로 매장되었다. 벽돌로써 14미터 높이로 지어진 능은 150평방미터의 면적을 덮고 있다. 숨겨진 굽은 복도와 둥근 지붕이 있다. 묘실은 양식이 간단하지만 장식이 풍부하다. 코란과는 달리 양가에는 상감의 천연색 유약을 칠한 벽돌로 만들어졌다. 초록, 청색, 자주색, 흰색의 기하학적인 디자인들은 아름답고 우아하고 색깔이 선명하다. 이 능은 중국 초기 이슬람 건축 양식을 연구하는 데 가치 있는 역사적인 유적이다.

민족문화 관광지

1) 카잔치 위구르마을(喀赞其民俗旅游区) : 카잔치는 위구르어로 '솥을 만드는 사람들'이라는 뜻이다. 유목민족인 위구르족이 정착하면서 필요한 가옥, 난, 토누르, 생활용품 등을 만들고 사고파는 지역으로 자리매김했다. 100여 년이 넘는 문화들을 유지할 수 있도록 민속촌으로 만들었지만, 실

교통 정보

항공편: 이닝공항은 도시 북부에 위치하며 시내와 약 10분 거리에 있다. 2011년 현재는 오직 우루무치와 하루 8~10편 운행하며, 공식 가격은 1,320위안이지만 미리 예약할 경우 저렴한 할인 표를 구할 수 있다. 가격은 예약 기간과 항공사, 여행사에 따라 다양하다.

열차편: 도시 서북부에 위치하며 시내와 약 10분 거리에 있다. 우루무치와 하루 두 차례 운행하며 약 11시간 정도 소요된다. 오가는 열차 모두 저녁 늦게 출발해 다음날 아침 도착하는 야간열차이다. 여름에는 오전 열차도 운행해서 낮에 이리 초원 경관을 관람할 수 있다. 비용은 157위안(쾌속열차 일반침대칸) 정도이다. 현재 이닝~우루무치 노선만 운행 중이지만 현재 건설 중인 후얼궈쓰 육로통상구를 이용한 기차선로가 연결되는 2013년부터는 이닝을 통해 알마티로 가는 기차가 운행될 예정이다.

버스편: 사범학원 옆에 시외버스 터미널이 있으며, 자치주 내 대부분의 지역은 버스를 이용해야 한다. 가격은 목적지와 버스 등급에 따라 다르다. 터미널 앞에는 개인 차량 기사들이 대기하고 있어 흥정 후 임대해 다닐 수도 있다.

우루무치로는 8시 30분부터 하루 10여 차례 이상 운행하며, 좌석버스와 침대버스가 각 등급별로 있다. 좌석버스의 등급이 더 높아 비싸다. 7시간에서 10시간 정도 소요된다. 가격은 등급별로 다르지만 140위안에서 180위안 사이이다.

제로 사람들이 살고 있다. 이닝의 전통 가옥들은 이닝만의 특별한 기후와 주변 중앙아시아의 영향을 받았다. 마차를 타면서 이닝만의 특별한 문화를 누릴 수 있다. 신화동루(新华东路) 인민병원 옆에 있다.

2) **차부차얼 시보자치현**(察布查尔锡伯自治县) : 차부차얼 시보자치현은 1954년 자치현으로 성립된, 중국 유일의 시보족 자치지역이다. 이리 카작자치주 안의 이리 지구에 소속되는 이 지역은 천산 산맥의 한 줄기인 오손산 북

바이툴라 모스크(오른쪽 건물이 옛 사원이다)

쪽, 이리강 남쪽의 분지에 위치한다.

시보족은 본래 중국 동북지역에 살던 민족으로, 청나라의 신장 복속 이후 군사적인 목적으로 이곳에 강제 이주 당하게 되고 이주 중 많은 사람이 죽어간 슬픈 역사를 간직하고 있다. 그 슬픔이 많은 전설과 노래를 만들어 냈으며, 이로 인해 다른 지역의 시보족은 잊어버린 자신들의 언어와 문화를 아직 유지하고 있다.

3) 인민광장(人民广场): 인민광장을 중심으로 위구르인들의 상권이 이루어져 있다. 인민광장은 중국식 정자가 세워져 있으며, 아이들의 놀이시설이 있다.

4) 바이툴라 모스크(拜都拉清真寺): 이닝시 신화동루에 있다. 1773년에 청나라 황제에 의해 건설된 신장의 삼대 모스크 중 하나이다. 1996~2003년까

지 수리 확장하여 3,000명~3,500명을 수용할 수 있도록 만들었다. 외국인과 여자는 들어갈 수 없다.

5) 후이주다샤(回族大寺) : 카잔치 위구르 민속마을 입구에 있는 회족 모스크이다.

6) 성요우(聖佑) 라마사원: 자오쑤현에서 서북쪽으로 2km 떨어진 곳에 위치한다. 신장에서 가장 보존이 잘 된 4대 라마사원 중 하나인 몽골족의 사원이다. 1889년 건축하였고, 총 면적은 2,000㎡이다. 남향. 신화, 역사, 풍속 등을 표현한 벽화가 유명하다.

7) 한런제(汉人街) : 본래 이닝의 중심부에는 위구르인들이 살고, 인민광장 동남부인 한런제에 한족들이 모여 살았으나 과거 무슬림의 반란 시절 한족들이 쫓겨난 후 한족들은 거주하지 않고 지금은 위구르인들만 살고 있다.

8) 후얼궈쓰 육로통상구(霍尔果斯口岸) : 신장 이리 후얼궈쓰 육로통상구는 1983년 카자흐스탄과 중국 서부의 무역을 위해 설립되어 중국의 대 카자흐스탄 무역의 중심을 차지하고 있다. 우루무치시에서 670km, 이닝시에서 90km, 카자흐스탄 라얼커트시에서 35km, 알마티에서 378km 떨어져 있다. 현재는 도로 수송만 이루어지고 있으나, 이닝을 통과하는 중국-카자흐스탄 철로를 연결하는 2013년 이후부터는 철도 수송이 함께 이루어질 전망이며, 통상구 내에 무비자 자유무역지대 건설을 추진하고 있다.

관광 시 유의할 점

1) 외국인 출입 제한지역: 이리직할지구 내 3개 현은 외국인 출입제한 지역으로 출입하기 위해서는 공안국의 허가를 받아야 하며, 관광 목적인 경우 여행 허가증을 발급받아야 한다. 단체 관광의 경우 여행사에서 대행해서

처리한다. 출입제한 사유는 정확히 밝혀진 것이 없으며, 일반적인 이유는 군사지역과 중요 시설이 많아서 제한한다고 한다.

2) **종교 시설**: 모든 종교 시설은 미성년자의 출입을 금하고 있으며, 이슬람 사원의 경우 지역에 따라 여자나 외국인을 출입 제한하는 경우도 있다. 관광 지역으로 지정된 경우, 예배 시간을 제외하고 관람 가능하다.

02

이닝의 경제

정찰

이닝시는 이리카작자치주의 수도이자, 정치·경제·문화의 중심지이며 중국 서부 최대의 국경 개방 도시이다. 중앙아시아풍, 서역풍의 관광 도시이며, 전원 도시 및 다민족 도시이기도 하다. 이닝시는 후얼궈쓰(霍尔果斯) 국제경제개발구의 중심 도시로, 유라시아대륙 서부로 향하는 교두보 역할을 목표로 개발되고 있다.

이닝시 경제 개관

이닝시는 천산 북서쪽 변경의 최대 도시로, 이리자치주의 경제를 주도한다. 중앙아시아, 중서아시아, 유럽을 연결하는 경제창구 역할을 담당하며, 이 지역에 공급할 상품을 생산하고, 내지의 상품을 수출하는 물류기지 역할을 담당하는 주요 경제 도시이다. 이닝시 주변에 후얼궈쓰, 또우라타(都

拉塔), 무자얼터(木扎尔特) 육로통상구 3개가 있어서 중앙아시아 및 중서아시아와의 무역 통로가 되고 있다.

이닝시의 주요 경제개발구로 후얼궈쓰 경제개발구가 있다. 후얼궈쓰 경제개발구는 면적 73㎢로 그 안에 중국~카작 후얼궈쓰 국제변경합작센터 13㎢와 후얼궈쓰 육로통상구 30㎢, 이닝시개발구 35㎢, 칭수이허(清水河) 산업단지 8㎢를 포함한다. 후얼궈쓰 경제개발구의 개발 중점항목은 화공, 농산품 가공, 생물제약, 재생에너지, 신에너지, 신재료 건재, 수입자원가공, 기계제조, 물류, 여행, 문화 및 고기술산업이다.

이닝시 개발구는 상품물류 센터와 자원가공 지역으로, 후얼궈쓰 육로통상구는 중~카작 후얼궈쓰 국제변경합작센터지구로, 칭수이허 공업단지는 농산물가공단지와 수출용 기계전기제품 가공조립기지로 각각 그 기능을 담당하고 있다. 우루무치~아라산커우~카자흐스탄으로 연결된 기존 철도노선 외에 우루무치~이닝~후얼궈쓰~카자흐스탄을 연결하는 철도공사를 추가로 만들고 있으며 2013년에 완공될 예정이다. 이 철로가 완성되면 신장과 카자흐스탄이 더 가까워지게 된다. 또한 이미 연결된 육로는 고속도로로 카자흐스탄과 연결하는 공사를 하고 있고, 항공은 현재는 우루무치와만 연결되고 있다.

이닝의 주요 산업

이닝시의 주요 산업 및 중점 육성 산업

이닝 지역에서 나오는 풍부한 석탄으로 석탄 발전, 석탄 정밀 화공산업을 하고 있으며, 중앙아시아 시장을 겨냥한 건축자재 산업, 신장 지역의 특색 있는 농산물을 이용한 농업부산물 가공 산업, 중앙아시아 시장을 대상으로 한 경공업(신발, 모자, 중소가전) 산업을 5대 주요 산업으로 하고 있다. 뿐만 아니라 건축업, 교통운수, 창고업, 금융업, 도소매업, 숙박, 식당업 등을 부수산업으로 육성하고 있다. 12차 5개년 계획(2011-2015)에는 생물공학 산업이 추가되어 있다.

총 생산액 및 연평균 소득

2010년 이닝시의 GDP는 94억 위안에 달하여 전년대비 15% 증가했고, 5년 평균 14.7% 증가했다. 재정 일반수입이 9.46억 위안으로 전년대비 41.2% 증가되었고, 고정자산 투자액은 56.6억 위안으로 전년대비 35.7% 증가하고, 5년 평균 26.4% 증가했다. 시민 연평균 소득은 1만 2,520위안으로 5년 평균 14.7% 증가했고, 농민 소득은 7,657위안으로 5년 평균 16.9% 증가했다.

이닝시 총 생산액 94억 위안 중 1차 산업 총액 4.57억 위안, 2차 산업 총액 27.24억 위안, 3차 산업 62.2억 위안으로, 1~3차 산업의 비율이 각각 1.7%, 35.3%, 63%이다. 2010년 이닝시 주민소비자 물가 총지수(居民消费价格总指数, CPI)는 106.2로, 전년대비 5.6% 증가했다. 이닝시 서비스항목 물가지수(服务项目价格指数)는 102.5로 0.5% 하락했고, 상품소매물가지수(商品零售价格指数)는 106.5로 7% 증가했다.

다음에는 각 업종의 경제규모와 그 증가 상황을 정리하였는데, 그 증가율을 보면 이닝시 경제가 빠르게 성장하고 있는 것을 알 수 있다.

농업 축산 분야

2010년에 이닝시는 신 농촌 건설을 추진하기 위하여 농업, 과수업, 축산업

발전을 가속화하였다. 이닝시 농업, 임업, 축산업, 어업 총 생산액이 7.8억 위안으로 5.8% 증가했다. 농목민 평균 수입이 연 7,657위안이다. 주요 농산물은 옥수수, 사탕무, 야채이다.

2010년 이닝시 **주요 농산품 생산량** (1亩:666평방미터)

품목	파종면적(만亩)	생산량(만톤)	생산량증감(%)
양식	19.68	10.5	9.9
밀	8.02	2.79	−16.1
옥수수	9.97	7.31	25.8
식용유	1.75	0.28	−38.1
과일류	0.29	0.67	−55.3
사탕무우	0.67	2.84	27.7
야채	5.42	24.06	11.2

2010년 이닝시 **주요 축산품 생산량** (단위 : 만두, 톤)

지표	생산량	증감(%)
년말 축산 총수량	20.1	0.1
육류총생산량	10,419	4.0
소.양.돼지고기	8,953	3.6
우유	30,799	5.9
계란	3,450	21.6

공업 및 건축업 분야

2010년 이닝시 공업 총 생산액은 46억 위안으로, 경공업 생산액이 24.75억 위안, 중공업 생산액이 21.25억 위안이다. 합작구 지역에서 생산한 공업 생산액은 17.3억 위안으로, 이닝시 공업 총 생산액의 37%이다.

전년대비 식품 제조업 증가가 33.2%, 의약 제조업이 78.5%, 전력공급업이 19.5%, 물생산 공급업이 25.5%, 음료 제조업이 1.98% 성장했다. 건축업 증가액이 10억 위안으로 23.9% 성장했다.

고정자산 투자와 도시 건설

2010년 이닝시의 고정자산 투자금액은 57.7억 위안으로 전년대비 35.9%

2010년 이닝시 주요 공업생산품

품목	생산량	증감(%)
화력발전량(만,kwh)	26,032	0.97
난방(100만,11,000焦)	467.79	14.58
알루미늄(톤)	3,177.37	-36.73
밀가루(만,톤)	8.91	10.43
식용유(만,톤)	0.44	-42.11
배합사료(만,톤)	2.28	-41.39
광천수(만,입방)	2,517	15.14
음료수(천,리터)	35,836	-0.51

증가했다. 도시 기초시설 투자에 17.8억 위안으로 58% 증가, 공업 투자에 19.95억 위안으로 83.8% 증가, 제조업 투자에 9.28억 위안으로 31.5% 증가했다. 부동산 투자는 18.7억 위안으로 59% 증가했다. 이닝시 판매용 부동산 시공면적이 270만㎡로 55.2% 증가했고, 그중 주택이 241만㎡로 53% 증가했다.

국내무역

소비자수입 증대와 정부주도 하의 농촌 가전제품 촉진정책으로 소비가 확대되었다. 2010년 이닝시 소비품 판매액이 39.2억 위안으로 19.6% 증가했다. 도소매업 상품판매액이 31.5억 위안으로 20.5% 증가했고, 숙박 및 식당 영업이 4.9억 위안으로 17% 증가했다. 이닝시 도소매업 상품매출액은 50.3억 위안으로 25.3% 증가했고, 그중 도매업이 20.2억 위안으로 40.3%를 점유하고 있다.

국제무역

2010년 이닝시 수출입 총액은 3.7억 달러로 30.9% 증가했다. 수출액이 3.6억 달러, 수입액 329만 달러이다. 수출입 회사는 39개이며, 이리신오

카잔치 관광지구

우종야무역회사(伊犁新欧中亚商贸有限公司)가 수출 1억 달러를 달성했다.
2008년까지 주력 수출상품은 토마토, 후추, 오이, 딸기, 포도 등 농산물 위
주였으나, 점차 건자재, 자동차 등 신형 공업품으로 비중을 넓혀가고 있다.
참고적으로 2010년도 이리자치구 전체의 수출입 총액은 62.2억 달러이
고, 수출 42.2억 달러, 수입 20억 달러였다.

관광업

2010년 관광업의 성장 속도가 빨랐다. 한 해 여행객이 264만 명으로 61%
로 증가했다. 이닝시에는 82개 호텔이 있으며, 관광업의 수입은 4.2억 위
안으로 61% 증가했다. 관광업 수입의 GDP점유 비율은 4.5%이다.

이닝시의 상권

이닝시의 중앙을 제팡루(解放路)가 길게 관통하는데, 그 양쪽에 주요 상권

이 형성되어 있다. 기차역을 중심으로 개발구가 들어서면서 중앙아시아의 물류기지 역할을 담당할 계획이다. 개발구에는 많은 주택가가 들어섰고, 물류기지, 생산기지, 상업기지, 무역기능을 담당할 것이다.

남동쪽으로 가면 소수민족의 거리 "카잔치"가 있고, "한런제(汉人街)"에 위구르족의 전통상품 상가가 형성되어 있다. 이닝의 대중교통은 저녁 8시가 되면 끝이 나며, 저녁 늦게까지 영업하는 상점이 적다.

2011년 말 들어온 텐바이백화점과 KFC

도시의 동구: 이닝시에서 초기에 발달된 전통 상권 지역이다. 일상용품의 도매기능을 담당하고 있다. 도시의 발전계획에 따라 상업구조 조정을 통해 대형 도매시장을 건설하고 있다.

도시의 남구: 이닝시의 의류, 신발, 모자, 잡화의 도매시장으로 일상 소비품을 주도하는 지역이다.

도시의 중구: 계팡루(解放路) 상권으로 도로 양측으로 호텔, 상점, 전문매장, 엔터테인먼트장소, 은행, 통신매장들이 즐비한 이닝의 황금상권 지역이

2011년부터 운영 중인 이닝 기차역, 주변에 경제개발구를 육성 중이다.

다. 대형 백화점인 양광백화점과 톈바이백화점 (伊宁天百国际购物中心, 간단하게
는天百商场)이 있다. 톈바이백화점은 요우하우그룹(友好百盛集团)에서 2억 위
안을 투자하여 2011년 말 개점하였고, 지하 슈퍼에는 수입식품 코너가 있
으며 한국 식품들도 많이 볼 수 있다. 이닝 1호 KFC가 톈바이백화점 옆에
오픈하였다.

도시의 서구: 개발구의 급속한 발전으로 형성된 신흥 상업지역이다. 건재,
가구, 가구용품, 차량 판매의 상권을 이루고 있다. 최근 부동산 개발로 많
은 인구가 유입되어 새로운 주택가가 형성되어 새로운 상권 형성을 가속
화하고 있다.

도시의 북구: 야채, 과일 도매시장이 형성되어 있다. 농산품과 중기계, 철강
재, 물류 배송이 북구 상권을 형성하고 있다.

개발구와 이닝 기차역

이닝시는 기차역을 중심으로 한 개발구 30㎢에 중앙아시아와 유럽 시장
을 향한 물류 배송기지, 상업시설, 전시장, 금융기지, 가공, 제조기지 건설,

이닝 주변의 라벤더 농장, 세계 3대 라벤더 생산지 중 하나이다.

정보, 여행시설을 갖춘 국제상업물류센터를 조성하고 있다.

동시에 영향력 있는 물류 회사와 수출입 회사를 유치하여 농업 부산품, 의류, 건자재, 자동차 등 수출을 증가시키고자 한다. 그리고 수출상품 조립가공 기지를 조성하여 가공무역을 증진시켜 중앙아시아와 유럽의 경제통로를 만들고자 한다.

이닝의 기차역 주변은 무역 발전을 위해 중요한 역할을 담당할 것이다. 기차역 구역은 수출화물을 일괄적으로 검역, 통관하여 수출산업기지 건설을 촉진시키고 운수, 창고, 요식업 등이 발전될 전망이다.

이닝 특산품

1. 이닝이 '사과의 도시' 라고 불릴 만큼 사과가 많이 난다.

2. 프랑스의 노르망디, 일본의 북해도에 이어 세계 3대 라벤더 생산지이다.

3. 90여 종의 야생화가 있어 자연산 꿀이 유명하다.

4. 양가죽이 풍부하다.

후얼궈쓰 육로통상구 전경

후얼궈쓰 육로통상구

후얼궈쓰 육로통상구는 이닝시에서 90km, 우루무치에서 670km 떨어진 이리카작자치주의 훠청현(霍城县)에 위치해 있으며, 우루무치와 고속도로로 연결되어 있는 육로통상구이다. 카자흐스탄의 알마타주와 인접하고 있다.

후얼궈쓰 육로통상구는 옛적부터 통상을 하던 중요한 통로였다. 그 유명한 '실크로드' 북로 역시 이 통상구를 통하여 구소련의 국경으로 들어갔다.

후얼궈쓰 육로통상구는 1983년에 재개방되어 현재는 신장 최대의 육상통상구가 되었다. 1년 화물 운송능력은 100만 톤, 여객 인원은 50만 명이다. 1989년 3월 1일 중국 이닝~청수호(清水湖)~카자흐스탄의 판필로프(Panfilov)까지 정기 여객노선이 개통되었고, 1993년 3월 1일 우루무치~알마타 간 국제 여객화물 직행노선이 신설되었다. 후얼궈쓰 통상구는 일 년 내내 개방되는 통상구이다.

통상구에는 관리위원회, 검사검역기구, 은행, 우체국 등 건물이 29.8만㎡, 화물 창고 12.2만㎡, 변경민간상호무역시장(边民互贸市场)이 100만㎡나 되며, 상설기관, 각종 사무실 등 2,500개 기업이 입주해 있다. 무역 상설시장에는 러시아, 중앙아시아 제품들이 즐비하게 진열되어 있다.

정부는 후얼궈쓰 육로통상구 지역을 대외무역을 위주로 하여 상품매매,

국제무역상가와 통상구 관리사무소

창고, 물류, 제품가공, 여행업을 통해 더욱 개발하려고 한다.

현재 통상구 안쪽에 중국–카작 후얼궈쓰 국제변경합작센터가 건설 중이며, 카자흐스탄과 중국 간 무비자 자유무역지대로 운영될 예정이다. 후얼궈스 육로통상구와 인접한 병단 62단 지역에 중국~카자흐스탄 제2철도역이 건설되고 있다.

03

이닝의 정치·사회문화

하진광·박갈렙

이닝의 정치

이닝의 정치적 민감성

이리 지역과 이닝은 천혜의 자연환경을 지니고 있다. 이리계곡에 흐르는 이리 강은 주변 지역에 풍부한 수자원을 제공하면서 이닝 주변 지역을 역사적으로 북신장의 중심지로 만들어 주었다. 역사적으로 오손(鳥孫) 왕국과 준가르 제국이 이곳에 기반을 두었고, 청나라가 준가르 제국을 멸망시키며 신장을 정복하고 나서는 현 이닝시 근처에 장군부를 설치하여 신장 전체를 통치하였다. 그 후 이리 지역 서쪽의 넓은 땅(현 카자흐스탄 동부)이 러시아에 넘어가고, 이닝이 신장의 변경지역에 위치하게 되면서 신장의 중심이 우루무치로 옮겨갔다.

이닝이 변경 도시라는 이유뿐만 아니라, 근대 이후 중요한 역사적 사건이

풍요로운 이리 강 계곡, 천혜의 자연환경으로 역사적으로 북신장의 중심지가 되었다.

많이 발생하였기 때문에 중국 정부는 이닝을 정치적으로 매우 민감한 지역으로 인식하고 있다. 신장은 중국 정부가 정치적으로 가장 주시하는 지역이라면 이닝은 신장 내에서 가장 정치적으로 주목하는 지역이라고 할 수 있다. 그 배경을 이해하게 해주는 중요한 몇 가지 사건을 소개한다.

이닝을 둘러싼 정치사적인 사건들

첫째, 이리사건(1871-1881).

야쿱벡 정권시절(신장 역사 참조) 러시아는 자국인 보호를 명목으로 이리지역에 군대를 보내 실질적으로 지배하였다. 이닝에 러시아 정교회를 세우는 등 러시아인의 장기 거주를 계획하였다. 그러나 지속적인 청나라의 항의 가운데 1881년 생페테스부르크조약(중국 측은 이리조약이라고 부름)을 통해 호르고스(지금의 후얼궈쓰) 강을 국경으로 하고 이리지역을 청에 반환하지만 막대한 보상금과 우루무치를 포함한 4지역에 영사관 설치, 무관세 무역 보장 등의 실리를 챙겼다. (무관세무역은 1851년 굴자(이닝)조약에 의해 이미 시작됨.) 이를 통해 러시아의 상품이 무관세로 팔리게 되면서 신장경제에 엄청난 영향을 주

사진(위): 구러시아 영사관 건물, 현재는 이리빈관(호텔)로 바뀌었다.
사진(아래): 구러시아 영사관 건물 근처의 레닌 흉상

고, 청나라 멸망 이후에 소련이 영향력을 행사하는 기반이 된다. 이닝에 지금도 러시아의 영향이 강하게 남아 있는 배경을 이해하게 해주는 사건이었다.

당시 이닝에 들어 왔던 러시아 사람들은 대부분 국외로 다시 이주했다고 한다. 하지만 지금도 신장 전체에 러시아족이 1만 1,672명 살고 있고, 이리카작자치주 전체에는 5,504명(타청 3,519명), 이닝시에 749명이 거주하고 있다(2010년 통계). 10여 년 전만 해도 이닝시에 있는 러시아 정교회 성당에 수백 명이 모여서 예배를 드렸다고 한다.

둘째, 3구혁명(三区革命)과 동투르키스탄공화국(1944-1946 혹은 1944-1949)
제2차 세계대전이 진행되던 시기에 신장의 군벌 성스차이의 국경 봉쇄와 수탈, 그리고 초원지역으로의 한족 이주자 진출에 불만을 품은 알타이지구 카작족이 소련의 지원을 받은 오스만 바트르의 지휘 아래 1943년 반란을 일으킨다. 곧 알타이지구는 정부의 통제에서 벗어났고, 이어서 이리지구와 타청 지구에서도 봉기가 일어났다. 이 봉기는 3구혁명이라는 이름으로 중국에서 불린다. (이 사건에 대해 사회주의 중국은 이중적 입장을 취하는 것처럼 보인다. 국민당 세력에 대한 봉기라는 면에서 혁명으로 평가하지만 그것이 통투르키스탄 공화국의 수립과 연결된다는 면에서 덮어두기 원한다.)이닝을 점령한 세력은 그곳에서 위구르인들을 중심으로 동투르키스탄공화국 성립(ETR)을 선언한다. 그러나 1945년 소련과 중국의 협상으로 인해 소련의 지원이 갑자기 끊기고 혁명 지도세력들이 1946년

3구혁명 참가자의 모습

중국 내 자치로 방향을 바꾸면서 장즈종의 국민당 정부와 연합정부를 구성하지만 각 진영 내부의 갈등으로 실패한다. 오스만 바트르와 카작족은 처음에는 위구르족 중심의 정부에 참여를 하지만 나중에 빠진다. 3구혁명으로 인해 이리와 북신장 지역은 1949년 공산화될 때까지 국민당 지배 하의 남신장과는 달리 거의 완전한 자치를 누린다.

셋째, 중소 갈등과 이주 사건(1962년)

사회주의 중국 성립 이후 중소 관계는 밀월 기간을 보냈지만 1960년대에 들어서서 갈등 국면으로 바뀌었다. 1962년 소련은 중국과 인접한 국경을 개방해서 이주를 원하는 중국 내의 소수민족을 받아들였다. 약 3일 동안 국경이 열렸을 때 많은 사람들이 국경을 넘었다. 이닝시 주변에서는 위구르족이 많이 국경을 넘었으며, 그래서 지금도 중국 국경에서 30-40km 떨어진 카자흐스탄 경내에는 그 당시 이주한 위구르족이 많이 살고 있다.

넷째, 이닝사태(1997년 2월)

1994년부터 이닝과 주변지역에서 메쉬라프(위구르남성들의 모임으로서 종교적 성격을 지니고 있다. 음주와 마약반대 등 사회운동도 하였다)라는 일종의 사회조직이 생겨났는데, 기존에 허가되었던 것을 1995년 여름 비정부 민간조직에 대한 정부의 우려로 인해 금지함으로써 불만이 쌓이게 되었다. 특히 1996년 중국 전역에 실시된 옌다(嚴打)시책(일종의 범죄와의 전쟁의 성격을 지닌 사회정화운동인데, 소수민족이나 종교에 대한 탄압이 많이 이루어졌다) 이후 이슬람 종교 조직에 대한 억압이 이루어지고, 민족주의적인 이맘(종교 지도자)과 메쉬라프 멤버의 체포 등에 의해 불만이 터져 나왔다.

1996년 이후 신장 지역에서는 끊임없는 위구르족의 저항운동이 있어 왔고, 많은 위구르족에 대한 강경한 억압정책이 시행되었다. (한 자료에 의하면 1997년 1월에 폭탄테러의 혐의자를 포함해서 10-20명의 위구르인들에 대한 교수형이 실시되었다고 한다) 사람들은 이닝 사건 이후 경제발전이 10년 낙후되었다고 한다. 그러나 경제문제가 폭동의 한 이유가 되었을 가능성이 있다. 이닝사건이 일어났을 당시에 이닝 주변의 양모, 피혁 공장이 문을 닫는 등 경제사정이 좋지 않았다.

시위가 일어난 1997년 2월 5일은 무슬림의 라마단 기간 중이었고, 한족의 명절인 춘절을 이틀 앞둔 시점이었다. 홍콩 명보의 보도에 의하면 1,000명이 넘는 위구르족이 거리에 나와서 시위를 하면서 체포된 위구르인들의 석방을 요구했다고 한다. 이슬람 칼리프를 세우고 한족을 몰아내자는 과격한 구호도 등장했다. 시위는 이틀 동안 진행되었다. 그 과정에서 흥분한 군중이 한족들을 공격하여 적어도 10명의 한족이 죽고, 일부는 시체가 불태워졌다고 한다.

그리고 경찰을 포함해서 100여 명이 부상당했다. 정부는 4~5명이 죽고 500명이 체포되었다고 발표했다. 경찰과 군대의 진압이 일어나고 8살 여자아이와 임신한 여자가 최초의 희생자가 되었다고 한다. 진압 병력의 발포로 많은 위구르족 시위대가 사망한다. 중국 정부는 이닝사태가 오래 전부터 분리주의자들에 의해 계획된 조직적 행동이며, 외국 세력의 개입에 의한 것이라고 나중에 발표한다. 그 후 3,000~5,000명 정도가 체포되고 체포 열풍은 주변지역까지 확산된다. 이닝시 위구르족 가정 90%에서 각 1~3명이 체포되었다는 주장도 있다. 중국 정부는 이닝사태에 대해서 '묻지 말고, 말하지 말고, 방문하지 말라'는 문건을 내리면서 철저히 덮으려고 했다.

하지만 사태 이후 1~2년간 보복적인 성격의 테러가 우루무치를 포함한 신장의 여러 지역과 베이징에서 일어나고, 중국 정부에 협력적인 이슬람 인사들에 대한 암살도 일어난다. 이닝사태 이후로 대규모 시위는 사라지고, 주로 무장 투쟁의 형태로 저항이 나타난다. 급진적인 이슬람 테러조직에 가담하는 그룹들이 생겨나기 시작했다.

이닝에는 1997년 사태의 여파로 현재에도 아빠와 남편 없이 지내는 위구르족이 많다. 한 위구르족 여성은 20만 위안을 써서 남편을 풀어내려고 했지만 아직도 못나오고 있다고 한다.

통제가 심한 이닝과 주변지역

이러한 사건들을 통해서 중국 정부는 외세의 영향력, 그리고 이슬람민족의 반정부운동에 대해서 매우 민감한 태도를 가지고 이닝 지역을 감시하고 억압적인 정책을 실시하고 있다.

예를 들어 2009년 우루무치 7.5 이후 이닝시 인민광장을 2010년 봄까지 폐쇄하고 탱크를 배치하였다. 이닝시를 벗어나서 주변 도시나 현 등을 들어갈 때 버스에서도 신분증 검사를 하는데 다른 신장 지역보다 더 심하게 한다. CCTV를 설치하는 등 감시를 강화하고 특별한 시기, 예컨대 7월 5일과 같은 정치적으로 민감한 사건이 일어났던 날에는 사범대학교 출입문을 통제하고, 북경시간 저녁 9시 반 이후로 학생들의 외출을 금지한다. 바이툴라 모스크 등 위구르족이 많이 모이는 모스크 주변에는 항상 경찰을 배치하여 감시하고 있다.

이닝 주변의 현, 그중 궁류, 신위, 니러커 현은 여행제한 지역이다.

신장에서 아직 외국인에게 개방되지 않은 5개의 현이 있는데, 그중 이닝시 주변 니러커(尼勒克), 공류(巩留), 신웬(新源) 등 3개 현이 미 개방 지역에 포함되어 있다. 그만큼 이닝 주변지역이 신장 지역 전체에서도 매우 정치적으로 민감한 지역임에 분명하다. 최근 정부 관료의 말에 의하면 중앙정부에 신장 미 개방 5개현의 개방을 요청했다고 하는데, 다른 지역은 허가가 나오더라도 이닝 주변의 2개 현인 니러커와 신웬현은 여전히 개방되지 않을 것이라고 말한 바 있다. 그 지역을 여행하기 위해서는 외국인 여행증을 발급받아야 하고, 단체 여행객은 반드시 여행사를 통해서 여행해야 한다. 그 지역이 외국인 여행제한 지역이 된 이유에 대한 설명이 공식적으로 이루어진 적이 없다. 추정 이유로는 변경 지역이기 때문에 군사 시설이 많다는 것, 둘째는 주변국과 물 분쟁이 있는데, 주변 지역에서 문제 삼을 수 있는 3개의 댐이 있다는 것, 혹은 니러커 같은 현의 경우 심각한 빈곤 현에 속하기 때문이 아닐까 추측하고 있다.

이닝시는 상점이 비교적 일찍 문을 닫고, 버스는 북경시간으로 저녁 8시에 끊긴다. 우루무치가 저녁 12까지 버스 운행을 하는 것과는 대조적이다. 이 현상에 대해서 한 현지인 여성에게 '왜 도시에서 상점들이 일찍 문을 닫느냐?' 고 질문했을 때 그녀는 '그냥 전통처럼 내려오고 있다.' 고 대답했다. 현지인들도 명확한 이유를 모르지만 한 위구르 사람은 아마도 정치적 상황과 연관된 이유일 것이라고 말했다.

문화 및 여가활동

정부 주도의 문화 활동

최근 정부가 조직한 문화 활동들은 다음과 같다.

* 2010년 1월 이닝시 러시아 문화제, 경제무역합작회의가 동시에 진행되었다.
* 2010년 5월 이닝시 9차 백일광장 문화 활동이 열려 300명 정도의 예술인들이 각종 문화 활동을 벌였다.
* 2010년 10월 금추문화제 거행, 이닝문화연구회 창립 등의 활동을 하였다.

이닝시에는 문화관이 설치되어 정부가 시 문화 활동을 주도하고 있다. 문화관은 예술전람관, 무용실, 컨서트 홀을 무료 개방하고 있다. 문화관에서 일하는 직원이 22명이다. 〈文体专刊〉이라는 잡지를 발행한다. 2010년 이닝시에서 대중문화 활동으로 지출한 경비는 338만 위안이다. 그중 문화관은 2010년 162만 위안을 무료시설 개방이나 무료교육, 백일광장 등의 문화 활동을 위해 지출하였다.

2010년 제4차 '향촌백일문화 활동 경연'을 주관하여 농민을 중심으로 약 1만 4,400명이 참여했고, 관중으로는 527만 명이 참관했다. 이 행사를 위해서 시 정부는 407만 위안을 지출하였다. 문화관에는 5개의 문예단이 있다. 특별히 카작족이 하는 금색연화무용단, 한빈향환락무용단, 투어거라크향고향합창단, 바옌다이청년합창단, 합작구석양홍요구대 등이 있다. 2010년 문화관에서는 이들 문예단이 참가하는 신춘만회를 개최하였다. 문화관은 그 외에도 한국의 무형문화재와 같은 비물질 문화유산을 보존하는 활동을 하고 있다.

민간 문화 및 여가 활동

위구르 여자들은 '차(차이)' 모임에 많이 참여한다. 이러한 모임은 여가활용 수단이 되고 계의 역할도 한다. 다른 도시에 비해 일반인, 학생, 가난한 사람

도 보편적으로 참여한다. 그 이유에 대해서는 구소련 영향으로 문화적 활동이 보다 발전했기 때문이라고 말하기도 한다. 문화적 장소로서는 무슬림의 경우 주로 모스크를 중심으로 문화 활동을, 한족은 산보회 등

이리 강 유원지의 모습. 관광객이 카작족 전통복장을 입은 여인과 사진을 찍고 있다.

동우회 같은 조직을 만들어서 활동하기도 한다.

이닝시 남쪽에 위치한 이리 강 유원지(伊犁河游乐园)는 시민들이 도보나 시내버스를 이용해 갈 수 있다. 이리에 거주하는 사람들은 여가시간을 보내기 위해 가족이나 친구들과 쉽게 놀러갈 수 있는 곳이다. 특별한 기념일에도 갈 만한 곳으로 이리 강 유원지를 가장 먼저 생각한다.

외국 문화의 영향

이닝 지역에서 러시아의 문화적인 영향을 쉽게 볼 수 있는 것이 건축 양식이다. 다른 지역에서 보기 어려운 첨탑식 지붕과 그리스−로마식 기둥을

볼 수 있는데, 이는 강수량이 많은 기후의 영향도 있지만 러시아 건축 양식의 영향이 크다고 할 수 있다. 이러한 건축분야 뿐만 아니라 언어나 음악예술, 의복의 면에서도 러시아의 문화적 영향력이 남아 있다.

이닝시의 한 위구르족의 집. 신장의 다른 지역에서 볼 수 없는 첨탑식 지붕이다.

중국의 다른 지역과 마찬가지로 한류가 많은 문화적 영향력을 행사하고 있다. 모두들 한국 드라마와 영화를 이구동성으로 좋아한다. 그것을 통해 한국 문화를 이해하고, 한국인들에 대한 좋은 인상을 갖게 되었다. 이리사범대학에서는 평생교육원에 한국어 반을 개설할 계획이라고 한다. 한 위구르족 아줌마는 "한국 문화 중에 어른과 술자리를 할 때 돌아서서 마시는 것이 인상적"이라고 하면서 어른을 공경하는 문화가 자신들의 문화와 비슷하다고 호감을 보였다.

카자흐스탄 대학과의 교류도 많이 이루어지고 있다. 카자흐스탄에서 이리사범대학으로 한 해 40명 정도의 '공자학원' 장학생이 온다. 또한 20여 명의 한족 학생이 카자흐스탄에 가서 한 학기 동안 러시아어나 카작어를 배우며 교류하고 있다. 이리사범대학의 선생 한 명이 학생 유치를 위해 카자흐스탄에 파견 나가 있다고 한다.

이리 지역(북신장)과 남신장의 문화 비교

사람들은 지역적 특징으로 남신장은 종교적인 압박이 강하고, 이리는 정치적인 압박이 강하다고 한다. 이리 사람들은 남신장 사람들에 비해 개방적·실용적·합리적 사고를 가진 편이다. 예를 들어 위구르족 중에서도 전통을 상징하는 수염 긴 사람이 적고 말의 표현도 좀 더 직접적이다.

구소련 점령 시기에 학교와 병원을 많이 건설했는데, 이때 남신장보다 높은 수준의 교육과 문화가 발전하게 되었다. 그래서 이리 사람들은 남신장에 비해 문화적 우월감을 가지고 있다. 남신장 사람들은 지저분하고 문화적으로 뒤떨어져 있다고 생각한다. 이리 위구르인들도 남신장 위구르 사람을 무시하는 경향이 있는데, 한번은 한 이리 위구르족이 카쉬가르(남신장)

출신을 칼로 찌르고 도망쳤다고 한다.

이닝의 교육과 의료기관

2010년 이닝시 관할 중고등 교육기관은 8개, 지방 초중등 학교는 81개이다(초등학교 26개, 중학교 26개). 초중등 학교에 재학 중인 학생은 7.79만 명이고(초등학교 재학생 4.57만 명, 58.7%), 도시 내 초중등 학교 전임교사가 5,512명이다. 초등학교 입학 연령 아동의 입학률은 99.98%, 중학교 진학률은 70.2%이다.

2010년 도시 내 병원과 위생원(보건소) 36개(농4사병단 제외), 병원과 위생원이 보유하고 있는 병상은 980개(병원 945개), 전업의사가 988명이고, 등록된 간호사가 787명이다.

사회

이닝의 사회 문제

이닝시에 거주하는 사람들은 어떤 사회 문제를 지적하고 있는가? 인터뷰를 통해서 파악된 내용을 소개해 보자

첫째, 지도자들의 부패 문제는 전통이 되었다고 한다. 작년에 정부가 이닝시 서기를 체포했다. 그는 중국 인구만큼이나 되는 13억 위안 이상의 뇌물을 받았다고 한다.

둘째, 사회 불평등의 문제로서 주로 소수민족에 의해서 제기되는 문제이다. 예를 들어 "위구르족의 젊은 사람은 안정된 직장이 있어도 여권을 만들기가 어렵고, 50~60대가 넘어야지 가능하다. 왜냐하면 젊은 사람이 외국에 나가는 것을 정부에서 경계하기 때문이다."라고 불평한다. 한 직장인은 한족보다 승진 기회가 늦어지는 것에 불만을 나타냈다. 자신은 6년이나 승

진이 안 되었지만 한족은 절반 정도 기간이면 승진이 된다는 것이다. 이번에 승진이 안 되면 직장을 폭파하겠다고 상사에게 말해서 간신히 승진했다고 넋두리를 했다.

이닝시가 확대되면서 대규모 농지 수용을 통한 택지 개발이 있었다. 대개 '개발구'라고 불리는 지역인데, 개발을 위해 주로 위구르족 농민의 땅이 수용되었다. 한 인터뷰 대상자는 개발구에 대해서 "원래는 위구르 농민들의 땅이었는데, 강제로 이주를 당했고, 보상금으로 5, 6만 위안 정도를 받았는데 이 돈은 몇 년 못 가서 다 써버린다."고 하면서 "이후에는 다른 생활 방법이 없다. 농사짓는 사람들이 무슨 다른 일을 하고 살아갈 지가 막막하다."고 말했다. 가난한 사람들에게는 월 200위안 정도씩 생활 보조금이 있다고 하나 생활하기에는 큰 도움이 안 된다고 한다.

많은 위구르족 청년들이 고정된 직장을 갖고 있지 못하며 일용 노동에 종사한다. 차에서 만난 위구르족 청년들은 국경 지대의 창고에서 한 달 동안 먹고 자면서 주로 카자흐스탄으로 수출하는 사과를 포장하는 일을 하며, 보수로 하루 100위안씩 받고 있다고 한다.

셋째, 마약과 에이즈 문제이다. 아편을 불태워서 민족 영웅이 되었지만 아편전쟁의 계기를 만든 역사적인 청나라 관료 임칙서가 귀향 와서 머물렀던 이닝이었지만 오히려 지금은 마약 문제가 심각한 지역이 되었다. 에이즈 감염률은 전국 2위 수준이다.

이닝시에서 2006년 1월에서 2009년 12월까지 에이즈 치료를 받고 있는 1,419명 중 781명의 샘플을 통해서 분석한 바에 의하면, 에이즈는 주로 주사기로 마약을 흡입하는 과정에서 걸리고, 20~49세의 청장년층이 주를 이룬다. 저학력자와 농민의 비율이 비교적 높으며, 기혼 남성의 비율이 높다.

에이즈 환자의 민족 분포를 보면 위구르족이 689명으로(아동 60인 포함) 전체의 88%를 차지하고 있고 한족이 30명, 회족이 29명으로 각각 5%를 차지한다. 이닝시의 인구 비율을 보면 위구르족이 48%를 차지하는데, 그에 비해서 에이즈 발병 비율은 위구르족이 88%로서 다른 민족에 비해 압도적으로 높은 것을 알 수 있다. 그 외에는 시보족 3명, 우즈벡족 2명, 카작족 3명, 타직족 1명 등이다. 감염 경로는 마약 주사 342명, 성관계 전파 298명, 출산 전파 60명, 기타 81명이다. 기혼자가 67.2%를 차지한다.

한 사례로서 위구르족 알림(가명)의 친구 이야기를 들어보자 "제 친구는 열다섯 살 때부터 마약을 했어요. 처음에는 그저 재미로 시작했었는데 점차 중독이 되었던 거죠. 나중엔 자기 자신도 도저히 통제할 수 없을 만큼 정도가 심해졌는데, 몇몇 친구들과 함께 몰래 이곳 묘지에 와서 주사기로 마약을 했어요. 그는 심하게 기침을 했고, 몸이 점차 쇠약해졌어요. 가족들이 그를 방역소로 데리고 와서 혈액 검사를 했는데, 그때 비로소 에이즈에 걸린 것을 알게 되었지요. 그러다가 3개월 전, 세상을 떠났지요." 또 다른 친구 몇 명도 이곳 공동묘지에 묻혀 있다고 알림은 무거운 목소리로 털어놓았다. "모두들 똑같은 병에 걸려 죽은 거예요." 그는 말을 마친 후 담배 연기를 뿜으면서 눈가의 눈물을 닦았다.

왜 이닝에 이렇게 마약과 에이즈가 많은지에 대한 질문을 하자 한 사람은 그 이유로 빈곤한 사람들이 마약에 빠진다고 대답하였다. 또 다른 한 사람은 음란 문제를 지적하였다. 한족 이주와 함께 가라오케, 호텔들이 들어오면서 이 같은 문제들이 생긴 것으로 안다고 말했다.

넷째, 이중 언어교육 문제이다. 이미 신장 전체적으로 진행되는 소수민족 학교와 한족 학교의 합병이 다른 지역보다 더 무리하게 진행되었다. 아마도 이닝사태의 영향으로 그 진행을 재촉했을 가능성이 있다. 이런 과정에서 많은 갈등이 일어나기도 한다. 예를 들어 스트레스를 받아 자살 시도를 한 학생이 있었다고 한다. 그는 합병된 이후 한족 반에 들어가 외톨이가 된 경우였다. 또한 한족 교사들이 내지에서 더 많이 진출하게 되고, 반대로 소수민족 교사들의 일자리가 줄어드는 등 소외현상이 발생하였다.

민족 감정

앞서 언급한 대로 이리 지역이 정치사적인 격변을 겪으면서 민족 간의 갈등으로 인해 피 흘림의 사건들이 있었다. 예를 들어 이닝시의 한런제(汉人街)는 한때 한족들이 장사하는 곳이었지만 지금은 한족을 찾아볼 수 없는 위구르족 거리가 되어 있다. 그 이유는 무슬림들의 반란 때 한족들에 대한 살육이 이루어졌기 때문이다. 반대로 한족들이 재정복하면 다시 무슬림들에 대한 학살을 진행했다.

신장의 다른 지역도 그렇지만 이러한 역사는 현재 민족 간의 편견을 만들어 내었다. 한 한족 택시 운전사는 위구르 사람들을 게으르다고 단언했다. 위구르족 가운데 직업이 없는 사람이 많은데, 이는 국가에서 주는 사회보조금 200~300위안을 받으려고 일을 찾지 않으려고 한다는 것이다. 한편 한런제에서 만난 한 위구르족은 한족이 이닝에 많으냐는 질문에 '벌레들이 기어 다니는 것처럼 많다.'고 말했다. 한족들을 비하하는 감정이 다분히 섞여 있는 대답이다. 반면 이리 지역의 회족에 대해서는 다른 지역과는 달리 나쁜 인상이 없다고 했다.

04

이리 지역의 소수민족

김현우

이리 지역의 소수민족 가운데는 이주자가 많다는 것이 특징이다. 그 배경은 다음과 같다. 청나라 시대 이리지구에는 준가르 부족이 살고 있었다. 그들은 유목민이었는데 이주자들을 데리고 와 농사를 짓게 했다. 청나라와 준가르의 전쟁 이후 당시에 이리지역에 살았던 약 10만 가구의 준가르 부족민 중에서 9만 가구가 죽거나 각지로 흩어지게 되었고, 서북 변방지역의 최전방 지역으로서 러시아로부터 공격의 위협을 받고 있었기 때문에 그곳에 거주할 사람들이 필요했다.

그래서 청(淸) 정부는 다른 지역에서 사람들을 이주시켰는데, 이주자들은 주로 두 지역에서 왔다. 첫 번째는 18세기 말 남신장에 살고 있던 1만 명 이상의 위구르족을 이리 계곡으로 이주시켜 농업에 종사하도록 한 것이고, 두 번째는 동북지역 지금의 선양(沈阳)에 있는 시보족 군인과 가족 3천여 명을 강제적으로 이리에 이주시켰는데, 이는 청정부의 군비를 절감하려는 목적의 일환으로 시행되었다.

그러므로 이리지구 이주의 특징은 계획적인 이주정책으로 인구가 유입되었다는 점이며, 이러한 이주를 통해서 이리 지역을 신장성의 정치, 군사 중심 지역으로 만들게 되었다는 점이다.

신장 이리카작자치주 이닝(伊宁) 시에는 37개 민족이 있고, 이슬람교를 믿는 민족이 비교적 집중되어 있다. 이슬람 신앙을 갖고 있는 민족은 모두 약 29만 4,000명으로, 2008년 자료에 따르면 이닝시에는 201개의 모스크가 있다. 그중 위구르 모스크는 148개이고, 회족 모스크는 39개, 카작족 모스크는 3개, 우즈벡족 모스크가 1개가 있다.

여기에서는 이리 지역(이리지구)에 거주하는 대표적인 소수민족을 소개하고자 한다.

위구르족(维吾尔族)

원래 명나라 말, 청나라 초기 이리계곡 일대에는 몽골계 준가르 부락이 형성되어 있었다. 준가르인들이 남신장을 지배한 후 남신장의 일부 위구르족을 이리둔전(屯田)으로 이주시켰는데, 역사문헌에 보면 당시의 주민들이 이리로 이주하게 된 정황을 이야기하고 있다. 《서역도지(西域图志)》12권 중에 《어제화문행(御制花门行)》에 "노예와 같이 소작하는 사람들이 명령에 따라, 살던 집을 버리고 이리로 이주했다."고 기록되어 있고, 《회강통지(回疆通志)》에서도 남신장의 사람들이 이리로 이주해 온 그 당시 상황을 기록하고 있다.

당시에 이리 지역으로 이주해 온 주민의 수는 구체적으로 기록되어 있지

이닝 시내의 위구르족 모습

않지만, 이리지구 관리로 있던 아꾸이(阿桂)가 쓴 "이리의 몇 개 지역에 예얼치앙(叶尔羌), 카쉬가르(喀什), 악수(阿克苏), 우스(乌什) 등지에서 오래 전부터 이주해 온 위구르족 2, 3천 명이 있었다."라는 기록으로 보아 이리지구로 이주해 온 위구르족의 규모를 간접적으로 알 수가 있다. 오이라트 몽골족(준가르)들은 위구르족 이주자들을 '타란치(塔兰其)'라고 불렀다. 이것은 '보리를 심는 사람'이라는 뜻이며, 위구르 농민을 가리키고 있다.

청나라가 준가르를 정복한 후 이리 강 하류 지역은 토지가 비옥하고, 군사적으로도 중요한 위치에 있어서 청 정부는 군사를 주둔시켜 지역을 방어하고, 또 농업을 위주로 하는 위구르족을 이리지구에 이주시켜 토지를 개간해서 농사를 짓게 함으로써 상호 보완할 수 있는 정책을 썼다. 청나라 때 이주해 온 사람들은 자신들의 문화를 이주지에 가져와서 현지의 문화와 서로 융합시켜 자연스럽게 새로운 문화를 형성하였다.

이리 지역에서는 주로 위구르족의 문화가 많은 비중을 차지하고, 다른 소수민족의 문화가 융합하는 형태로 새로운 문화를 창출해 냈는데, 민족 문화의 통합 조정이 한층 더 뚜렷해졌다. 특히 언어 방면에서 다른 민족 언어의 어휘를 사용하는 횟수가 많아져서 이주해 온 민족들의 언어표현 방식이 더 풍부해지게 되었다.

카작족(哈萨克族)

고대 중국의 북방 및 서역에 존재하였던 수많은 부락과 부족 가운데 여러 종족 집단이 장기간 교류를 통해 융합되면서 오늘날의 카작족의 조상이 되었다. 15세기에 이르러 중앙아시아 일대에서 유목 생활을 하던 우즈벡족 집단에서 카작족이 분리 독립하면서 오늘날 카자흐스탄 동남부에 있는 칠하(七河) 유역을 중심으로 카작 초원 전역으로 세력을 확장하여 자신들의 국가인 카작한국(汗国)을 건국하였다.

18세기 중엽 청나라가 몽골계 유목 민족인 준가르를 정벌하고, 천산산맥 북쪽 지역을 정복하자 당시 서쪽의 카작 초원에 있던 카작족 일부가 청나라 관할지역으로 포함되었다. 이리지구 카작족 유입 과정을 보면 준가르 몽골족이 정권을 잡았다가 청나라에게 정복당한 후에 몽골족 세력이 약해지자, 카작족들이 타청 지역에서 이리지구로 많이 이주하게 되었다.

한편 러시아가 동방으로 세력을 확장함에 따라 1820년대에는 카작 초원 지역의 대부분이 러시아 통제 아래로 들어가게 된다. 이에 따라 카작족의 거주 지역은 청과 러시아 두 나라 영역에 걸치는 분포 형태가 되었으며, 양국 사이에서 카작족은 필요에 따라 국경을 넘어 이동을 해 왔다.

19세기 중엽, 청나라와 러시아 간 국경 확정 조약에 따라 신장에 거주하던 카작족은 청나라에 속하게 되었다. 중국 외의 카작족은 주로 카자흐스탄

농촌지역 카작인들의 모습

양을 방목하는 카작인

공화국에 있고, 아울러 러시아와 중앙아시아 초원에도 있다. 이들은 몽골족과 터키인 혼혈이 많으며, 체형은 몽골형 장신으로 초원 유목민족이다.

생활 관습을 보면, 카작족 절대 다수는 풀을 따라다니며 유목 생활을 하고 있다. 이리지구는 역사적으로 중앙아시아 유목민족에게는 매우 중요한 무대였다. 외부에서 이주해 온 민족이 그곳에 거주하고 있던 이리지구의 카작족 사람들과 공존하는 환경 속에서 자신들의 유목 경제를 일구어 나갔다.

말(馬)을 중요시 여기며, 또 말에서 나오는 말 젖과 나이차(奶茶)라는 음료를 매일 먹는다. 주식은 고기와 유제품인데, 근대에 와서는 밀도 주식으로 한다. 가장 유명한 것은 말 젖술(馬奶酒)인데 지금도 즐겨 마신다. 나이차(奶茶)는 식사 때마다 빼놓을 수 없는 이들의 음료이다. 다른 이슬람교도들이 금기시하는 말을 잡아 소금에 약간 절인 후 연기에 그을려 말린 훈제 말고기를 좋아하고, 또 손님 접대 때에 반드시 내놓는 말고기 순대, 말 젖으로 만든 두부도 이들이 즐겨 먹는 대표적인 음식이다.

싸라족(撒拉族)

싸라족의 인구는 2010년 현재 10만 4,500여 명으로 중국 내 55개 소수민족 중 36번째의 인구 규모이다. 최대 분포지는 칭하이성(靑海省)이고, 중국 내 싸라족 전체 인구의 83.3%가 그곳에 산다. 이외 간쑤성(甘肅省)과 신장위구르자치구, 소수는 티베트에 거주한다.

싸라족의 민족 연원에 관하여는 여러 설이 있지만 싸라족의 전설, 언어상의 특징, 그리고 신장 지역 및 중앙아시아에 남아 있는 역사 자료에 근거하여 볼 때, 대체로 의견이 일치되는 설명은 싸라족의 선조가 원(元) 왕조 시대에 중앙아시아 사마르칸트 지역에서 오늘날의 칭하이성 동부 일대인 순화(循化) 지역에 정착한 투르크계 부족이라는 것이다. 이들이 오랜 세월 주변의 티벳족, 회족, 한족 및 몽골족 등 여러 민족과 섞여 살면서 점차 융화되어 오늘날의 싸라족을 형성하였다는 것이다. 싸라족은 '싸라얼(撒拉尔)'의 약칭으로 스스로 '싸라(撒拉)'라고 스스로 부른다.

현재 싸라족은 약 9만 명 정도인데, 대부분 칭하이성 순화현 싸라족자치현에 거주하고 있고, 일부는 간쑤성과 신장에 살고 있다. 신장의 싸라족은 약 4,000명 정도이다. 그중 약 2,700명이 이닝현 싸라촌에 살고 있다. 청나라 말기 싸라족이 이곳으로 이주해 왔을 때를 기준으로 싸라촌은 약 150년의 역사를 간직하고 있다.

라마단(开斋节), 코르반(古尔邦节) 및 성지절(圣纪节)은 싸라족 3대 전통 명절로서 모두 이슬람교에서 유래되었다. 이외의 종교적 명절로는 바이라터예(拜拉特夜), 파디마절(法蒂玛节) 및 까이더얼(盖德尔) 등이 있다. 또한 싸라족을 포함한 서북 지역의 6개 민족은 음력으로 4월에서 6월 사이 약 4일간 지역적 전통 명절인 화얼회(花儿会)를 지낸다. 싸라족은 17세기 후반과 18세기 전반에 이슬람교로 개종을 한 이후 현재 절대 다수가 이슬람교를 믿는다.

싸라족의 종교 교리는 여타 이슬람교 신봉 민족과 비슷하다고 할 수 있지만, 종교의식이 매우 강하여 "목숨을 잃을지언정 종교는 저버리지 않는다."고 말한다. 싸라족은 근대 이후 몇 번의 이슬람교도들의 반란에 동참하여 종교적 차별 및 민족 차별 그리고 봉건적 수탈에 저항하였다.

싸라족 여인들은 보편적으로 자수 놓는 것을 좋아한다. 젊은 여인들은 연애를 할 때 자수로 만든 것을 선물로 주기도 한다. 결혼한 여인들은 자신이 만든 자수 제품으로 자기가 총명하고 솜씨 있는 것을 나타내는데, 일반적으로 베개, 지갑, 여자용 신발, 덧버선 및 남자의 허리띠를 만들기도 한다. 만약에 싸라족 민간 예술인을 찾는다면, 수많은 무명의 싸라족 여인들이 바로 자수 예술인이라고 말할 수 있다.

싸라족 자수의 도안은 주로 화초와 온갖 새들이 주를 이룬다. 이는 행복과 애정을 상징하고, 경사를 상징하는 것으로 인간의 선량한 마음을 표현한 것이다. 수법으로는 자유롭고 역동적이며, 도안의 대칭은 강조하지 않는다. 생동감이 넘치고 세밀하면서도 균형이 잡혀 있고 주로 홍색, 녹색, 남색, 청색 등을 사용한다. 색채의 선명한 대비를 중요시하며 화려한 효과를 내고, 보는 사람의 눈길을 끌어들이는 수법을 사용하고 있다.

싸라어는 알타이어계 투르크어족에 속한다. 문자는 아랍어 자모가 기초이다. 싸라족은 종교 서적과 문서들을 싸라어로 번역해서 사용했었다. 하지만 현재의 싸라족 3분의 2 정도는 그들의 언어를 잊어버리고 한어를 사용한다. 사라져 가는 싸라문을 복원하려 노력하고 있다.

시보족(锡伯族)

'시보(锡伯)'는 '민족'을 이르는 말이다.' 시보'라는 명칭이 한자로 쓰인 것은 청나라 초부터인데, 청 정부의 문헌을 보면 '시보'라는 명칭을 많이 볼 수 있다. 하지만 통일된 명칭은 아니었고, 신해혁명 이후부터, 점점 통일된 명칭으로 사용하기 시작했고 중국 수립 이후에 "시보"는 독립된 소수민족으로 불리게 된다.

시보족의 역사는 유구하며, 그 조상은 중국 동북지방의 고대 선비(鲜卑)인이다. 18세기 중엽 청나라 때 서북 변경지대 관리를 위해 만주에서 이리지역으로 이주당한 시보족이 현재의 차푸차얼 시보자치현을 중심으로 정착했으며, 현재 대략 4만여 명 정도로 추산된다. 만주어와 비슷한 언어를 사용하며, 샤머니즘과 라마교 등의 종교를 가지고 있고 조상 숭배를 중시한다. 시보족의 전통 명절로는 서천절(西迁节)과 모헤이절(抹黑节) 두 개의 명절이 있고, 그 외는 대부분 한족과 비슷하게 지낸다.

'서천절'은 시보족에게는 잊지 못할 민족 전통 명절이다. 16세기 이전에 시보족은 대대로 쏭넌(松嫩) 평원과 후룬삐이얼(呼伦贝尔) 초원에 살았다. 1764년 청나라 조정에서 선양(沈阳) 등지에 있는 시보족 관병 1천여 명을 뽑아서, 가족을 포함해서 3천여 명을 만주족 관원의 인솔 하에 이리지구로 이주시켜서 중국 변방을 경비하는 일을 하게 하였다. 이날이 바로 음력 4월 18일이다.

이리지구로 가는 시보족들과 동북에 남아 있을 시보족 모두는 선양에 있는 조상을 모시는 사당과 '태평사' 라는 절에서 제사를 드리고, 식사를 같이 하면서 작별 인사를 나누었다. 다음날 아침에 시보족 관병과 그 가족들은 고향에 계신 부모, 친척들에게 인사를 드리고, 이리지구로 가기 위해 역사적인 대장정에 이르는데 모두 1년 5개월이라는 시간이 걸린다. 250년이 지난 지금에도 시보족들은 매년 음력 4월 18일에 모여서 각종 기념행사를 가진다.

지금은 이날에 함께 모여서 춤추고 노래를 부르면서 자신들의 명절을 즐긴다. 아울러 활쏘기, 씨름, 경마 등의 행사를 하고 이런 행사를 하면서 향수에 젖고, 앞으로 풍요로운 생활을 하기 바라는 마음을 나타내고 있다.

'모헤이절(抹黑节)' 의 역사 속에는 전설이 담겨 있는데, 그 전설에 의하면 매년 음력 1월 16일은 "오곡의 신"이 사방을 둘러보러 다닐 때라고 한다. 그때가 바로 시보족들에게는 보리 흑수병(黑穗病) 으로 인해 힘들어 할 시기인데, 사람들은 오곡이 풍성하기를 바라는 마음에서 "오곡의 신"에게 흑수병이라는 전염병이 번지지 않도록 기원하며 지내는 절기이다.

이때 의식은 사람들이 서로의 얼굴을 까맣게 칠해서, "오곡의 신"에게 관용을 베풀 것을 기원한다. 보리농사가 잘되고, 백성들이 평안하기를 바라는 마음에서 매년 음력 1월 16일 해가 뜨기 전에, 시보족 사람들은 각자가 준비한 솥바닥의 검은 그을음을 얼굴에 바른다.

친척과 친구들은 서로의 집을 방문하여, 먼저는 연장자인 노인 분들에게 인사를 드리고, 솥의 그을음을 이마에 찍어 바른다. 이것은 어른에 대한 존경의 표시이다. 그런 후에는 동년배끼리 서로의 얼굴에 골고루 바른다. 이러한 풍속은 신에게 은혜를 구한다는 것을 의미하며, 보리 흑수병이 걸리지 않도록 하기 위함이었다. 지금의 모헤이절(抹黑节)은 청소년들이 즐기는 오락 활동으로 바뀌었다.

시보어는 알타이어계 만주-퉁구스어 중에 만주어의 한 분파이다. 80%
이상의 단어들이 만주어로부터 왔다. 청나라 이전에 시보족은 일종의 "청
도 아니고, 몽고도 아니다."라는 것처럼 만주와 몽고의 중간 언어를 사용
했다. 그러다가 시보족이 만주 8기(旗) 군에 편입되고서야 만주 언어로 바
꾸어 사용했다. 이리계곡으로 옮겨오고도 여전히 만주어를 사용했다.

현재 시보족은 문자 상으로는 개혁 후의 만주어를 사용하고 있고, 현재 중
국 내에서 만주어를 사용하는 사람들은 오로지 시보족 사람들뿐이다. 이
리계곡에 시보족들이 거주하면서 다민족 언어 환경에 접하게 된다. 그들
이 생존하기 위해서는 부득불 다른 민족의 언어를 배워야 했다. 러시아어
를 포함해서 시보족들은 일반적으로 한어, 카작어, 위구르어, 몽골어 등을
말할 수 있다. 그래서 이리의 시보족을 "번역 천재"라고 말한다. 《차푸차얼
빠오(察布査尔报)》는 중국에서 유일한 시보문자 신문이다.

둥샹족(东乡族)

2010년 통계를 보면 둥샹족의 인구는 51만 4천 명으로, 주로 간쑤성 린샤
회족자치주의 둥샹족자치현에 거주하고 있다. 소수는 칭하이성, 닝샤회
족자치구와 신장위구르자치구에 산재해 있다. 둥샹족은 중국에서 이슬람
교를 신앙으로 하는 민족이다. 신장은 둥샹족이 두 번째로 많이 거주하는
지역인데, 신장의 둥샹족 5만 명 중에 4만 명가량이 이리지구에 산다. 신장
의 둥샹족은 1960년대부터 80년대 사이에 간쑤성에서 주로 이주해 왔다.
'둥샹족'이라는 이 명칭은 그들이 간쑤성 하주(河州)의 동쪽(东乡, 둥샹)에
거주하였기 때문에 붙여진 이름이다. 과거에는 '둥샹토인(土人)' '둥샹회

회(回回)', 또는 "몽고회회"라고 불렸고, 역대 중국 통치자들은 둥샹족을 하나의 민족으로 인정하지 않고, 그들을 '회족'과 섞어서 이야기했다. 1950년 9월 25일에 둥샹족 자치현이 창립되면서 오랫동안 압박과 굴욕에서 천대를 받던 둥샹족은 하나의 민족이 되었다.

둥샹족은 인간의 혈연관계를 중요시해서 그들의 종족 성씨는 촌락에 따라 구분된다. '친족을 돕고, 친척을 이끌어 준다.'라는 말을 통해 알 수 있는 것처럼 친척을 존중하는 전통적 도덕 관습이 있다. 그래서 한 사람이 신장에 와서 생활이 정착된 후에는 각 방면의 친척과 친구들에게 현지의 상황을 알려주고, 올 수 있도록 도와준다. 이렇게 둥샹족은 연합된 특수한 이주 형식을 이룬 대규모 이주 집단이다.

PART

4

카쉬가르

실크로드 오아시스 길의 천년고도, 새로운 변화속으로

01

카쉬가르지구 개관

김한수

不到新疆不知道中國之大, 不到喀什, 不算到新疆
(신장에 가지 않으면 중국의 거대함을 알 수가 없고, 카쉬가르에 가지 않으면 신장에 갔었다고 할 수 없다)

카쉬카르는 신장의 얼굴이라고 할 만큼 신장의 옛 모습과 위구르민족의 전통이 잘 나타나는 곳이다. 카쉬가르는 신장의 중심 도시인 우루무치로부터 남서쪽으로 약 1,500㎞ 정도 떨어져 있다. 타클라마칸 사막의 남서쪽 끝에 위치한 고대 도시로 위구르 고대 왕국의 중심지였다. 옛 실크로드의 주요한 거점이었던 이곳은 타클라마칸 남로와 북로가 합쳐지는 장소로, 이곳을 지나는 대상들은 4,900m가 넘는 험준한 파미르 고원을 앞에 두고, 여장을 챙기며 쉬어가야만 하는 곳이었다.

또한 기원전 후에 인도로부터 불교가 처음 전해진 곳이며, 10세기 초 카라한조의 중심지로 카라한조의 3대 카칸(왕)인 쑤툭 · 부그라한이 정치적인

천년의 역사를 지닌 카쉬가르 구도시

목적으로 이슬람교로 개종하면서 서역(현재의 신장)의 이슬람교 전진기지와 같은 곳이었다. 실크로드 역사 속에서 화려했던 곳이 근대가 되면서 발전하지 못하고, 경제적으로 낙후되었다가 최근 경제특구로 지정되면서 전통적인 모습과 함께 도시화, 세계화가 일어나고 있다.

카쉬가르(喀什)의 지리

위치와 면적

카쉬가르지구(喀什地区)는 중국의 서북부에 있는 신장 지역에서도 제일 서쪽에 위치한 지구로서, 동으로는 타클라마칸사막(타림 분지)과 서쪽으로는 파미르고원, 남으로는 카라코룸산 및 쿤룬산맥, 그리고 북으로는 천산산맥과 접하고 있다. 간단히 말해서 동쪽을 제외하고는 대부분의 지역이 산맥으로 막혀 있다. 특히 서남부는 타지키스탄, 아프가니스탄, 파키스탄과 국경을 접하고 있다. 카쉬가르지구는 중앙아시아로 나가는 실크로드의 요지이며, 1999년에 개통된 쿠하 철도와 314번, 315번 국도가 지나는 교통의 요지이다. 지구의 동서 길이는 750km이며, 남북 길이는 535km이다. 총

면적은 11만 1,800㎢이다.

기후

기후는 대륙성 온대건조 기후에 속한다. 평원과 사막, 산과 구릉지 등 복잡한 지형으로 인해 기후차가 크다. 파미르고원과 곤륜산 기후지역이 있으며, 카쉬가르시는 평원기후 지역에 속하여 사계절이 분명하고, 여름이 길고 겨울이 짧다. 연평균 기온은 11.7℃, 최저 기온은 -24.4℃, 최고기온은 49.1℃, 연평균 무상 기간이 215일, 연평균 강수량은 30~60㎜이다.

카쉬가르의 역사

카쉬가르는 원래 위구르어로, 카쉬가르(喀什噶尔)를 한어로 간단하게 '카스(喀什)'라고 부르고 있다. 투르크어, 고대 이란어, 페르시아어에 어원을 두고 있으며 이는 옥석이 모여 있는 땅, 또는 여러 색깔의 집, "카쉬"(강둑, 강변)+"크르"(모서리, 옆)의 합성어로서, 강 옆, 강변이라는 뜻으로 풀이하기도 한다. 실제로 카쉬가르시는 투만강과 크즐강의 두 강 사이에 위치해 있다.

카쉬가르는 2000년 이상의 역사를 가지고 있는 변방 요새 도시로 유명했다. 고대에는 '수러(疏勒)'라 불리었다. 페르시아 서사시에 기재된 내용에 근거하면, 전설에 나오는 고대 투란(土兀)의 영웅 아푸라부써야푸(阿甫拉卜色亚夫)가 일찍이 이곳에 왕국과 수도를 건설했다.

서한 시기 카쉬지구는 서역 36국 중 疏勒, 莎车, 蒲犁, 依耐, 子合, 西夜 등 여러 소국가가 위치한 곳이었다. 한 왕조 초기에 이 왕국은 흉노의 관할 하에 있었는데, BC 2세기 하반기에 한무제가 장건(张骞)을 서역으로 파견한 이후 처음으로 전한(前汉) 정권에 귀속되었다 (한나라는 섭정이었던 왕망의 반란정권인 신나라(A.D 9-25)를 기점으로 서한(전한, B.C 206- A.D 9, 수도 장안)과 동한(후한, A.D 25-220, 수도 낙양)으로 나뉜다). BC 1세기 이곳은 반초(班超)가 서역을 경영하는 근거지가 되었다. 수나라 말 당나라 초에는 서돌궐국이 이 지역을 지배했고, 당 태종 이후 당 왕조의 중요한 군사 기지가 되어 당시 안서사진(安西四鎭) 중의 하나가 바로 카쉬가르였다.

오대십국시대부터 송대까지 카쉬가르 지역은 카라한 왕조와 카라키타이 (서요)의 관할 하에 있었다. 원대에는 카쉬가르주가 건립되어 칭기즈칸의 둘째 아들인 차카타이 및 그 후예들의 봉지가 되었다. 명대에 이르러서 카쉬가르는 서역 사대회성(四大回城, 4대 무슬림 도성) 중 하나로 불렸으며, 청 왕조 시기에 청 정부 카쉬가르 참관원의 주둔지였다.

카쉬가르지구의 행정 구역

사람들이 보통 카쉬가르라고 부르는 곳은 카쉬가르지구(喀什地区)를 말한다. 카쉬가르지구는 1개의 시(市)와 11개의 현(縣)으로 나누어진다. 즉 카쉬가르시, 수푸(疏附)현, 수러(疏勒)현, 잉지사(英吉沙)현, 위에푸후(岳普湖)현, 자스(伽師)현, 싸처(莎车, 예켄)현, 저푸(泽普)현, 예청(叶城)현, 마이까이티(麦盖提)현, 빠추(巴楚)현 및 타쉬코르간타직자치현이다.

전 지구에 공히 8개 구(区), 26개 진(镇), 4개 가(街), 141개 향(乡), 2,310개 촌민위원회(村民委员会), 96개 주민위원회(居民委员会)가 있으며, 60개의 전민 소유제의 목축장, 임업장, 어장 등과 신장생산건설병단 농3사(农三师)가 있다.

카쉬가르(喀什) 시

카쉬가르시는 카쉬가르지구의 정치·경제·문화의 중심이며, 신장 제일의 역사와 전통의 도시이다. 파미르고원의 동북쪽에 접해 있으며, 타림 분지(타클라마간사막)의 서쪽에 위치한다.

카쉬가르시는 4개의 향으로 구분되며, 시의 총 인구는 32만 명이다. 우루무치와는 도로로 1,473㎞ 거리이고, 철도로는 1,588㎞이다. 난온대 건조기후대에 속하여, 연평균 기온은 11.7℃, 평균 강수량은 62mm이다. 특산물은 포도, 아몬드, 오디, 옥석, 양탄자, 수놓은 모자, 동제품(銅器) 등이다. 카쉬가르는 국가급 역사와 문화 명소이다. 관광지로는 이드카 모스크, 아파크호자묘(향비묘), 위숨하스 하집 묘, 카쉬가르 대바자르(시장) 등이 있다.

타쉬코르간 타직자치현

파미르고원의 동부, 카라코룸산 북부에 위치하고 있다. 11개의 향이 있으며, 인구는 약 3만 명이다. 현 정부는 타쉬코르간 진(鎭)에 위치하고 있다. 우루무치와는 도로로 1,765㎞ 거리이다. 한온대 건조기후구에 위치하여 연평균 기온이 3.3℃이고, 연평균 강우량은 68mm이다. 특산물은 양털, 야크털 등이고, 관광지로는 석두성(石头城), 공주보(公主堡), K2봉, 무스타거봉(慕士塔格峰)이 있다.

수푸현(疏附县: 위구르어로는 톡쿠작)

파미르고원의 동북부, 타림 분지의 서부에 접해 있다. 인구 37만 명으로 1개의 진, 16개의 향으로 구성되어 있다. 우루무치와는 도로로 1,482㎞ 거리이다. 온한대 건조기후구에 속하여, 연평균 기온은 10-12.1도이고, 연평균 강수량은 72mm이다. 특산물로는 포도, 복숭아, 살구, 아몬드, 앵두, 검은 매실 등이다. 관광지로는 '매흐무드 카쉬가리 묘', '배시키램 과수원' 등이다.

수러현(疏勒县 : 위구르어로는 앵이섀해르)

타림 분지의 서부에 붙어 있고, 파미르고원의 동쪽에 연결되어 타쉬코르 간 충적평원 위에 위치하고 있다. 인구 29만 명이며 3개의 진, 12개의 향으로 구성되어 있다. 우루무치와는 도로로 1,484㎞ 거리이다. 난온대 건조 기후대에 속하여 연평균 기온이 11.4℃, 평균 강수량은 65mm이다. 사과, 포도, 대추, 살구, 배, 복숭아 등이 많이 생산된다. 관광지로는 아오다무 묘 지(奥达木 麻扎), 러비아-싸이딩 무덤(热比娅-赛丁墓) 등이 있다.

잉지사현(英吉沙县)

타림 분지의 서쪽에 연하여 곤륜산맥의 동북부에 붙어 있다. 인구는 23만 명이고(위구르족 98.5%, 한족 1.5%) 1개의 진과 13개의 향으로 구성되어 있다. 우루무치와는 도로로 1,541㎞ 거리이다. 난온대 건조기후대에 속하여, 연평균 기온이 11.4℃이고, 연평균 강수량이 64mm이다. 특산물로는 잉지사의 수공예 칼(小刀)이 유명하다. 밀, 아몬드 등이 생산되고, 관광지로는 '따이얼와쯔(代尔瓦孜) 모스크'와 현 동남쪽에 위치한 명나라 때(1529년) 세워진 아이티카미 모스크(艾提喀美其特清眞寺)가 있다.

싸처현(莎车县 : 위구르어로는 예켄)

카라코룸산 북부에 붙어 있고, 예켄강의 중상류에 위치한다. 인구 62만 명으로 현재 7개의 구공소(区公所 : 구역 사무소), 7개의 진, 22개의 향으로 구성되어 있다. 우루무치에서 도로로 1,666㎞ 거리이다. 난온대 극건조기후대에 위치하여, 연평균 기온은 11.4℃, 연 강수량은 43mm이다. 특산물로는 아몬드, '싸처 매맬트 재크나이프', 양탄자 등이다. 관광지로는 카라

수(喀拉苏) 사막공원, 다무스 원시산림, 아미니사한의 묘 등이 있다.

저푸현(泽普县)

곤륜산 북구에 연하여 예켄강의 중상류에 위치한다. 인구 18만 명으로 1개의 구공소와 2개의 진, 10개의 향으로 구성되어 있다. 우루무치와는 1,692㎞ 거리이다. 난온대 극건조기후대에 속하여 연평균 기온이 11.4℃, 연 강수량이 49mm이다. 특산물로는 아몬드, 호두, 대추 등이다. 대형 현대식 기업인 저푸 석유화학공장이 있다.

예청현(叶城县 : 위구르어로는 카글류)

카라코룸산 북부, 타림 분지의 서남쪽에 연해 있으며, 인구는 37만 명이다. 3개의 진과 17개의 향으로 구성되어 있다. 우루무치와는 1,745㎞ 거리이다. 난온대 극건조기후대에 속하여 연평균 기온은 11.4℃, 강수량은 53mm이고, 특산물로는 박피호두(호두껍질이 아주 얇은 호두), 석류, 검은 잎 살구 등이다. 관광지로는 '치판(棋盘) 천불동', '부얼한나(布尔罕纳) 불교유적', '모모커(莫莫克) 석성유적', '시이티예(锡衣提业) 고성유적' 등이 있다.

마이까이티현(麦盖提县, 위구르어로는 메키트)

타림 분지의 서부, 예켄강의 중하류에 위치하고 있다. 인구는 21만 명으로 1개의 진과 9개의 향으로 구성되어 있다. 우루무치로부터 도로로 1,410㎞ 거리이다. 난온대 극건조기후대에 속하여 연평균 기온은 11.7℃, 연 강수량은 39mm이다. 특산물로는 '면화', '뚜어랑양(多浪羊)' 등이다. 민간에술 역사가 유구하여, 고전음악 "뚜어랑 무캄"(多浪木卡姆) 과 민간춤 "뚜어랑 마이시라이위"(多浪麦西来雨)의 발원지이다.

위에푸후현(岳普湖县 : 위구르어로는 요푸르가)

천산산맥 남쪽에 연하며 타림 분지의 서쪽에 위치하고 있다. 인구 14만 명으로 현재 2개의 진과 7개 향으로 구성되어 있다. 우루무치와는 1,560km 거리이다. 난온대 극건조기후대에 속하여 연평균 기온은 11.7℃이고 연강수량은 48mm이다. 특산물로는 면화, 위에푸후과, 살구, 포도, 석류 등이다. 관광지로는 '다와쿤사막 관광단지'가 있다.

쟈스현(伽师县 : 위구르어로는 페이자와트)

카쉬가르 충적평원의 중하류에 위치하고, 타림 분지의 서쪽에 연하여 위치하고 있다. 인구 33만 명이며, 2개의 진과 11개의 향이 있다. 우루무치와는 1,338km 거리에 있다. 난온대 극건조기후대에 위치하여 연평균 기온이 11.7℃, 연 강수량은 54mm이다. 특산물로는 쟈스과(멜론의 일종), 면화, 감초, 홍화(红花) 등이다.

빠추현(巴楚县)

천산산맥의 남쪽, 타림 분지의 서북쪽에 연하여 있다. 인구 39만 명, 4개의 진과 8개의 향으로 구성되어 있다. 우루무치와는 도로로 1,255km, 철도로는 1,246km 떨어져 있다. 난온대 건조기후대에 위치하여 연평균 기온이 11.7℃, 연 강수량은 45mm이다. 특산물로는 면화, '두메개정향풀(罗布麻)', 감초, '빠추버섯' 등이다. 관광지로는 '하강 원시 후양나무 지역', 당왕성(唐王城), '당대 봉화대 유적', '써리뿌야바자르(色力布亚 巴扎)' 등이 있다.

도시	면적(㎢)	인구 (만)	우편번호	정부소재 지역	행정
喀什市	294. 21	35	844000	市人民东路	4个街道, 8个乡
泽普县	999. 66	18	844800	泽普镇	2个镇, 9个乡, 1个民族乡
疏勒县	2262. 75	29	844200	疏勒镇	3个镇, 12个乡
岳普湖县	3165. 76	14	844400	岳普湖镇	2个镇, 7个乡
英吉沙县	3420. 90	23	844500	英吉沙镇	1个镇, 13个乡
疏附县	3482. 94	37	844100	疏勒镇	1个镇, 12个乡
伽师县	6600. 68	33	844300	巴仁镇	2个镇, 11个乡
莎车县	9036. 55	62	844700	莎车镇	7个镇, 22个乡
麦盖提县	11022. 53	21	844600	麦盖提镇	1个镇, 9个乡
巴楚县	18490. 59	39	843800	巴楚镇	4个镇, 7个乡
塔什库尔干塔吉克自治县	24088. 82	3	845250	塔什库尔干镇	2个镇, 10个乡, 1个民族乡
叶城县	28928. 64	37	844900	喀格勒克镇	3个镇, 17个乡
喀什地区	111794. 03	387. 28 (2009年)			4个街道、28个镇、140개향、2개 민족향

카쉬카르의 인구 및 소수민족

인구

카쉬가르지구의 총 인구는 2010년 397.94만 명으로 전년도에 비해 6.86만 명이 증가했다. 이 중 비농업인구가 93.6만 명, 여성인구 185.6만 명, 인구 출산율 10.02%, 사망률이 2.61%; 인구 자연증가율이 1.41%이다.

소수민족

카쉬가르지구에는 위구르족, 한족, 타직족, 회족, 키르기즈족, 우즈벡족, 카작족, 만주족, 시보족, 몽고족, 타타르족, 묘족, 바이족, 러시아족, 다우르족 등 31개 민족들이 있다.

02

카쉬가르의 정치경제

하혜

카쉬가르(喀什)는 실크로드의 중심지였고, 위구르족 및 기타 투르크 계열 민족이 함께 세운 카라한 왕조의 수도가 있었던 곳이다. 지금은 그 영광의 자취는 간 데 없고, 한족의 지배하에 놓여 있다.

카쉬가르에 대한 중앙정부의 정책은 경제를 발전시켜서 이 지역의 정치적 안정을 도모하겠다는 것이다. 그래서 카쉬가르에 대한 대규모 경제적 지원과 투자가 이루어졌다. 그런데 그 경제발전의 열매가 주로 한족들에게 돌아가고, 위구르족이 주변으로 밀려나면서 위구르족 현지인들의 불만이 늘어나고 있다. 그러면 다시 중앙정부는 사회 안정과 경제발전의 관련성을 강조하면서 정책적으로 이 지역의 경제발전을 도모함과 동시에 사회 안정을 추구하려고 한다. 이러한 갈등의 순환구조는 쉽게 끊어질 것 같아 보이지 않는다. 이는 아주 뿌리 깊은 문제이기 때문이다.

대규모 한족 자본이 투자되어 카쉬가르의 대표적인 상권으로 자리 잡은 뿌싱제(步行街)의 모습. 위구르어 간판을 찾기 어렵다

경제지원 정책과 정치적 의미

2000년부터 실행된 서부 대개발 정책을 계기로, 내지의 자본과 함께 한족들이 대거 카쉬가르에 몰려왔다. 이곳이 개발될 것이라는 기대 심리로 부동산가격이 폭등하고, 그에 따라 서민들이 집을 사기가 점점 어려워지며, 월세가 올라가고, 이는 다시 다른 물가의 상승을 부추기는 악순환의 구조를 갖게 만든다.

기존 위구르족의 상권이 대규모 자본으로 무장한 한족 상인들에 의해 점차 밀려나고 있다. 다음의 뉴스 기사는 바로 이 점을 잘 지적하고 있다. "우루무치를 비롯한 카쉬가르, 쿠차, 이닝(굴자) 등 신장 대도시 상권은 중국 내지에서 온 한족이 장악한 지 오래다. 도시 상점 간판에서 아랍어를 빌려 쓴 위구르어 간판은 한자에 점점 밀려나고 있다. 위구르인은 한족 주인 밑에서 종업원으로서 급여가 낮고 하찮은 일에 종사한다."

이러한 현상이 불만을 만들어냈고, 그것이 2009년 7.5사태 등으로 폭발하였다. 정부는 7.5사태 이후 다시 신장의 경제발전을 도모하고자 대규모 경제지원을 수반하는 뚜이커우(자매결연) 지원정책을 실시하고 있다. 신장을 지원하는 내지의 19개의 성 및 도시 그리고 그에 연결되는 신장의 지역 중에 가장 주목을 받는 곳은 바로 카쉬가르이다.

여기서 주의할 점은 우리가 흔히 말하는 카쉬가르라는 단어는 두 가지 의미로 쓰인다. 하나는 카쉬가르를 의미하고, 다른 하나는 카쉬가르시를 둘러싸고 있는 11개의 현을 포함한 카쉬가르지구를 의미한다. 이와 같은 이해를 근거로 다음의 표를 살펴보도록 한다.

〈표1〉 신장 카쉬가르 지역과 내지의 뚜이커우 지원관계

내지 지역	카쉬가르의 뚜이커우 지역
광동성	카쉬가르지구 수푸현(喀什地区疏附县), 자스현(伽师县) 등
선전시	카쉬가르, 타쉬코르간현(塔什库尔干县)
상하이시	카쉬가르지구의 빠추현(巴楚县), 예켄현(莎车县), 저푸현(泽普县), 예청현(叶城县)
산동성	카쉬가르지구의 수러현(疏勒县), 잉지샤현(英吉沙县), 마이까이티현(麦盖提县), 위에푸후현(岳普湖县)

위의 도표를 보면 알 수 있듯이 카쉬가르 및 카쉬가르지구와 연결된 도시와 성은 상하이시, 선전시, 광동성, 산동성이다. 중국에서 경제가 발전한 중요한 도시들이 카쉬가르와 뚜이커우 지원관계를 맺은 것이다.

신장의 대부분 지역에서 실행되는 뚜이커우 지원관계와는 별도로, 중국 관영신문 중국 신문망(中國新聞網)은 2010년 5월 28일 카쉬가르 경제특구에 대한 우대정책을 발표했다. 내용인즉, "카쉬가르에 새로 들어서는 기업은 소득세 2년 면제와 3년 감세 등 세수 우대와 토지사용, 제품 운송 분야에

서도 다양한 혜택을 받을 수 있을 것"이라고 보도했다. 또 "카쉬가르는 방직, 야금, 석유화학, 농 부산품 정밀가공, 회교식품 생산, 건축 자재 등 9개 산업에 집중할 것"이라고 하였다.

그렇다면 왜 중국 정부는 유독 카쉬가르에 이런 집중적인 투자를 하는 것일까? 여러 가지 이유가 있을 수 있지만, 2010년 5월 후진타오(胡錦濤) 중국 국가주석이 "신장의 분열주의자들이 아직 활동을 하고 있어 신장의 세계화와 장기적 안정을 위한 업무를 빠른 시일 내에 추진해야 한다."고 말한 것에서 알 수 있듯이, 카쉬가르 지역의 정치적 안정을 위한 하나의 조치였을 것이다.

카쉬가르의 정치 지도자와 도시계획

중국에서 대부분의 조직의 지도자는 '(당)서기'라는 직책으로서 서기는 행정기관의 총책임자보다 더 높은 지위를 가진다. 예를 들면 대학교 총장보다도 대학교 서기가 더 높은 것이다. 2012년 현재 신장 카쉬가르지구 서기는 청전산(程振山)이고, 카쉬가르시 서기는 천쉬광(陳旭光)이다.

다음은 카쉬가르시 서기인 천쉬광이 뚜이커우 지원과 관련되어 이야기한 것을 종합한 것이다. 인터넷 매체인 야신왕(亞心網) 기자의 보도에 따르면

카쉬가르시 서기인 천쉬광(陳旭光)은 10년 뒤 카쉬가르의 '두 가지 100계획'에 대해서 말하였다.

(좌)카쉬가르지구 서기: 청전산 (우)카쉬가르시 서기 천쉬광

'두 가지 100계획'이란 10년 뒤 카쉬가르의 인구가 100만 명이 되고, 도시 면적이 100만㎡(1,000㎢)가 되도록 하겠다는 것이다. 현재 카쉬가르의 인구가 약 40만 명인 것을 기준으로 삼을 때, 2배 이상의 인구 증가를 예상하

는 것이다. 그 결과 도시가 확장되어야 하는데, 지진 문제를 고려하여서 도시의 동쪽과 북쪽으로 발전을 하겠다고 말하였다.

카쉬가르의 소득수준

신장 지구별 일인당 총생산액

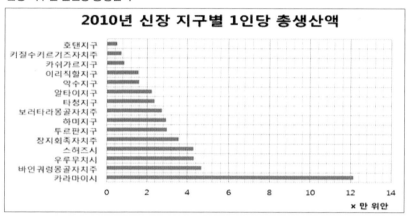

위 표를 통해 카쉬가르의 소득수준을 보면 신장에서 개인의 수입이 제일 높은 곳은 표의 제일 아래쪽에 있는 '카라마이시'(克拉瑪依市)이고 가장 낮은 곳은 제일 위쪽에 있는 '호탠지구'(和田地区)이다. '카쉬가르 지구'는 3번째로 가난한 지역임을 알 수 있다. 신장 내에서도 카쉬가르와 호탠지역 등 남서부는 가장 가난한 지역인 것이다. 중국 측 자료에 따르면 2009년 말 카쉬가르의 재정 수입은 대략 7억 위안이 되었다. 반면에 같은 해 말 지출은 약 24억 위안이 되었다. 결과적으로 17억 위안은 중앙정부의 지원으로 보충하였다.

그렇다면 중앙정부는 왜 카쉬가르를 지원하는 것일까? 또한 과연 중앙정부가 카쉬가르에 준 것이 과연 지원인지, 투자인지는 더 연구되어야 할 주제이다. 이는 카쉬가르 지역에서 나는 석유와 천연가스를 중앙정부가 중국 내지로 가지고 감으로써 얻는 이익, 또 카쉬가르라는 실크로드의 중심지를 방문하는 관광객들이 신장을 방문하면서 벌어들이는 그 이익의 총량이 계산된 이후에 명백해질 것이다.

카쉬가르 경제특구의 발표와 그 부작용들

2010년에 중국 신장위구르자치구의 남서부 변경 도시인 카쉬가르에 경제특구가 설치될 것이라는 정부정책이 발표되었다. 경제특구는 8.5㎢ 규모로 설치되며, 중국 정부는 카쉬가르 경제특구를 파키스탄, 우즈베키스탄 등 주변 국가들과의 무역 거점으로 육성하기 위해 외국인 투자에 대한 세제 혜택 등을 부여할 방침이다.

그런데 문제는 이 발표가 있자마자 투자자들 및 투기꾼들이 카쉬가르로 몰려들고 있다는 것이다. 이에 대해 카쉬가르와 뚜이커우 지원관계를 맺은 선전시의 경우에서 보였듯이 과거 선전시(深圳市)의 부동산가격 폭등 사례를 학습한 돈 많은 중국인들과 외국인들까지 카쉬가르로 몰려들고 있는 것이다.

덩샤오핑(邓小平)이 개혁개방 정책을 추진하기 전 인구 3만여 명의 어촌에 불과했던 선전시는 30여 년 만에 인구 1,400만이 거주하는 거대 도시로 탈바꿈했으며, 부동산가격도 30년 전과는 비교할 수 없을 정도로 폭등했었기에 많은 외지인들이 카쉬가르를 또 다른 기회의 땅으로 보고 카쉬가르로 몰려들고 있는 것이다. 그 결과 카쉬가르의 부동산가격도 날이 갈수록 치솟고 있다.

그렇다면 카쉬가르 경제특구 발표로 인해서 야기될 만한 문제점은 무엇이 있을 것인가? 주지하다시피 개발은 개발해서 이익이 나느냐의 문제 외에도 개발의 이익이 어떻게 분배되느냐가 관건으로 작용한다. 또한 카쉬가

새로 개발된 신시가지(좌)와 카쉬가르의 구시가지(우)

르의 부동산이 폭등한다면 그 과정에서의 이익이 현지인들에게 어떻게 나누어질 것인지를 주목하는 것이 필요하다. 그런데 현지인들의 입장에서는 이것이 그렇게 관조적으로 바라보기만 할 일은 아닌 것처럼 보이고, 그래서 뒤에서 언급할 테러와 같은 갈등의 양상이 일어나는 것 같다.

추가로 우려되는 문제는 카쉬가르 현재의 인구가 약 40만 명에서 100만 명으로 늘어난다면 카쉬가르 지역의 수자원은 100만 명이 사용하기에 충분한가 하는 것이다. 그중 카쉬가르 경제특구가 위치한 카쉬가르 북부지구(喀什市, 疏附县, 疏勒县, 英吉沙县, 岳普湖县, 伽师县)는 현재도 수자원이 부족해서 전 세계 1인당 평균 물 사용량의 15% 수준에 불과하다고 한다. 그런데 이 상태에서 급격히 인구가 늘어나거나, 추가로 수자원을 확보하지 못하고 과학적으로 사용하지 못한다면 이는 심각한 물 부족 현상을 초래할 것이다.

카쉬가르의 국제적 위치

앞서 언급한 대로 중국 정부는 카쉬가르를 국제무역의 거점 도시로 삼고자 한다. 파키스탄 등의 국경과 가까운 카쉬가르는 국제 정치적인 관점에서 볼 때도 중요시된다. 2010년 중국내의 한 기사를 보도록 하자 :

"중국 서부 신장위구르자치구의 카쉬가르에서 파키스탄 남부 항구도시인 카다르까지 이어지는 철도건설 계획에 대한 논의가 구체화되고 있어 관심을 모으고 있다."

2010년 6월 11일 홍콩의 사우스차이나 모닝포스트(SCMP)에 따르면 중국을 방문한 아시프 알리 자르다리 파키스탄 대통령은 2010년 6월 7일 중국 철도 당국자들과 만나 양국 간 철도를 연결하는 문제에 대해 논의했다. 만일 중국과 파키스탄 간 철도가 건설될 경우, 중국은 페르시아 만에서 철도를 거쳐 중국 서부까지 원유를 운송할 수 있게 된다.

중국이 해외에서 수입하는 원유의 80% 가량이 페르시아만-인도양-말라카 해협의 해상 루트를 통해 운반되고 있는데, 중국은 이 해상 루트가 전쟁 등으로 봉쇄될 가능성을 우려하고 있다. 이 기사에서 볼 수 있듯이 중국 정부로서는 변화되는 국제정세 속에서 자신의 전략적 이익을 보호하고 극대화하기 위해서도 카쉬가르 지역의 안정과 발전이 필요한 것이다.

카쉬가르 지역의 끊이지 않는 한족과 위구르족의 갈등들

2009년 7월 5일에 우루무치에 발생한 7.5사건은 이 책을 읽는 독자들에게는 이미 익숙한 주제가 되었을 것이다. 그런데 7.6사건이란 또 무엇인가? 이것은 2009년 7.5사건이 일어난 다음날인 7월 6일에 카쉬가르에서 일어난 사건이다. 중국 정부의 자료에 따르면 "2009년 7월 6일 17시 15분경에,

일단의 무리들이 카쉬가르 이드카 모스크 광장 앞에 집결하였고, 무리는 어느새 300여 명이 되었다. 분위기가 험악해졌고, 해산을 권고하는 공안의 경고에도 불구하고 그들은 듣지 않았고, 공안과 사복 경찰들은 주변의 행인과 데모대를 분리시킨 후, 무장 병력이 신속히 동원되어 주동자를 잡아들였다. 18시 10분경에 사건 현장의 핵심 지역은 안정을 되찾았다" 위의 기사로 보아 7.6일 사건은 그냥 평안히 해결된 것처럼 보였다.

그런데 중국 정부의 보도에 따르면, 근 2년이 지난 "2011년 7월 30일 23시 45분과 7월 31일 16시에 사건이 터졌다. 신장 카쉬가르에서는 연속적으로 테러가 발생하여 13명의 무고한 시민들이 죽었고 40명이 다쳤다. 이 사건은 7명의 용의자가 일으켰는데, 그중 5명은 현장에서 공안에 의해 사살되었고, 도망친 2명은 8월 1일 오후 카쉬가르 교외지역에서 공안에 의해 체포되는 과정에서 사살되었다"

이 사건에 대해서 국내의 한 매체는 다음과 같은 평가를 하였다. "중국 정부는 최근에는 경제특구 설치 등의 당근책으로 주민 불만을 다독이고 있지만 이번 사건으로 당근책의 효용성에도 의문이 제기되고 있다."

홍콩시티대학의 조지프 청 교수는 "우루무치 사태 이후 당국은 신장에 대한 경제적 지원에 무게를 둔 정책을 폈지만 평등과 자유를 원하는 위구르인의 욕구를 잠재우지 못하고 있다."고 지적했다. 장춘셴(张春贤) 신장자치구 공산당위원회 서기는 7월 31일 오후 긴급 상무회의를 주재해 테러 재발 방지책 등을 논의하는 등 초긴장 상태에 돌입했다.

또한 국내의 매체에 따르면, "2011년의 이 흉기 난자 사건은 이전과는 두 가지 면에서 차이가 있다. 예전에는 테러 발생 지역이 관공서나 군 초소 등에서 발생했는데, 이제는 시민들이 많이 모이는 시내 번화가로 옮겨졌다.

2011년 7월 카쉬가르 흉기테러 발생 직후 모습

테러 대상도 무장 경찰에서 불특정 군중으로 바뀌었다. 2차례의 흉기 난자 사건으로 범인 5명을 포함해 19명이 목숨을 잃었고, 42명이 부상했다. 범인들을 제외한 희생자 14명은 모두 일반인으로 알려졌다."

그런데 채 일 년이 되지도 않은 상태인 2012년 2월에 카쉬가르지구에서 또 다시 불특정 다수를 목표로 하는 테러사건이 일어난 것이다. 중국 매체에 따르면, "2012년 2월 28일 오후 6시에 카쉬가르지구 예청현에서 테러사건이 발생해서, 수명의 폭도들이 손에 칼을 들고 싱푸루(幸福路) 시장에 돌진해서 13명을 죽이고, 16명을 다치게 하였다. 그중 2명은 치료과정에서 죽었다. 현장에서 폭도 7명이 경찰에 의해서 사살되었고, 다른 한 명은 상처를 입었다가 치료과정에서 죽었다. 사건을 처리하는 과정에서 진압측 1명이 죽었고, 4명이 다쳤다"고 전하고 있다.

한편 독일에 근거를 둔 위구르 망명자들의 그룹인 세계위구르의회는 예청의 공안이 그 사건 이후 100명 이상의 사람을 억류했으며 출입을 막고 있다고 말했다. 현지 소식통을 인용하면서 그날 사망한 사람 중 7명은 무장 순찰대였다고 말한다. 그 그룹의 대변인에 따르면 무장 경찰의 발포로 10명의 위구르인이 죽고, 11명이 부상당했으며 이 사건이 한족의 대량이주와 공식적인 차별의 결과라고 말했다고 한다.

사건 발생 직후 카쉬가르 시내에서 인터넷과 핸드폰 사용이 즉각 차단돼 사건 내용이 전파되지 않았다. 중국 당국은 신장위구르에서 발생하는 일련의 사건 배후에 '동투르키스탄 이슬람운동'이 있다고 보고 있다. 이 때문에 시진핑(習近平) 국가부주석도 2010년 2월 21일 터키 방문 기간에 터키 총리와 만나 '동투르키스탄 이슬람운동'의 활동을 단속해 달라고 공식 요구했다고 한다. (연합뉴스 보도)

03

카쉬가르의 사회문제

하람

사회적 변화: 철도 개통을 통한 한족의 유입

카쉬가르는 전통적으로 위구르인들이 모여 사는 곳이다. 이곳을 "위구르
인들의 마음의 고향"이라고 얘기할 만큼 위구르 문화와 전통이 그대로 배
여 있는 곳인데, 최근 들어 많은 사회적 변화를 겪고 있다. 이곳에 변화를
일으킨 것은 다양한 요소가 있겠으나, 철도 개통을 통한 한족과 한족 문화
의 유입이 가장 큰 요인이라고 할 수 있겠다.

1999년 말 남장 철도가 개통되면서 카쉬가르는 서서히 사회적 변화를 겪
게 된다. 직장을 찾아 온 한족들이 카쉬가르 건설 현장에서 일하기 시작했
고, 경제적 여유가 있는 한족들이 시내 중심에 서서히 자리를 잡기 시작했
으며, 상권 역시 한족들이 서서히 잠식해 갔다. 대형 마트가 들어오면서 중
소형 점포들이 영향을 받아 줄어들기 시작했고, 전통적 방식의 대장간들

카쉬가르 중심 한족 상권 지역에서 춤을 추며 운동을 하고 있는 한족들

도 하나둘씩 문을 닫기 시작했다.

그 이전에도 한족들이 카쉬가르에 전혀 없었던 것은 아니다. 공무원으로 파견되어 온 한족들이나 군인들이 있었고, 이미 오래전부터 위구르인들과 섞여 살고 있던 한족들이 그들이다. 하지만, 이들은 위구르인들의 문화와 전통을 잘 이해하고 있었고, 상대적으로 소수였기 때문에 위구르인들에게 거슬리는 행동, 가장 좋은 예로 돼지고기를 먹는 것 등을 절대로 하지 않았다.

하지만, 최근에 유입되는 한족들은 달랐다. 생계를 위해 외국과도 같은 낯선 땅으로 오는 내지의 가난한 한족들은 문화적 수준이 낮고, 위구르족에 대한 이해나 배려는 부족했다. 이들은 도시의 외곽에 모여 살기 시작했지만, 위구르인들에게는 반갑지 않은 손님들이었다. 이 당시 엄청나게 유입되는 한족을 빗대어 위구르인들 사이에는 이런 말이 유행할 정도였다. "위구르족은 여자가 낳지만, 한족은 기차가 낳는다." 열차가 도착할 때마다 쏟아져 나오는 큰 보따리를 짊어진 한족들을 지금도 어렵지 않게 볼 수 있고, 그걸 바라봤던 전통적 위구르인들의 불편한 심기를 상상해 볼 수 있는 말이다.

유입된 한족들은 사회의 가장 낮은 자리에서 일자리를 잠식해 들어갔지만, 서서히 이곳도 개발이 되면서 사회 각 분야로 진출하는 한족들의 숫자가 늘어났다. 무엇보다 상권의 장악은 위구르인들의 생계와도 밀접한 관련이 있기에 매우 민감한 요소로 작용하기 시작했다.

카쉬가르 기차역, 내리는 사람들은 대부분 한족이다.

위구르인들이 신성하게 여기는 이드카 사원 부근에는 하루에도 다섯 번씩 기도를 드리는 사람들을 쉽게 볼 수 있다. 하지만, 이 부근에는 그런 종교적 열심을 가진 사람이 아닌 위구르인들도 많이 볼 수 있다. 대부분은 직장이 없는 중년의 위구르 아저씨들이다.

이들의 이야기를 들어보면 다들 한때는 나름대로 괜찮은 직장에서 중견 정도의 지위에 있던 사람들이었는데, 한족들이 유입되면서 또는 회사에서 한어를 하지 못하는 사람들을 퇴출시키기 시작하면서 직장을 잃거나 조기 퇴직을 한 사람들이다. 나이가 젊은 사람들은 회사의 방침에 따라 한어를 따로 배워서 살아남기 위해 노력하지만, 자신들은 새로 언어를 배워서 일을 하기에는 너무 어렵다며 사실상 퇴출되었다고 자신의 신세를 한탄했다.

카쉬가르 사범학원은 남장에서 가장 우수한 대학으로 알려져 있다. 85%가 위구르 학생이며, 20% 정도가 한족이다. 그런데, 졸업생을 대상으로 한 취업 설명회장에 갔을 때 놀라운 사실을 발견했다. 회사들이 원하는 사람은 전문적 기술과 소양을 갖춘 사람이면서 "한족"이어야 했다. 위구르족을 원하는 기업은 그곳에는 하나도 없었다. 같이 갔던 위구르 친구는 이것인 현실이라면서 자신들의 처지를 안타까워했다.

이드카 모스크 주변에서 시간을 보내는 실직한 위구르인들   카쉬카르 사범학원에서 열린 취업박람회의 모습

그래서 위구르족 친구들은 위구르인이 경영하는 회사에 취업하거나, 선생님이 되는 경우가 그나마 가장 나은 선택이라고 했다. 정상적으로 졸업을 하고도 취업이 안 되거나, 산간 오지로 발령이 날 경우 사실상 취업을 할 수가 없다는 말도 덧붙였다.

이로 인해 카쉬가르에서는 위구르족들과 한족들 간의 관계가 좋지 않다. 아직은 위구르족이 다수이기 때문에 기득권을 가진 위구르족이 한족을 무시하고 배제하려는 듯한 형국이지만, 이마저도 그리 오래 갈 것 같지는 않다. 이미 도시의 좋은 아파트들은 대부분 한족들이 모여 사는 곳이 되고 있다.

도시 외곽에 주로 거주하던 한족들이 사라진 것은 아니지만, 카쉬가르에 거주하는 한족들의 수준 자체가 매우 높아진 것이 사실이다. 한족들이 모여 사는 곳에는 자연스레 위구르족이 줄어들게 마련이다. 자연스럽게 민족들이 융화되어 사는 모습은 정부의 선전 문구에나 있지 실제로는 존재하지 않는다.

카쉬가르의 교육 상황과 변화

카쉬가르의 교육 제도는 중국의 교육 제도와 동일하다. 카쉬가르지구에는 우리나라 전문대와 종합대의 중간 단계에 해당하는 카스사범학원 1곳, 방송통신대(电大) 1개, 중등전문학교 14개, 중고등학교 223개, 초등학교 1190개가 있다.

카쉬가르에는 일부 병단에 속한 학교 등을 제외하면 위구르인이 절대 다수이기 때문에 대부분의 교육은 위구르어로 진행되었다. 하지만, 정부의 교육언어 정책의 변화로 교육 분야 역시 변화를 겪고 있다. 전에는 한족 학교와 위구르족 학교가 엄격하게 구분이 있었지만, 지금은 거의 다 통합되었고, 단지 소수민족반과 한족반 또는 섞여 있는 반이 있을 뿐이다. 이 역시 과도기적 모습이며, 향후 모두 한어로만 교육하는 단계로 바뀔 것이다. 교사들 역시 위구르어로만 가르치는 분과 한어로 가르치는 분이 따로 있으며, 정부는 점차적으로 일부 전공과목을 제외하고는 모든 학과를 한어로 가르치도록 하겠다고 한다. 그래서 소수민족 교사들의 한어 스트레스가 외국인들이 한어를 배울 때만큼이나 높다고 하소연하는 모습을 쉽게 볼 수 있다.

하지만 교육언어의 변화에 대해서는 위구르인들의 반발이 대체로 크지 않은 것 같다. 중국에 속한 지역이며 공용어가 중국어이기 때문에 한어는 어차피 피해 갈 수 없다고 다들 생각한다. 위구르인들 중에도 현실 인식 수준이 높은 사람들은 자신은 위구르어로 공부했지만, 자식들은 유치원 때부터 한어로 가르치는 곳에 보내려고 한다. 한족과는 문화적·종교적으로 많이 다르지만, 어려서부터 한어를 가르치려는 목적이 강한 것이다. 필자가 알고 지내던 한 위구르족 고등학생은 초등학교 때부터 한족 학교에 다녔기 때문에 자신이 위구르족이면서도 위구르 글자를 전혀 읽을 수 없으며, 자신의 이름조차 위구르어로 쓰지 못한다고 했다.

한어로 수업하고 있는 위구르족 중학생들

교육기관들은 대부분 2개의 언어(双语: 한어와 위구르어)로 가르치고 있는데, 한
어로만 가르치는 학교에 보내려면 높은 경쟁률을 넘어야 하는 실정이다.
그러면서 위구르인들만의 민족 교육을 담당하는 학교는 사실상 사라지고
있으며, 이들의 문화와 전통 역시 계승 발전에 어려움이 예상된다. 한편,
한족들에 비해 영어 교육이 부족한 위구르인들은 영어에 대한 스트레스도
고학년이 될수록 많이 받는 것으로 보인다. 카쉬가르에 영어 학원은 몇 군
데 되지 않지만, 늘 수강하는 학생들로 북적이고, 방학 때에도 그 숫자는
별로 줄어들지 않는다.

카쉬가르의 문화관련 기관

신문사로는 위구르어와 한어로 일간지를 발간하는 "카쉬가르일보(喀什日報)"가
있다. 방송국이 12개 있어서 기본적으로 농촌에서도 라디오와 텔레비전 시청이
가능하며, 방송을 접하는 사람들은 각각 전 주민의 84.2%와 87.8에 이른다.
각 유형의 전문 예술단체는 14개로 문학가협회, 민간문예연구회, 미술가협회,
사진작가협회, 무용가협회 등이다.

04

카쉬가르와 주변지역 여행정보

최선·하람·한사랑

카쉬가르 여행 정보

'카쉬가르에 와보지 않고는 신장에 왔다고 할 수 없다.' 는 말이 이 도시를 가장 잘 설명하는 말이다. 카쉬가르는 가장 '위구르다운' 문화와 전통을 볼 수 있는 곳이다. 중국에 처음으로 이슬람이 전해진 곳이기도 한 이곳은 천년이 넘는 이슬람 역사답게 이슬람 유적들이 많은 곳이다.

시내 중심에 자리 잡고 있는 이드카 모스크는 위구르인들의 자존심과도 같은 곳이다. 그들의 명절인 코르반헤이트와 로자헤이트에는 카쉬가르의 모든 성인 남성들이 이 사원에 모여 예배를 드리는 모습을 볼 수 있다.

또한 몸에서 향기가 나서 청나라 건륭제의 비(후궁)가 되었다고 하는 향비의 가족묘도 관광객들이 많이 찾는 곳이다. 일찍부터 이곳이 중국의 땅이었으며, 그 영향력이 미쳤다는 증거인 반초성과 장건박물관도 있지만, 위구

르 역사에서 유명한 인물은 사실 유숩
하스 하집과 매흐무드 카쉬가리라고
현지인들은 말한다.

이드카 모스크와 향비 묘

역사가 2000년이나 되는 '일요 시장'
은 많이 현대화되어 전통적인 모습은
다소 부족하고, 전통 재래시장은 카쉬가르에서 한 시간 정도 떨어진 '오팔
(乌帕尔)' 이라는 도시나, 비슷한 거리의 한이륵(罕南力克) 이라는 곳의 7일장
에서 더 잘 볼 수 있다.

또 카쉬가르에서 파키스탄으로 넘어가는 길인 "카라코룸 하이웨이(KKH)"
의 경치도 날이 갈수록 찾는 이들이 많아지고 있다. 필자가 처음 이 지역을

오팔 시골장

'얼음산의 아버지'라는 뜻을 가진 무스타거봉(慕士塔格峰)

방문했던 2003년도에는 도로가 포장되지 않아서 국경 부근 도시까지 가는 데만 10시간이 넘게 걸렸는데, 요즘은 5시간 정도면 넉넉히 도착할 수 있다.

파미르고원을 넘어가게 되는 이 길은 가는 길 내내 만년설과 눈부신 파란 하늘, 그 아래 펼쳐진 푸른 초원, 손이 시릴 만큼 차갑고 속이 투명하게 다 보이는 호수, 때론 깎아지른 절벽과 가파른 계곡이 보는 이로 하여금 대자연의 위대함에 절로 탄성을 자아내게 하는 곳이다. 산악인들에게 유명한 K2봉도 이 길을 가다가 볼 수 있으며, '얼음산의 아버지'라는 뜻의 '무스타거봉(慕士塔格峰)'도 찾는 이들이 많아지고 있다.

우루무치에서 카쉬가르로 가는 방법은 비행기와 기차, 버스가 있다. 여름 성수기 때는 하루에 10편 정도의 항공편이 있으며, 기차는 급행과 완행을 합쳐 3회, 버스는 1시간~2시간 정도의 간격으로 있는 편이다. 비행기는 1시간 40분이 걸리고, 기차는 23시간, 버스는 교통 상황에 따라 24시간에서 한두 시간 더 걸리거나 덜 걸리는 편차가 있다.

카쉬가르는 오래전부터 외국인 관광객이 많았기 때문에 여행사가 발달해 있고, 차량을 렌트하거나 가이드를 구하는 것도 그리 어렵지 않은 편이지만, 비용은 그다지 싼 편은 아니다. 외국인을 위한 호텔도 도시 규모에 비하면 많은 편이며, 성수기와 비수기에 따라 비용에 차이가 있다. 이곳 위구르 사람들은 정이 많고, 특히 한국 사람을 좋아하기 때문에 그런 현지인과 친구가 되면 특별한 우대를 받을 수도 있다.

카쉬가르 주요 호텔 정보

喀什天缘国际酒店	(4성)	0998-280-1111
喀什深航国际酒店高档	(4성)	0998-256-8888
新疆喀什金座大饭店高档	(4성)	0998-258-8888
喀什温州国际大酒店	(4성)	0998-280-8888
喀什其尼瓦克宾馆 현재 5성급 준공중	(3성)	0998-298-2104
喀什新德商务酒店	(3성)	0998-287-0000
喀什玉龙大酒店	(3성)	0998-290-7000
喀什新隆大酒店	(3성)	0998-686-8777
喀什色满宾馆	(3성)	0998-258-2129
三本美景酒店	(3성)	0998-282-2888
欧尔达宾馆 이드카 모스크 앞	(2성)	0998-284-1444

카쉬가르 및 인근 주요 관광지 입장료

이드카모스크 (艾提尕尔清真寺)	20위안
향비묘 (阿帕霍加墓 (香妃墓))	30위안
구도시 (高台民居)	30위안
매흐무드 카쉬가리 묘 (喀什噶里墓)	30위안
유숩하스 하집 묘 (玉素甫诗人墓)	30위안
반초성 (班超城)	30위안
카라쿨호수 (卡拉库里湖)	50위안
오이탁 빙산공원 (奥依塔克冰山公园)	50위안
다와쿤 사막공원 (达瓦昆沙漠风景区)	30위안
타쉬코르간석두성 (塔什库尔干石头城)	10위안

카쉬가르 도시계획 전시관 (喀什市城市规划展示馆) (동후 내)

2011년 6월 30일 개관. 무료입장.

1층: 로비, 카쉬가르 전시 개요, 실크로드 전시관, 모델 갤러리, 역사 전시관

2층: 관광 전시관, 특별기획 전시관, 국토이용계획관, 총규제전시관

3층: 프로젝드 진시관, 아이맥스 영화관 및 민정 전시관

신장 카쉬가르 환장신세계백화점 (新疆喀什环疆新世界百货)

2011년 1월 16일 개장. 카쉬가르시 제1의 백화점

장건박물관 (骞墓博物馆)

무료입장. 1층 쑤러현박물관, 2층 장건박물관. 박물관 주변에 약 1km의 산책로가 있는 인공호수가 있음. 카쉬가르에서 차로 25분 소요됨.

카쉬가르 시내 정류장 정보

남부정류장(喀什汽车客运南站, 엥이비켓)

카쉬가르에서 동쪽 현과 향으로 가는 버스 출발, 매키트, 위에푸후, 빠추 등. 카쉬가르 남부 칠리교(七里桥) 부근 위치. 0998) 2536086

구 정류장(喀什客运站, 코나비켓)

호탠 및 호탠 방향 시급 도시행 버스, 파키스탄 접경도시(타쉬코르간) 버스 출발. 키르기즈스탄 국경 부근 현으로 출발하는 버스. 잉지사, 예청, 예켄, 호탠, 타쉬코르간, 우차 등. 天南路~인민광장 근처. (0998)2829673

국제정류장 (喀什国际汽车站, 헬륵비켓)

우루무치 및 파키스탄, 키르기즈스탄으로 가는 국제선 버스 출발. 제1인민병원 건너편 解放北路. (0998)2963630

카쉬가르지구 요일별 7일장(바자르) 정보 　명칭은 위구르 이름(중문 표기)

요일	추천 A	추천 B	추천 C
월	오팔(乌帕尔)	하내륵(罕南力克) 남장에서 2번째로 큰 시장	엥이외스탱(英吾斯塘)
화	페이자와트(伽师)	얍찬(牙甫泉) 소, 낙타시장	
수	아와트(阿瓦提)	불락수(布拉克苏)	
목	랭개(兰干)		
금	무스(木什)		
토	베쉬캐램(伯什克然木) 요푸르가(岳普湖)	타즈곤(塔孜洪) 아라푸(阿拉甫)	타쉬밀륵(塔什米力克)
일	마랄비시(巴楚)-남장 제1의 재래시장코나 카쉬가르 엥이바자르	새해르 자르(疏附县)	엥이샤르(英吉沙)

카라코룸 하이웨이(KKH)를 넘어 파키스탄 가는 길

카라코룸 하이웨이는 중국 타쉬코르간에서 파키스탄 소스트로 넘어가는 길이다. 세계에서 가장 아름다운 도로의 하나로 꼽히며, 가는 도중 아름다운 모래 산인 백사산과 카라쿨 호수(해발3200m)를 볼 수 있다.

하지만 이 카라코룸 하이웨이(이하KKH)를 통해 일년 내내 파키스탄으로 들어갈 수는 없다. 공식적으로 도로가 개방되는 5월 1일부터 12월 1일까지라도 한여름의 더위로 인해 만년설이 녹아 길이 막히는 경우가 허다하며, 7~8월 파키스탄의 우기엔 도로 붕괴로 역시 KKH를 통해 목적지에 도착하기가 쉽지만은 않다. 이 모든 장애를 통과한다면 우리는 이 세상에서 가장 아름다운 곳 중 하나인 KKH와 파키스탄의 경치들을 둘러볼 수 있다.

카쉬가르에서 출발하기

카쉬가르에서 가장 큰 제1 인민병원 앞에 위구르어로 헬륵비켓(喀什国际汽车站)이라고 부르는 국제버스 정류장이 있다. 이곳은 우루무치 등지로 가는 국내 장거리 버스터미널로도 동시에 사용 되어서 항상 붐비는 곳이다. 2011년 이전엔 이곳에서 파키스탄의 길깃까지 1박 2일에 걸쳐 들어가는 장거리 국제버스가 있었지만, 2011년 초 파키스탄 카리마바드 인근 산사태로 거대한 자연 호수가 생기면서 이제는 파키스탄 쪽 국경 검문소가 있는 소스트(SOST)까지만 국제버스가 운행되고 있다.

일주일에 몇 차례 버스가 있지만 일정하지 않으므로 인내심을 가지고 자주 정류장에 들러 알아보아야 한다.(소스트까지의 버스표 가격은 380위안) 운이 좋게 표를 구입했다는 것은 모든 도로가 이상 없어 다음날 갈 수 있다는 희망적인 메시지이다.

아침 10시에 출발하는 버스 안에는 보통 장사하는 파키스탄인들과 중국인, 파키스탄 쪽 KKH의 공사를 맡고 있는 중국인 노동자와 서너 명의 배낭 여행객을 만날 수 있다. 버스 안은 모두 흡연 좌석이라 비흡연자들은 수

중국과 파키스탄 국경인 쿤제랍패스

시로 창문을 열어 환기를 시켜주어야 한다.

카쉬가르로부터 중국 쪽 국경 검문소가 있는 타쉬쿠르간까지는 300㎞로, 아스팔트 포장이 잘 되어 있어 버스로 5시간 30분 정도면 도착할 수 있다. 가는 길목엔 정겨운 위구르인들의 삶의 모습을 볼 수 있는 마을들을 지나고, 학창 시절 많이 들어 보았던 세계의 지붕이라는 파미르고원도 보게 된다. 물론 고도는 한국에선 경험할 수 없는 높이인 2,500~4,000m로 기압이 낮아져 저 산소 증세로 극심한 두통이나 복통으로 고생을 할 수도 있다. 이 증세들은 고도가 낮아지는 파키스탄의 국경 검문소에 도착할 때까지 계속되기도 한다.

오후 4시 정도면 국제버스는 해발 3,200m인 타쉬코르간에 도착하여 하루를 보내게 된다. 여행객들은 형편에 따라 20위안 정도인 도미토리나 100위안 정도인 중간급 호텔에 여장을 풀고, 다음날 10시까지 중국 측 국경 검문소에 모이기 전까지 타쉬코르간에 있는 오랜 역사가 깃든 석두성, 공주묘 등 유적지들을 자유롭게 보면 된다.

국경을 넘자 보이는 파키스탄 도시 이정표

국경 넘기

하루를 잘 쉬고 나면 해발 3,200m에 적응하게 된다. 전날보다는 통증들이 적어지기도 한다. 10시에 해관에 모인 여행객들은 1시간 넘게 철저히 짐들을 검색한 후 아직 국경까지 120㎞가 남았지만, 출국 도장을 찍고 에스코트하는 중국 군인과 함께 2시간을 더 달려 파키스탄과 중국 국경인 쿤제랍패스(红其拉甫口岸)를 넘게 된다.

국경을 넘자마자 파키스탄인 것을 실감하게 된다. 중국 국경까지는 깨끗한 아스팔트 도로를 시속 100㎞로 달려 왔는데, 파키스탄 쪽은 아스팔트는 고사하고 도로가 유실되어 있지 않기만을 바라며 시속 20~30㎞의 속도로 천 길 낭떠러지 길들을 조심스럽게 지나게 된다. 국경을 넘어 3시간쯤 가다 보면 국립공원이 나온다. 본 것도 없는데 중국인은 형제 국가라 공짜지만 외국인에겐 4달러 혹은 240RS나 260위안을 받는다. 다시 돌아갈 때도 표를 꼭 사야 한다. 이렇게 국경에서 소스트까지 84㎞를 가는데 3시간 정도 걸린다.

아침에 출발한 국제버스는 소스트에서 국경 검문소 직원들이 퇴근하기 전에 무난히 도착하여 45달러에 한 달자리 도착 여행 비자를 받고, 간단한 입국 절차를 마치면 이제부터 본격적인 파키스탄 여행이 시작된다. 하지만 이동하기엔 날이 저물었기에 소스트 인근의 숙소(400Rs=4.7$)에서 하루를 지내는 것이 좋다.

다른 도시로 이동

2년 전만 하더라도 소스트에서 입국 수속이 끝나면 타고 왔던 차를 타고 길깃이라는 제법 큰 도시까지 갈수가 있었지만 2011년의 홍수로 인해 버스가 아닌 배를 이용해야하는 재미가 생겼다.

다음날 아침 승합차(100Rs 20분)를 이용해 파수까지 이동하면 통통배로 1시간 30여분이나 가야 하는 커다란 호수를 보게 되고, 뱃삯(200Rs)을 흥정하여 배를 타면 예전에 육로로 가던 길보다 더욱 멋진 광경들을 만나게 된다.

이렇게 배를 타고 선착장에 도착한 후 일리아바드까지 다시 승합차로 20여분을 간후, 너무도 유명한 훈자 마을(정식 명칭은 카리마바드)에 도착하게 된다.

훈자 마을이 유명하게 된 것은 그곳이 장수 마을이기도 하지만 산수가 빼어나 많은 배낭 여행객들이 한두 달을 머물며, 파키스탄의 풍광에 흠뻑 빠지게 하는 매력이 있기 때문이다.

물에 잠긴 마을 파수

〈파키스탄 입국 관련 정보〉

타쉬코르간 세관 업무 시작: 오전 11시

국경 통과 시간: 오후 2시 40분

1$=85Rs, 1Rs=15원 도착비자(1개월) 비용: 45$

짜빠티(밀가루 전병): 1개 5Rs

파키스탄 호텔: 1박에 400~800Rs%